FSC
www.fsc.org
MIX
Papier aus ver-
antwortungsvollen
Quellen
Paper from
responsible sources
FSC® C105338

Quantenmechanik aus elementarer Sicht
Buch3

Gewidmet meiner Familie, meinen Kindern und Enkeln

Quantenmechanik
aus elementarer Sicht
Buch3

von Karl Fischer

Vorwort:

Das Buch, das dritte seiner Art, will Einblick geben in den zur Zeit so hoch geschätzten Higgsmechanismus (1964), gewissermaßen der Hochstein des Quarktheoriegewölbes, eine Theorie, wo man sagt, so gelesen, zu schön, um nicht wahr zu sein. Es will auch Einblick geben in die fast vergessene und kaum Anerkennung findende Heisenberg-nicht-lineare-Feldtheorie, (um 1960), die insbesondere die einfachsten Elementarteilchen im Blick hat und sie erklären will. Zugegeben letztere ist kompliziert und mehr für Spezialisten geeignet, wie eigentlich alle Theorien dieser Art, wenn sich überhaupt solche Leute dafür finden lassen, angesichts der Stimmungslage, dem allgemeinen Trend, aber es sei hier doch ein Weg dazu bereitet und aufgezeigt, der dazu einlädt, sich damit zu beschäftigen. Fündige Köpfe würden wohl einiges Mehr auf den Weg bringen und sie so neu beleben und das hinterlassene Buch [3] im Sinne des Autors umfangreich interpretieren und ergänen im Licht neueren Wissens. Hier bewegen wir uns in Richtung eines Versuchs, der, das ist der Tenor der Buchreihe, Wesentliches anhand der mathematischen formelhaften Herleitung verständlich machen will, transparent machen will. Also nicht journalistische meist überhöhte Interpretation, wie es Journalisten nun mal lieben, wie damals bei der Erstvorstellung, eben zu dieser Zeit.

Die konkurrierende, sie überstülpende zur Zeit hoch im Kurs stehende Quarktheorie, das sogenannte Standardmodell, das eben auch die Higgstheorie inkludiert, hat bei allen Erfolgen auch ihre Probleme und Endlichkeiten, hat wohl auch nicht, so sieht es aus, auch nicht die Wand letzter Erkenntnis durchbohrt Es bleiben übrig die vielen von außen vorzugebenden Massen und Koppelungskonstanten. Dazu eine Ungewissheit, ob ihre Bausteine tatsächlich existieren. Denn niemand hat je ein Quark oder Gluon gesehen, so wie man ein Elektron etwa in der Nebelkammer sieht oder ein Photon wahrnimmt, sie sind theoretische Teilchen, keine frei existierenden Teilchen, haben aber Masse. Die Quarktheorie lässt also auch Fragen offen trotz ihrer Erfolge und läßt Platz für eine Hintergrundstheorie, die es noch zu erfinden gibt oder in der H-Theorie bereits gefunden wurde. Sie datiert im wesentlichen auf das Jahr 1964 und ist ursprünglich verbunden mit den Namen Zweig George (1937-), amerikanischer Physiker, später Neurobiologe sowie unabhängig davon mit Gell-Mann Muray (1929-), ebenfalls amerikanischer Physiker. Mag sein, dass amerikanische Dominanz, damals wie heute, das Interesse mehr darauf gerichtet hat. Sicher nicht zu unrecht, aber doch auch in Vernachlässigung grundlegender und „einfacherer" Theorien, wie es auch z.B. C.F. Weizsäcker mit seiner Urfeldtheorie versucht hat.

Es stellt sich überhaupt die Frage, ob wir je zu einer zweifelsfreien umfassenden Theorie und Lösung kommen können. Betrachten wir doch den Aufwand, um das Higgsboson nachzuweisen am LHC in Genf. Ist es nun gefunden oder nicht? Betrifft das Jahr 2012,2013. Wahrscheinlich doch. Dieses auf der praktischen experimentellen Seite. Ähnlich auf der theoretischen Seite. Vieles endet schnell im Gestrüpp unlösbarer oder (noch) nicht zugänglicher oder bestenfalls näherungsweiser Lösungen. Natürlich wünscht man sich eine Theorie, wo die Ergebnisse bildlich wie die Kartoffeln aus einem Sack purzeln. Wahrscheinlich gibt es sie nicht. Denken wir doch an die H-Theorie, im Buch, bereits der einfachste Fall, die erste Näherung für die Bosonen, verursacht bereits sehr komplizierte Integrale.

Vielleicht sollte man die symbolische Mathematik und so die theoretische Physik mehr durch Computerprogramme unterstützen, wie man es auch im Numerischen tut, um so schneller die Folgen und Ergebnisse von Lösungsansätzen zu erkennen und da nicht nur auf „Handarbeit" angewiesen zu sein, wie es jetzt der Fall zu sein scheint. Es drängt sich auch der Eindruck auf, es ist gut, in alle Richtungen wenigstens ein stückweit zu gehen, um zu einem Urteil zu kommen. Jedenfalls bleibt es auch für künftige Generationen interessant, denn keinesfalls liegt alles frei und alle Erkenntnis offen da, wie bei einem Tal, auf das man blickt.

Das Buch behandelt auch kleinere Themen, so die Bewegung im expandierenden Weltall, die Rotation im dreidimensionalen Raum und ihre Beziehung zur SU2, den schrägen Wurf mit Luftwiderstand, nur scheinbar einfach, ein Modell für den Druck, barometrische Höhenformeln, den Binnendruck in einer Gaskugel, Berechnung der Gravitation einer Kugel oder Hohlkugel, ein Blick auf die MOND-Theorie,also über dunkle Materie und manches Andere mehr.

Das Buch vermeidet Sprünge von Ergebnis zu Ergebnis, wie es in der Literatur oft der Fall ist, sondern will durch viele Rechnungen und Nebenrechnungen Begründung und Verbindung herstellen.

Inhaltsverzeichnis

10

1.0 Der Higgs-Mechanismus
1.1 Das eindimensionale Higgsfeld, klassisch

Betrachten wir im klassisch Eindimensionalen ein W-förmiges Potential V und machen wir hierfür den Ansatz $V(x) = -a*x^2 + b*x^4$. Die Ermittlung der Extrema von V ergibt $0 = dV/dx = -2ax+4bx^3 = 2x*(-a+2bx^2)$.
Die Extrema sind also bei x=0 und an den beiden Stellen $x^2 = a/2b$.
Die V-Werte bei den Extrema sind dann V=0 bzw $V = -a^2/2b+a^2/4b = -a^2/4b$

Wir unterscheiden zwischen Maxima und Minima mit $d^2V/dx = -2a+12bx^2$
also $d^2V/dx^2 = -2a$ bei x=0 bzw $d^2V/dx^2 = -2a+12b*(a/2b) = 4a$ bei $x^2=a/2b$
Es ist ein Maximum bei $d^2V/dx^2 < 0$, ein Minimum bei $d^2V/dx^2 > 0$
Soll also bei x=0, der W-Mittelspitze, ein Maximum und an den unteren Spitzen bei $x^2 = a/2b$ je ein Minimum sein , so muss notgedrungen **a>0** sein.
Damit die x-Positionen zu den Minima reel sind , muss **b>0** sein.
Es ist dann am Minimum $V(x) = -a^2/4b < 0$.

Bei den Nullstellen von V(x), das sind nicht die Minima, ist $0 = V(x) = x^2*(-a+bx^2)$, also sind die Nullstellen von V(x) bei x=0 und $x^2= a/b$.
Bei fixem b ist die W-Figur umso breiter und tiefer, je größer a ist.
Vergleichen wir mit dem harmonischen Oszillator $V(x)=a*x^2$, so sehen wir, wir haben hier an der Stelle x=0 ein Parabel nach unten statt nach oben (das negative $-ax^2$ überwiegt), die sich an den Minimastellen fängt und von da an nach oben geht (das positive bx^4 überwiegt und sorgt so je für die Potential-mulde). Siehe Figur unten. Die **Bewegungsgleichung** in diesem Potential ist
$$m*dx^2/dt^2 = 2ax-4bx^3 \text{ oder } \tfrac{1}{2}*m\dot{x}^2 -a*x^2 + b*x^4 = E$$

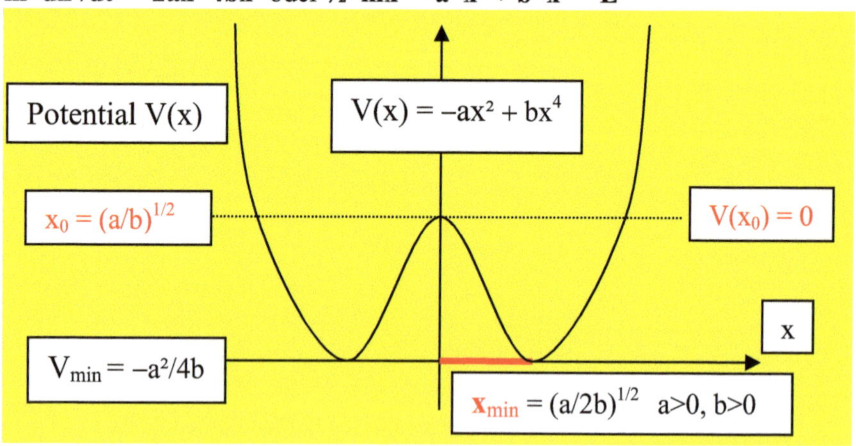

Betrachten wir nun die **Schwingungsgleichung** für kleine Auslenkungen ξ um das linke oder rechte Minimum, es sei also $x = x_{min}+\xi$.
Wenn wir in die Bewegungsgleichung einsetzen und erhalten wir
einerseits $m*dx^2/dt^2 = m*d\xi^2/dt^2$ und
andererseits $2ax-4bx^3 = 2a(x_m+\xi) - 4b(x_m+\xi)^3 =$
$= 2ax_m+2a\xi - 4b[x_m^3+\xi^3 +3x_m^2\xi + 3x_m\xi^2] =$
$= 2a(a/2b)^{1/2}+2a\xi - 4b[(a/2b)(a/2b)^{1/2}+\xi^3 +3(a/2b)\xi + 3(a/2b)^{1/2}\xi^2\} =$
$= 2a\xi - 4b[\xi^3 +3(a/2b)\xi + 3(a/2b)^{1/2}\xi^2] = 2a\xi -6a\xi - 4b*3(a/2b)^{1/2}\xi^2- 4b\xi^3$

Also $\mathbf{m*d\xi^2/dt^2 = -4a\xi - 4b*3(a/2b)^{1/2}\xi^2- 4b\xi^3}$ Schwingungsgleichung

----

Wenn wir nur Glieder proportional ξ behalten, also Glieder proportional ξ^2 oder ξ^3 vernachlässigen, wird $m*d\xi^2/dt^2 = 2a\xi -6a\xi = -4a\xi$, dabei ist a>0
Das ist insgesamt anziehend wie bei einer Feder. Der von ax^2 herrührende Teil, nämlich $2a\xi$, wirkt allerdings abstoßend, der von bx^4 herrührende Teil, nämlich $-6a\xi$, wirkt anziehend.
Bem.: x_{min} entspricht im Späteren dem Grundzustand v, die Schwingungs-gleichung mit ξ entspricht im Späteren der Higgsbosonenwellengleichung .

1.2 Das eindimensionale Higgsfeld, quantenmechanisch

Die **Lagrangefunktion** für ein eindimensionales Higgs-Feld $\phi(x)$ lautet gemäß vielfacher Literatur
$\mathbf{L(\partial^\mu\phi^+,\phi^+) = T-V = (\partial^\mu\phi^+)(\partial_\mu\phi) - [-\mu^2*(\phi^+\phi) + \lambda*(\phi^+\phi)^2]}$ mit $\mu^2>0$ und $\lambda>0$
Es versteht sich $-\partial^\mu\partial_\mu = \partial_i^2 - \partial_0^2$ [$=V(\phi,\phi^+)$]
Im Vergleich zuvor entspricht $a=\mu^2$ und $b=\lambda$.
Offenbar spielt hier ϕ die Rolle vom x im klassischen Higgspotential.

Um eine Differentialgleichung zu bekommen, wenden wir die **Euler-Lagrange-Formel** an, hier nur v=1, siehe [2, 1.3]

$$\frac{\partial L}{\partial \phi_v} - \Sigma_\mu \left[\frac{\partial}{\partial x_\mu} \frac{\partial L}{(\partial \phi_v/\partial x_\mu)}\right] = 0 \qquad \begin{array}{l} \text{v pro Feld(komponente)} \\ \text{je eine Gleichung für } \phi_v \\ \mu = 1, 2, 3, 0 \end{array}$$

Bem.: Die ϕ_v von L müssen nicht unbedingt miteinander zu tun haben, es können viele Felder mit ihren Komponenten sein. Es entstehen dann teilweise unabhängige Gleichungen. L kann also sehr weitgefasst sein.

13

Es ist $\partial L/\partial\phi^+ = - [-\mu^2*\phi + 2\lambda*(\phi^+\phi)*\phi]$

sowie $- \Sigma_\mu [\partial_\mu \partial L/(\partial_\mu\phi^+)] = - \Sigma_\mu [\partial_\mu (\partial_\mu\phi)] = [\partial_i^2\phi - \partial_0^2\phi] = -P_i^2\phi + P_0^2\phi$

Insgesamt ist also die **Gleichung** $(\partial_i^2 - \partial_0^2)\phi - [-\mu^2 + 2\lambda*(\phi^+\phi)]\phi = 0$

Oder, es sind $P_i = -i\partial_i$, $P_0 = +i\partial_0$ die Impuls-Energie-Operatoren

$$\mathbf{P_i^2\phi + [-\mu^2 + 2\lambda*(\phi^+\phi)]\phi = P_0^2\phi} \quad \text{Gleichung für das Higgs-Feld}$$

Das Potential V ist hier vom aktuellen ϕ abhängig, also $V(\phi^+\phi)$.
Die Gleichung ist also nichtlinear. Anstelle von x von zuvor tritt nun ϕ.
Das erinnert an die **Klein-Gordon-Gleichung** $P_i^2\phi + m^2\phi = P_0^2\phi$
Statt dem Massenquadrat m^2 haben wir hier den Term $[-\mu^2 + 2\lambda*(\phi^+\phi)]$

Einfachste Lösung:

Wir suchen eine Lösung ϕ_0 , ohne Impuls, also $\phi = \phi_0*\exp(-iEt)$
Wir setzen in die DGL ein und erhalten $0 + [-\mu^2 + 2\lambda*(\phi_0^+\phi_0)]\phi_0 = E^2\phi_0$
Offenbar ist $\phi_0 = 0$ eine Lösung. Wir erhalten aber auch eine nichttriviale
Lösung für den tiefsten Energiestand E=0. Die rechte Seite ist dann gleich 0 ,
also muss sein $[-\mu^2 + 2\lambda*(\phi_0^+\phi_0)]\phi_0 = 0$. Daraus folgt $\mathbf{(\phi_0^+\phi_0) = \mu^2/2\lambda = v^2}$,
mit v so bezeichnet, ist offenbar reell. Ist λ , μ reell und fix, so auch v .

Zerlegen wir ϕ_0 in einen Real- und Imaginärteil $\phi_0 = \phi_1 + i*\phi$, dann ist
$(\phi_0^+\phi_0) = \phi_1^2 + \phi_2^2 = v^2$ ein Kreis in der komplexen Gauß-Ebene, d.h.
jedes Wertepaar (ϕ_1,ϕ_2) auf dem Kreis ist eine Lösung ϕ_0 zu E=0 und **p=0**.
Das Higgs-Feld ϕ hat also zu E=0 und **p**=0 eine nichttriviale Lösung.

Verwendung von v: Man stellt sich nun vor, dass diese unterste Lösung ϕ_0
weltweit und dauernd im Vakuum vorhanden ist, gewissermaßen als
Grundzustand statt dem leeren Vakuum, und als solcher mit anderen
Teilchenfeldern **verkoppelt**. Die Tiefe der Potentialmulde ist nach den
Betrachtungen eingangs gleich $V_{Tiefe} = -a^2/4b = -\mu^2/4\lambda = -\tfrac{1}{2}*v^2$.

Bem.: Zu der Lösung kommen wir auch, wenn wir für den V-Teil in der
Lagrangefunktion das Minimum suchen. Der Rechnung ist dann genauso
wie eingangs am Potential $V(x) = -a*x^2 + b*x^4$ demonstriert, es entspricht
dabei $x^2 = (\phi_0^+\phi_0)$, a entspricht μ^2 und b entspricht λ. In der Literatur wird
im allgemeinen so verfahren.

Aufhebung der Entartung: Man wählt nun von den möglichen Lösungen $\phi_0 = (\phi_1, \phi_2)$ zum Grundzustand eine möglichst einfache aus, und zwar $\phi_0 = (\phi_1, \phi_2) = (v, 0)$, v zeigt in Richtung der ϕ_1-Achse. Man nennt das **spontane Symmetriebrechung**, weil die Kreissymmetrie, die Willkür im Kreis, die Symmetrie der komplexen U(1), zugunsten einer, eben dieser Lösung verloren geht.

Setzen wir nun für die **allgemeine Schwingungslösung** ϕ in der Nähe des Grundzustandes ϕ_0 an $\phi(x) = v + \sigma(x) = \phi_0 + \sigma(x)$, also
statischer konstanter Grundzustand v + dynamisches Higgsfeld σ
Einsetzen erbringt $P_i^2\sigma +[-\mu^2 + 2\lambda*(v+\sigma^+)(v+\sigma)](v+\sigma) = P_0^2\sigma$, denn $\partial_\mu v=0$
oder $P_i^2\sigma +[-\mu^2 + 2\lambda*(v^2+\sigma^2+2v\sigma)] (v+\sigma)] = P_0^2\sigma$ Bem : $2\lambda v^2 = \mu^2$, σ reell
oder $P_i^2\sigma +[-\mu^2 v-\mu^2\sigma +2\lambda*(v^3+v\sigma^2+2v^2\sigma) + 2\lambda*(v^2\sigma+\sigma^3+2v\sigma^2)] = P_0^2\sigma$
oder $P_i^2\sigma +[-\mu^2\sigma+4\lambda v^2\sigma+2\lambda v^2\sigma + 2\lambda v\sigma^2+4\lambda v\sigma^2 + 2\lambda\sigma^3 -\mu^2 v+2\lambda v^3]= P_0^2\sigma$
oder $\mathbf{P_i}\,^2\sigma +[4\lambda v^2\sigma + 6\lambda v\sigma^2 + 2\lambda\sigma^3] = P_0^2\sigma$ Schwingungsgleichung für σ
Das ist die Schwingungsgleichung für das **Higgsboson**, wie wir später sehen. Da wird dann zugeordnet $\sigma = \eta$ bzw $\sigma = h$, in jedem Fall σ reell. Sie ist im Wesentlichen wie eine K-G- Gleichung mit $m^2 = 4\lambda v^2 = 2\mu^2$.

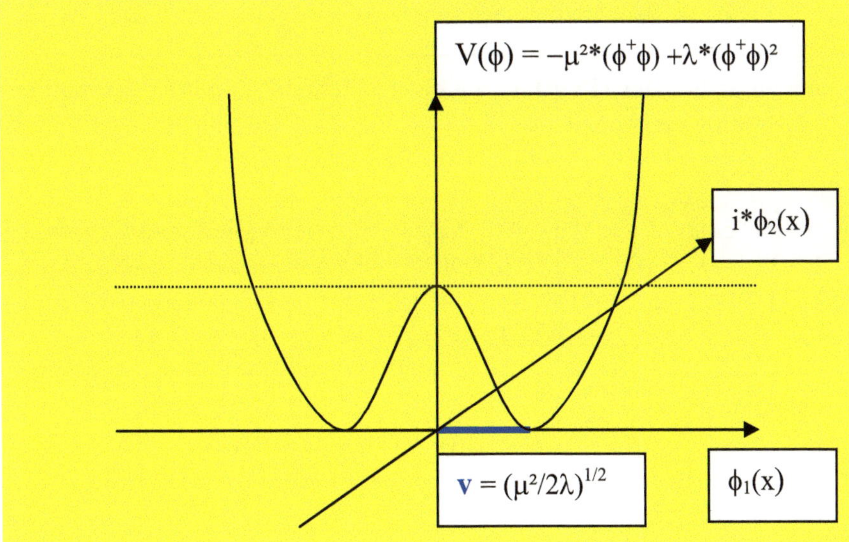

Wie immer $\phi = \phi_1 + i*\phi_2$ ist, die aus ihr hervorgehende potentielle Energie V folgt diesem Verlauf. v ist der Kreisradius, der Abstand des Minimums vom Zentrum $(\phi_1,\phi_2) = (0,0)$. Soll die W-Figur wie im Bild sein, muss $\mu^2>0$ und $\lambda>0$ sein. Siehe auch die Kurvendiskussion eingangs.

Wir zerlegen nun das dynamische Higgsfeld σ weiter $\sigma(x) = \eta(x) + i*\xi(x)$, η,ξ reell, σ soll also in beide Richtungen η, ξ schwingen, reell und imaginär, zuvor wurde nur reell unterstellt, und konzentrieren uns auf die Lagrangedichte, weil da die Rechnungen einfacher sind.

Dann sind deren Teile, es ist $\boldsymbol{\phi(x) = v + \eta(x) + i*\xi(x)}$ = fix + real + imaginär

$(\partial^{\mu}\phi^{+})(\partial_{\mu}\phi) = (\partial^{\mu}\eta - i*\partial^{\mu}\xi)(\partial_{\mu}\eta + i*\partial_{\mu}\xi) = \partial^{\mu}\eta\partial_{\mu}\eta + \partial^{\mu}\xi\partial_{\mu}\xi$

dabei ist $\partial^{\mu}\partial_{\mu} = \partial_i^2 - \partial_0^2$

$(\phi^{+}\phi) = (v+\eta-i*\xi)(v+\eta+i*\xi) = (v^2+2v\eta+\eta^2+\xi^2)$

$(\phi^{+}\phi)^2 = (v^4+4v^2\eta^2+\eta^4+\xi^4) +4v^3\eta+2v^2\eta^2+2v^2\xi^2 + 4v\eta^3+4v\xi^2\eta + 2\eta^2\xi^2$

Also ist das Potential $-V(\phi_0^{+}\phi_0) =$

$-[-\mu^2*(\phi^{+}\phi) +\lambda*(\phi^{+}\phi)^2] = 2\mu^2\eta^2-\tfrac{1}{2}*\mu^2v^2 + 4v\lambda\eta^3+\lambda\eta^4 +4v\lambda\xi^2\eta+2\lambda\eta^2\xi^2+\lambda\xi^4$

Es waren die Nebenrechnungen mit $\phi = v+\eta+i*\xi$

NR: $-\mu^2*2v\eta+\lambda*4v^3\eta = -\mu^2*2v\eta + \lambda*4(\mu^2/2\lambda)v\eta = 0$

$-\mu^2*\eta^2+\lambda*6v^2\eta^2 = -\mu^2*\eta^2 + \lambda*6(\mu^2/2\lambda)\eta^2 = 2\mu^2\eta^2$

$-\mu^2*\xi^2+\lambda*2v^2\xi^2 = -\mu^2*\xi^2+\lambda*2(\mu^2/2\lambda)\xi^2 = 0$

$-\mu^2*v^2+\lambda*v^4 = -\mu^2*v^2+\lambda*(\mu^2/2\lambda)v^2 = -\tfrac{1}{2}*\mu^2v^2$

Sei nun zusätzlich **das Higgsfeld** mit einem **Eichfeld** A_{μ} mittels der minimalen Substitution verkoppelt, also $\boldsymbol{D_{\mu}} =\partial_{\mu}-ieA_{\mu}$, dann erweitert sich der Teil zu

$(D^{\mu}\phi)^{+}(D_{\mu}\phi) = (\partial^{\mu}+ieA^{\mu})(v+\eta-i*\xi)*(\partial_{\mu}-ieA_{\mu})(v+\eta+i*\xi) =$

$\quad\ 1 \qquad 2 \qquad 3 \qquad 4 \qquad 5 \qquad 1 \qquad 2 \qquad 3 \qquad 4 \qquad 5$

$= (\partial^{\mu}\eta-i*\partial^{\mu}\xi+ievA^{\mu}+ ieA^{\mu}\eta+eA^{\mu}\xi)*(\partial_{\mu}\eta+i*\partial_{\mu}\xi-ievA_{\mu}-ieA_{\mu}\eta+eA_{\mu}\xi) =>$

$11+22+33+44+55=(\partial^{\mu}\eta)(\partial_{\mu}\eta)+(\partial^{\mu}\xi)(\partial_{\mu}\xi)+e^2v^2A^{\mu}A_{\mu}+e^2A^{\mu}A_{\mu}\eta^2+ e^2A^{\mu}A_{\mu}\xi^2$

$12+21=0 ,13+31=0, 14+41=0, 15+51= 2e\partial^{\mu}\eta A_{\mu}\xi, \ 23+32= -2evA^{\mu}\partial_{\mu}\xi ,$

$24+42= -2e\partial^{\mu}\xi A_{\mu}\eta , \ 25+52=0, 34+43= 2e^2vA^{\mu}A_{\mu}\eta, \ 35+53=0, 45+54= 0$

Nun geordnet $(D^{\mu}\phi)^{+}(D_{\mu}\phi) = (\partial^{\mu}\eta)(\partial_{\mu}\eta) + (\partial^{\mu}\xi)(\partial_{\mu}\xi) + e^2v^2A^{\mu}A_{\mu} +$

$+ 2e^2vA^{\mu}A_{\mu}\eta + e^2A^{\mu}A_{\mu}\eta^2 -2e\partial^{\mu}\xi A_{\mu}\eta +2e\partial^{\mu}\eta A_{\mu}\xi -2evA^{\mu}\partial_{\mu}\xi + e^2A^{\mu}A_{\mu}\xi^2$

Die **Lagrangefunktion für das Higgsfeld** inklusive A_μ ist also, L=T-V,
zusammengefasst: $\mathbf{L_H} = (D^\mu\phi)^+(D_\mu\phi) - [-\mu^2*(\phi^+\phi) +\lambda*(\phi^+\phi)^2] =$
$= \partial^\mu\eta\partial_\mu\eta + \partial^\mu\xi\partial_\mu\xi + \mathbf{e^2v^2A^\mu A_\mu} +$
$+ 2e^2vA^\mu A_\mu\eta + e^2A^\mu A_\mu\eta^2 - 2e\partial^\mu\xi A_\mu\eta + 2e\partial^\mu\eta A_\mu\xi - 2evA^\mu\partial_\mu\xi + e^2A^\mu A_\mu\xi^2 +$
$- [\mathbf{2\mu^2\eta^2} - \tfrac{1}{2}*\mu^2v^2 + 4v\lambda\eta^3 + \lambda\eta^4 + 4v\lambda\xi^2\eta + 2\lambda\eta^2\xi^2 + \lambda\xi^4]$

Bem.: Die Feldankopplung von A an ϕ findet auf der Higgsseite statt.
Addition der Lagrangefunktionen und gemeinsame Unterwerfung unter
die **Euler-Langrange-Formel**: Es gehört nun auch zum Eichfeld A_μ eine
eigene Lagrangefunktion, in der ihr dynamischer Teil, ihr kinetischer Teil
liegt, nämlich hier, so angenommen, $L_A(A_\nu,\partial A_\nu) = (\partial^\mu A_\nu)(\partial_\mu A_\nu)$ mit der
zugehörigen Gleichung $\partial^\mu\partial_\mu A_\nu = 0$, also ein K-G-Gleichung mit Massenquadrat $m^2=0$.
Nun kann man allgemein all die verschiedenen Lagrangefunktionen zu einer
gemeinsamen addieren, hier also $L = L_A + L_H$, und sie so den Euler-Lagran-
ge-Formeln **gemeinsam** unterwerfen. Denn obige ϕ_ν in der Euler-Lagrange-
Formel gelten nicht nur für die verschiedenen Komponenten eines Feldes,
sondern auch für die verschiedenen Komponenten mehrerer Felder.
Gleichungen für Größen ϕ_ν , die nichts miteinander zu tun haben, separieren
sich anlässlich der Euler-Langrange-Formeln automatisch.
Hier geht es um das Higgsfeld und das Eichfeld. So kann man hier den
unvermischten Term $e^2v^2A^\mu A_\mu$ in L gewissermassen von L_H zu L_A
verschieben, also von der Higgsseite ϕ bzw von L_H zur Eichfeldseite A bzw
zu L_A übertragen, und hat also $L_A(A_\nu,\partial A_\nu) = (\partial^\mu A_\nu)(\partial_\mu A_\nu) + e^2v^2A^\mu A_\mu$ mit
der zugehörigen Gleichung $\partial^\mu\partial_\mu A_\nu + e^2v^2A_\mu = 0$
Das ist nun eine K-G-Gleichung mit dem Massenquadrat $m^2 = e^2v^2$.
Das zunächst massenlose Eichfeld A_μ hat also so **Masse** bekommen.

Die gemischten Terme z.B. $2e^2vA^\mu A_\mu\eta$ der Lagrangefunktion sind die WW-
Terme beider Felder, und werden sowohl von $\partial L/\partial A_\nu$ wie auch von $\partial L/\partial\eta$
aufgegriffen und führen in beiden entstehenden Gleichungen zu
Koppelungsanteilen, z.B. hier betreffend A_μ und betreffend η
$\partial^\mu\partial_\mu A_\nu + e^2v^2A_\mu = 2e^2vA_\mu\eta + \dots$ bzw $\partial^\mu\partial_\mu\eta + \dots = 2e^2vA^\mu A_\mu + \dots$
Addiert man also die einzelnen Lagrangefunktionen, so erhält man beim
Übergang zu den Gleichungen automatisch auch die **Koppelungsanteile**
zu den Einzelgleichungen.

Ein **Beispiel** zur Koppelung zweier Felder, der **Dirac–Maxwell-Fall**:
$L_D + L_A = L(\psi^+\gamma^0, \partial_\mu\psi^+, A_\mu, \partial_\mu A_\nu) =$ Summe beider Lagrangefunktionen
$= \psi^+\gamma^0*[1/i*\gamma^\mu(\partial_\mu - ieA_\mu) + m]\psi + (\partial^\mu A_\nu)(\partial_\mu A_\nu)$ führt durch Anwendung der
Lagrange-Euler Gleichungen, siehe Kapitel 1.2 , zu den Gleichungen
$[1/i*\gamma^\mu(\partial_\mu - ieA_\mu) + m]\psi = 0$, $\psi^+\gamma^0*[1/i*\gamma^\mu(-ie]\psi - \partial^\mu\partial_\mu A_\nu = 0$
Die erste Gleichung ist die Dircgleichung verkoppelt mit dem Feld A_μ,
die zweite Gleichung ist die MW-Gleichung (rechtsstehend) verkoppelt mit
dem Diracstrom hier links daneben. Die MW-Gleichung, rechts, bekommt
also **automatisch** einen Koppelungsterm mittels $\partial L/\partial A_\mu$, angewendet auf
den L_D-Teil, nämlich den Dirac-Strom $e\psi^+\gamma^0*\gamma^\mu\psi$.

So kommen wir nun zum **Kern des Higgsmechanismus**:
Die **Addition der Lagrangefunktionen** ist gewissermaßen wie
eine Brücke für die **Überbringung eines Massenterms**, einer Masse
vom Higgsfeld zum zunächst massenlosen Eichfeld oder auch, wie wir
später sehen, zu einem massenlosen Fermionfeld. Wir brauchen also eine
gemeinsame Lagrangefunktion inklusive des Higgsteils.

Ausdeutung von L_H :
η wird identifiziert als das **Higgsboson**, skalar, ohne Spin, reell, neutral,
also ohne elektrische Ladung, eine Eigenlösung der Higgsgleichung mit
dem Massenquadrat $M_H^2 = 2\mu^2 = 4\lambda v$, dem alleinigen Faktor vor η^2. Das
kann man sich von der K-G-Gleichung abschauen, da ist auch der Faktor vor
ϕ bzw $(\phi^+\phi)$ das Massenquadrat. Siehe auch die Schwingungsgleichung.
Bem.: η^3 und η^4 werden demgegenüber als klein angesehen und so deren
Glieder vernachlässigt hinsichtlich der Masse, weil es sich um kleine η-
Schwingungen handelt.
Bem.: Die tatsächliche Existenz des Higgsbosons kann man als Hinweis für
die Richtigkeit der Higgstheorie sehen. Das Higgsboson ist aber **nicht** der
„Massengenerierer",sondern der Vakuumgrundzustand,das Higgsfeld $\phi_0 = v$.

ξ wird identifiziert als ein **Goldstoneteilchen**, skalar, ohne Spin. Da ein
Term $\sim \xi^2$ fehlt, ist der Faktor davor gleich 0,also gilt für seine Masse $M_G = 0$

Der Term $e^2v^2A^\mu A_\mu$ ordnet,wie gezeigt, dem **Eichfeld A_μ** die Masse **$M_E = ev$**
zu, macht es also massiv.
Alle Massen hängen also nur von Konstanten ab, von μ^2, λ bzw v.

Die anderen Terme werden interpretiert als η-Selbst-WW-Terme, als WW-Terme zwischen η und ξ bzw als Selbst-WW-Term von ξ sowie als WW-Terme zwischen A_μ und η bzw ξ .

Der konstante Term am Ende $\frac{1}{2}*\mu^2 v^2$ würde beim Übergang von der Lagrangefunktion zur dazugehörigen Gleichung verschwinden.

Bem.: Das hier angegebene Eichfeld ist nicht das masselose Photon, sondern eine Art Muster-Eichfeld, um das Prinzip zu erläutern. Echt betroffene Eichfelder für die Massenzuweisung sind die W-Bosonen und das Z-Boson, die Austauschteilchen der schwachen Wechselwirkung und indirekt auch die Photonen.

Massenzuweisung für Fermionen:

Der Higgs-Grundzustand kann nicht nur Eichbosonen Masse verleihen, sondern auch Fermionen durch die sogenannte **Yukawa-Kopplung**.

Wir zeigen wiederum ein Muster auf. Die Diracgleichung bzw deren Lagrangefunktion schreiben wir im Higgs-Umfeld wie folgt:

Wir haben zunächst $\mathbf{L_F} = \psi^+\gamma^0*\gamma^\mu D_\mu\psi \ + mc^2*\psi^+\gamma^0*\gamma^\mu\psi$ mit $D_\mu = \ \partial_\mu - ieA_\mu$

Wir machen ψ massenlos, also nur noch $\mathbf{L_F} = \psi^+\gamma^0*\gamma^\mu D_\mu\psi$, lassen m weg

....

Wir ergänzen $\mathbf{L_H} = (D^{\,\mu}\phi)^+(D_\mu\phi) - [-\mu^2*(\phi^+\phi) +\lambda*(\phi^+\phi)^2] + g*\psi^+\gamma^0*\phi\psi$

also durch einen Koppelungsterm betreffend Higgsfeld ϕ und Diracfeld ψ

....

So wird nun $L_{FH} = \psi^+\gamma^0*\gamma^\mu D_\mu\psi \ + g*\psi^+\gamma^0*\phi\psi \ +$ sonstige Nur-Higgsteile.

Aus der Gleichung $\gamma^\mu D_\mu\psi + mc^2\psi = 0$ wird so mittels der Euler-Lagrange-Formel die Gleichung $\gamma^\mu D_\mu\psi + g*\phi\psi = 0$

Bem.: Der relevante ψ-ϕ-Koppelungsterm ist also wiederum wie bei den Eichfeldern auf der Higgsseite, bei ϕ, bei $\mathbf{L_H}$, angesiedelt, bevor er gewissermaßen zur Diracfeldseite ψ bzw $\mathbf{L_F}$ abwandert.

----

g ist eine Koppelungskonstante , $\phi(x) = v + \sigma(x)$ ist das Higgsfeld. Statt dem Massenterm $m\psi$ haben wir in der Gleichung einen WW-Term des Diracfeldes mit dem Higgsfeld, nämlich $g*\phi\psi$, eingesetzt. Die Koppelung des Fermions mit dem Higgsfeld, siehe L-Funktion, ist also wegen $\phi = v+\sigma$ zweiteilig, nämlich $g*\psi^+\gamma^0*\phi\psi = gv*\psi^+\gamma^0*\gamma^\mu\psi + g*\psi^+\gamma^0*\sigma\gamma^\mu\psi$, also zum einen mit dem **Grundzustand** v , also $gv*\psi^+\gamma^0*\gamma^\mu\psi$, der statische Teil, zum anderen mit $g*\psi^+\gamma^0*\sigma\gamma^\mu\psi$, dem Koppelungsteil an das **dynamische Higgsfeld** σ, an das **Higgsboson**, sofern ein solches Teilchen auch physisch da ist, also im Einzelfall. Der Vergleich des Diracmassenterms mit dem statischen Teil ergibt somit die Masse $\mathbf{m_{Fermion}}= \mathbf{gv}$. Die Koppelungskonstante g ist vorzugeben, sie ist von der Theorie her nicht bestimmt.

Auch hier dachten wir wieder an ein Muster-Fermion, um das Prinzip zu erläutern. Angedachte Fermionen für die Massenzuweisung sind die Leptonen und die Quarks, nicht direkt die zusammengesetzten Teilchen.
Wesentlich für die Massenzuweisung ist also auch hier, dass es einen durch reelle Parameter charakterisierten Grundzustand gibt (Higgsfeld), an den die „bedürftigen" Felder ankoppeln können. In Anlehnung an den A_μ -Fall zuvor können wir auch hier von einem masselosen Feld, hier Diracfeld (Spinfeld) ausgehen (nur $\psi^+\gamma^0*\gamma^\mu D_\mu\psi$) , den WW-Term $(g*\psi^+\gamma^0*\phi\psi)$ zunächst auf der Higgsseite L_H ansiedeln und durch **Übertragung** auf die Dirac-Seite L_F Masse generieren lassen. Diese Interpretation macht beide Fälle, Eichfeld-Koppelung und Diracspinor-Koppelung, hinsichtlich der Massengenerierung ähnlicher.

Bem.: Im Sinne der Theorie kann man sagen, dass ohne die Massenzuweisung durch das Higgsfeld ein Teilchen, wie z.B. ein Fermion, keine Ruhemasse hätte und somit auch keine Geschwindigkeit kleiner der Lichtgeschwindigkeit haben könnte. Es wäre wie ein Photon oder Neutrino, also gewissermaßen stets ruhelos. So mag man auch das in der **Popularliteratur** verbreitete Bild verstehen.Das Higgsfeld ist wie ein Medium, wie Honig, das die Teilchen beim Durchgang auf Unterlichtgeschwindigkeit bremst und sie gleichzeitg mit Masse behängt.

Partielle Lösung: Eine partielle Lösung der Higgsschwingungsgleichung bekommt man, indem man $\xi(x) = 0$ setzt, also vereinfacht zu $\phi(x) = v+h(x)$. Es wird nicht unterstellt, dass h(x) und η(x) übereinstimmen, daher die Neubenennung. Die **Lagrangefunktion** wird dann, mit Weglassung auch des konstanten Teils, der ja keine Auswirkung auf die DGL-Gleichung hat:

Wenn wir L_H in einen dynamischen Anteil samt Verkoppelung mit dem Eichfeld A in den Teil L_{HA} und einen Potentialanteil L_{HP} aufspalten , haben wir $L_H = L_{HA} + L_{HP} = (D^{\mu}\phi)^{+}(D_\mu\phi) - [-\mu^2*(\phi^+\phi) +\lambda*(\phi^+\phi)^2] =$ mit $v^2=\mu^2/2\lambda$
$= \partial^{\mu}h\partial_\mu h + e^2v^2A^{\mu}A_\mu + 2e^2vA^{\mu}A_\mu h + e^2A^{\mu}A_\mu h^2 - [2\mu^2h^2 + 4v\lambda h^3 + \lambda h^4]$
Nachfolgend ein Einschub zur Begründung dieses Vorgehens, die Eichtransformation. Zunächst ein Überblick. L_{HP} ist der Higgs-Potentialteil.

Überblick: Nun haben wir viele Teile der Lagrangefunktion kennengelernt, und so wollen wir einen **Überblick über die verschiedenen Koppelungen** geben, am besten, indem wir die Teile in der L-Funktion angeben.

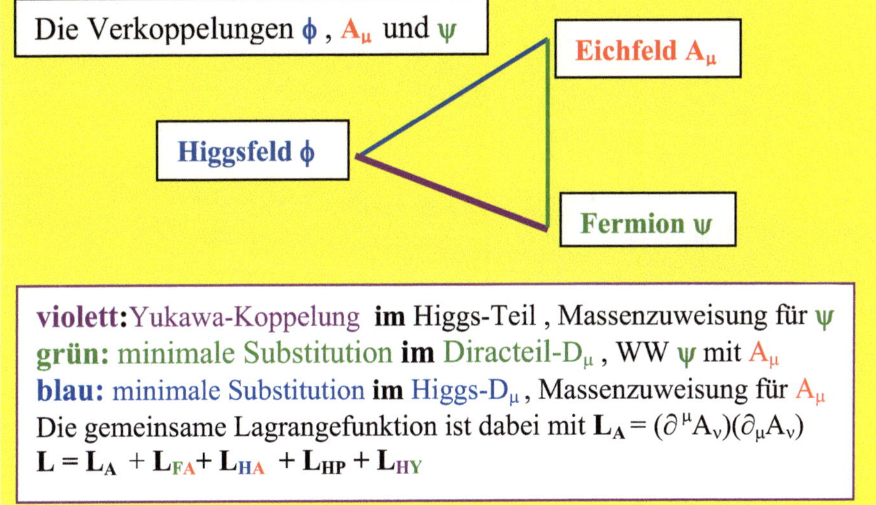

Betrifft L_F : Koppelung Fermion ψ mit Eichfeld A_μ , nämlich
$L_{FA} = \psi^+\gamma^0*\gamma^{\mu}/i *(\partial_\mu - ieA_\mu)\psi$, also mittels der allzubekannten minimalen Substitution, das erbringt die WW von ψ mit A_μ , kurz Koppelung ψ mit A

Betrifft L_H : **Koppelung Higgsfeld ϕ mit demselben Eichfeld A_μ** ,
nämlich $L_{HA} = (D^\mu \phi)^+ (D_\mu \phi) = (\partial^\mu + ieA^\mu)\phi^{+*}(\partial_\mu - ieA_\mu)\phi$, also ebenfalls mittels minimaler Substitution.   Das liefert einen Massenterm, der an L_F übertragen wird und A_μ Masse gibt, so nötig. A_μ tritt also **zweimal** auf, einmal in der bekannten L-Funktion zum Fermion, wie auch bisher, und zum anderen in der neuen Higgs-L-Funktion, kurz Koppelung ϕ mit A

Betrifft L_{HY} : **Koppelung Higgsfeld ϕ mit Fermion ψ** , nämlich
$L_{HY} = g^* \psi^+ \gamma^0 {}^* \phi\psi$, die sogenannte Yukawakoppelung. Das liefert einen Massenterm, der an L_F übertragen wird und dem Fermion ψ Masse gibt.
ψ wird zunächst im Rahmen der Diracgleichung als massenlos angenommen. Also kurz Koppelung ϕ mit ψ WW
Diese drei Arten von Koppelungen werden wir auch im Zweidimensionalen wiederfinden. Die grüne Verbindung, bislang allseits bekannt in der Dirac-Maxwell-Welt, Stichwort minimale Substitution, wird Anlass geben zur umfassenden Theorie der schwachen Wechselwirkung, siehe Kapitel 1.6 .

1.3 Die Eichtransformation

Diese ist für den Higgsmechanismus wie auch für das Standardmodell zentral. Die **lokale** Eichtranformation für die Higgs-Lagrangefunktion L_H ist gegeben durch $\phi(x) \Rightarrow \exp[i\theta(x)]*\phi(x)$ bzw $A_\mu(x) \Rightarrow A_\mu(x) + 1/e*\partial_\mu\theta(x)$
$\theta(x)$ ist eine beliebige skalare Funktion von Ort und Zeit (x,t)
Wir haben also einerseits die Eichtransformation analog wie bei einem Diracfeld, andererseits die typische Eichtransformation des Eichfeldes wie beim elektromagnetischen Feld.
Die lokale Eichtransformation besagt, dass es zu einer Gleichung nicht eine, sonden viele Lösungen gibt, die physikalisch dasselbe bewirken, die eben mit dieser Transfomation verbunden und gleichwertig sind. So sind z.B. die elektromagnetischen Feldstären **E** und **H** unempfindlich , invariant gegen obige Eichtransformation angewendet an A_μ .
Bei der **globalen** Eichinvarianz ist $\theta(x) = $ konstant, somit $\partial_\mu\theta = 0$. Diese erinnert dann an gewöhnliche Drehungen in der analytischen Geometrie.
Alle folgenden Eichtransformationen sind geprägt von diesem Muster, einerseits für das Feld ϕ, andererseits für das Eichfeld A.
Die Eichtransformation ist sehr wesentlich für den Higgsmechanismus.

Betrrachten wir zunächst die Eichtransformation
$\partial_\mu\phi \quad \Rightarrow \partial_\mu [\exp(i\theta)\phi] \quad = [\exp(i\theta)*\partial_\mu\phi + i\partial_\mu\theta*\exp(i\theta)\phi]$
$(\partial^\mu\phi)^+ \Rightarrow \partial^\mu [\exp(-i\theta)\phi^+] = [\exp(-i\theta)\partial^\mu\phi^+ - i\partial^\mu\theta*\exp(-i\theta)\phi^+]$ \quad Somit
$(\partial^\mu\phi)^+(\partial^\mu\phi) \Rightarrow (\partial^\mu\phi)^+(\partial^\mu\phi) +(\partial^\mu\theta)(\partial_\mu\theta) *\phi^+\phi - i\partial^\mu\theta*\phi^+\partial_\mu\phi + i\partial_\mu\theta*\partial^\mu\phi^+*\phi]$
Das ist offensichtlich # $(\partial^\mu\phi)^+(\partial_\mu\phi)$, also keine Invarianz

---

Betrrachten wir nun die kombinierte Eichtransformation
$D_\mu\phi = (\partial_\mu - ieA_\mu)\phi \Rightarrow \partial_\mu [\exp(i\theta)\phi] - ie[A_\mu +1/e*\partial_\mu\theta]*\exp(i\theta)\phi =$
$= [\exp(i\theta)\partial_\mu\phi + i\partial_\mu\theta *\exp(i\theta)\phi] - ieA_\mu*\exp(i\theta)\phi - i*\partial_\mu\theta*\exp(i\theta)\phi$, also
$(D_\mu\phi) \Rightarrow \exp(i\theta)*(\partial_\mu - ieA_\mu)\phi$, analog folgt $(D^\mu\phi)^+ \Rightarrow \exp(-i\theta)*(\partial_\mu + ieA_\mu)\phi^+$
Somit $(D^\mu\phi)^+(D^\mu\phi) \Rightarrow (D^\mu\phi)^+(D^\mu\phi)$ bleibt also gleich , also invariant

---

$(\phi^+\phi) \Rightarrow (\exp(-i\theta)\phi^+*\phi\exp(i\theta) = (\phi^+\phi)$ bleibt ebenfalls gleich

---

Wir haben also Invarianz bei lokaler Eichtransformation dank des mittransformierten Eichfeldes A_μ . Ohne Eichfeld haben wir dagegen
$\partial_\mu\phi \Rightarrow \exp(i\theta)*\partial_\mu\phi + i\partial_\mu\theta*\exp(i\theta)\phi$ # $\exp(i\theta)*\partial_\mu\phi$
Der Zweitterm stört die Invarianz bzw Kovarianz, die Formgleichheit.

Eichtransformationen lassen Skalarprodukte schon in der gewöhnlichen QM unverändert. Seien ψ_1 und ψ_2 zwei Wellenfunktionen, dann ist offensichtlich $\psi_1^{+}{}^{*}\psi_2 = [\psi_1^{+}\exp(-i\theta)]^{*}[\psi_2\exp(i\theta)]$ Dasselbe gilt für $\psi_1^{+}O\psi_2$ mit irgendeinem Operator O außer irgendeinem Differentialoperator $\partial/\partial x$, siehe zuvor. Da hilft eben die ausgleichende Eichtransformation eines Eichfeldes, die auf der Schiefsymmetrie ihrer Felder beruht, so z.B. beim elektromagnetischen Feld $F_{\mu\nu} = \partial_\mu A_\nu - \partial_\nu A_\mu$. Wesentlich ist, es handelt sich um ein und dieselbe skalare Funktion $\theta(x)$. für die gesamte Lagrange-Funktion mit ihren verschiedenen Feldern.

Offenbar gibt es also zwei Arten von Eichtransformationen, erstere mehr für Spinoren (ϕ), letztere für die Eichfelder selber (A_μ). Ihr Zusammenwirken kann die Mängel der einzelnen Tranformationen ausgleichen.

Nun **fordern** wir, dass die **Higgsgleichung** bzw deren Lagrangedichte für sich allein, ohne Eichfeld, **eichinvariant** ist, d.h. Lösungen von ihr, sofern sie durch eine Eichtransformation verbunden werden können, sind gleichwertig. Im Gegensatz z.B. zur Diracgleichung oder Klein-Gordon-Gleichung, die für sich allein ohne anhängendes Eichfeld nicht eichinvariant ist.

Wir gehen aus von der einfachen Lösung $\phi(x) = v + h(x)$.

Dann soll auch $\phi(x) \Rightarrow \exp(i\theta)^{*}\phi$ eine Lösung sein, also $(v+h)^{*}\exp(i\theta)$. Dabei ist $v+h(x)$ der Radius und $\theta(x)$ der Winkel für die Drehung in der komplexen ϕ_1-ϕ_2-Gaußebene.

Zerlegung von $(v+h)^{*}\exp(i\theta)$ in Real und Imaginärteil ergibt unmittelbar $\phi = (v+h)^{*}\cos(\theta) + i^{*}(v+h)^{*}\sin(\theta) = v + \eta + i^{*}\xi = fix + reell + imaginär$ Es folgt unmittelbar $(\partial_\mu - ieA_\mu)\phi = \partial_\mu\eta + i^{*}\partial_\mu\xi - ievA_\mu - ieA_\mu\eta + eA_\mu\xi$ wie zuvor Wir kommen also auf den oberen Ansatz zurück, zu der bereits abgeleiteten Lagrangefunktion.

Da also das ξ-Feld mittels einer Eichtranformation aus der Einfach-Lösung hervorgeht, kommt ihm keine physikalische Bedeutung zu, man kann sich mit der Einfachlösung $\phi(x) = v + h(x)$ begnügen. Umgekehrt kann man auch sagen, man kann das Goldstone-Boson $\xi(x)$ mitttels einer Eichtransformation wegtransformieren und begründet so die obige einfache Lösung. Zu beachten, h(x) ist eine reelle Funktion, zuständig für das Higgsboson, die Schwingung h um den Zustand v , hat also keine imaginäre Anteile mehr.

Die Eichtransformation ist auch wichtig, weil ohne sie das Standardmodell nicht renormierbar ist, d.h. auftretende Divergenzen nicht beseitigt werden können, wie große Theoretiker erkannt haben.

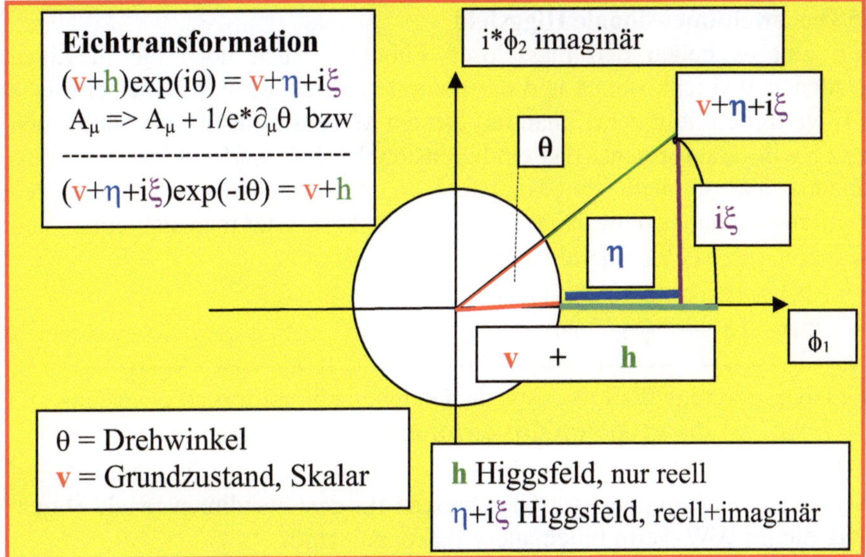

Diese interne Eichinvarianz bzw die Forderung danach ist also das Besondere an der Higgsgleichung, sie vereinfacht deren Lösung. Weder die Diracgleichung noch die Klein-Gordon-Gleichung sind in sich lokaleich-invariant. Offensichtlich ist der variable, von v und vom jeweiligen η, ξ abhängige Drehwinkel gleich $\theta = \arctan(\xi/(v+\eta))$. Bei kleinem ξ und η gegenüber v ist er $\theta = \arctan(\xi/(v+\eta)) \approx \xi/(v+\eta) \approx \xi/v$, somit $\exp(i\xi/v)$.
Es ist $(v+\eta+i\xi)\exp(-i\theta) = v\exp(-i\theta) + \eta\exp(-i\theta) + i\xi\exp(-i\theta)) = v+h$ und es ist $v+h=[\xi^2+(v+\eta^2)]^{1/2}$.Der imaginäre Anteil wurde wegtransformiert. Dieses, weil lokale Eichtransformation hier per Order erlaubt ist. v und h sind reell. v ist statisch, h dynamisch, h ist die Schwingung um v. Offenbar vermag die Eichtransformation komplexe Felder in **nur-reelle Felder** zu verwandeln.

1.4 Numerische experimentelle Werte:
$M_H \approx 125\,GeV$ Masse des Higgsbosons,
$M_W \approx 80\,GeV$ Masse eines geladenen W-Bosons,
$M_Z \approx 91\,GeV$ Masse des neutralen Z-Bosons ,
$v \approx 246\,GeV$ Massenwert des Grundzustandes bzw seine Energie
$\lambda \approx 0.13$ fixer Parameterwert , damit $\mu^2 \approx 2*0.13*246 = 63.96$
Bem.: Der Energiewert zum Grundzustand v ist sehr hoch, sichtlich im Bereich des Higgsbosons und der W- und Z-Bosonen.
Es besteht der Zusammenhang $M_H^2 = 2\mu^2 = 4\lambda v$, siehe oben.

1.5 Das zweidimensionale Higgsfeld

Nun gibt es neben den masselosen Photonen auch noch die massiven geladenen W-Eichbosonen und das neutrale Z-Eichboson, die die schwache WW vermitteln und denen man mit diesem Mechanismus Masse zukommen lassen will. Dazu reicht das eindimensionale skalare Higgsfeld nicht aus, sondern man braucht ein Higgsfeld in zwei Dimensionen , das den zweidimensionalen schwachen Isospin bedient. So setzt man statt einem nun zwei komplexe Felder, nämlich Φ_1 und Φ_2 , an

$$\Phi = (\Phi_1) \;\; = (\phi_1 + i*\phi_2) \quad \text{auch bisher}$$
$$\quad\;\; (\Phi_2) \quad\;\; (\phi_3 + i*\phi_4) \quad \text{neu}$$

Die Higgs-Lagrangefunktion bzw die Gleichung bleibt formal gleich, also

$$\mathbf{L} = (\partial^{\,\mu}\Phi^{+})(\partial_\mu\Phi) - [-\mu^2*(\Phi^+\Phi) +\lambda*(\Phi^+\Phi)^2] \;\; \text{mit denselben } \mu^2{>}0 \text{ und } \lambda{>}0$$
$$P_i^2\Phi + [-\mu^2 + 2\lambda*(\Phi^+\Phi)]\Phi = P_0^2\Phi \quad\quad \text{zweikomponentig , je komplex}$$

Das sind zwei Komponenten-Gleichungen für das zweidimensionale Higgs-Feld, die im WW-Term miteinander verkoppelt sind.

Es versteht sich $\mathbf{\Phi^+\Phi} = \mathbf{\Phi_1}^+\mathbf{\Phi_1} + \mathbf{\Phi_2}^+\mathbf{\Phi_2} =$

$= (\phi_1{-}i*\phi_2)(\phi_1{+}i*\phi_2) + (\phi_3{-}i*\phi_4)(\phi_3{+}i*\phi_4) = \phi_1{}^2{+}\phi_2{}^2 + \phi_3{}^2{+}\phi_4{}^2 = \mathbf{v^2}$, also als Skalarprodukt, reell. Analog wie im Eindimensionalen suchen wir eine Lösung $\mathbf{\Phi}$ zu $E{=}0$, $\mathbf{P}{=}0$ und finden sie. Das sind alle ϕ_i mit $\mathbf{\Phi^+\Phi} = v^2 = \mu^2/\lambda$
Da gibt es viele Lösungen, sie sind mittels der Gruppe SU_2 verbunden.
Deren einfachste ist ($\phi_3 = v$, sonstige $\phi_i{=}0$), also (0)   Grundzustand
$$(v)$$
Im Hinblick auf die zu bedienenden Dubletts, z.B. (ν,e), siehe später, besetzt v die zweite, nicht die erste Komponente. μ^2 und λ und damit auch v sind im eindimensionalen Fall wie im mehrdimensionelen Fall gleich groß.

Wir suchen nun eine Lösung für Schwingungen (η,ξ,α,β) um diesen Grundzustand v herum und setzen so an

$$\Phi = (\phi_1 + i*\phi_2) \;\; = (\alpha + i*\beta) \quad\quad \text{neu}$$
$$\quad (\phi_3 + i*\phi_4) \quad\;\; (v + \eta + i*\xi) \quad \text{auch bisher}$$

Nun rechnen wir aus: Hinsichtlich der Zusatzterme können wir formal von oben abschreiben, wenn wir hierfür v=0 setzen, also haben wir die Zusatzteile, betreffend $(D^{\,\mu}\phi)^+(D_\mu\phi) =$

$= (\partial^\mu\alpha)^2{+}(\partial^\mu\beta)^2 - 2e\partial^\mu\beta A_\mu\alpha + 2e\partial^\mu\alpha A_\mu\beta + e^2 A^\mu A_\mu\alpha^2$,

$- [-\mu^2*(\phi^+\phi) + 2\lambda*(\phi^+\phi)^2] = e^2 A^\mu A_\mu\alpha + [2\mu^2\alpha^2 +2\lambda\alpha^2\beta^2+\lambda\alpha^4]$

Nun setzen wir auf die Existenz einer Eichtransformation, die zu einer **Einfachlösung** führt. Die Einfachlösung ist $\Phi = (0\quad)$, also α, β, $\xi =0$,
$$(v+H)$$
deswegen, weil die Higgsgleichung eichinvariant angesetzt wird und sie so eine Eichtransformation erlaubt, die zu dieser Vereinfachung führt. Daraus folgt dann, umgekehrt, die allgemeine Lösung mittels Eich-Transformation
$\Phi => (0, v+H)*\exp(i*\frac{1}{2}\tau_1\theta_1+ i*\frac{1}{2}\tau_2\theta_2+ i*\frac{1}{2}\tau_3\theta_3)$, also einer beliebigen Drehung im SU2-Raum. Aber es genügt die Einfach-Lösung.

τ_i sind die Paulimatrizen, $\theta_i(x)$ die zugehörigen Drehwinkel.

Für kleine Drehwinkel können wir entwickeln und haben
$\exp(i*\frac{1}{2}\tau_1\theta_1+\dots) \approx 1+(i*\frac{1}{2}\tau_1\theta_1+ i*\frac{1}{2}\tau_2\theta_2+ i*\frac{1}{2}\tau_3\theta_3) = (1+ \frac{1}{2}i\theta_3 , \frac{1}{2}i\theta_1 +\frac{1}{2}\theta_2)$
$$(\frac{1}{2}i\theta_1 -\frac{1}{2}\theta_2 ,1 - \frac{1}{2}i\theta_3)$$
Das ist eine 2 x2 –Matrix.

Bem.: Man muss schreiben $\frac{1}{2}*\tau_i$ statt nur τ_i, weil allgemein für die Drehung der Drehimpuls $\frac{1}{2}*\sigma_i$ oder das Analoge davon zuständig ist.

Auch bei noch **höher Dimensionalem** würde man analog ansetzen, nämlich die Einfachlösung (0, …, 0, v+H) plus Drehung in SUn mit entsprechenden SUn-Matrizen und Drehwinkeln. Stets können die masselosen **Goldstone-teilchen** $(\eta,\xi,\alpha,\beta,\dots)$ wegtransformiert werden, so dass diese einfache Lösung übrigbleibt. Das hat zur Folge, dass der Grundradius v unabhängig von der Dimension des Higgsferldes ist und damit auch die daraus folgenden Massen z.B. für das Higgsboson selber.

Im Rahmen der Standard-Theorie sind die **Eichfelder**, die Eichbosonen, die Vermittler der WW.

Die **elektromagnetische WW** erfolgt über das Photon,dem Vierervektor A_μ.

Die **starke WW** geht mittels der Gluonen G^ν_μ .Der Index ν zählt die verschiedenen Gluonenarten, es sind deren 8, genausoviele wie die SU3 Basismatrizen λ_ν hat.

Bei der **schwachen WW** sind die Vermittler die W- und Z-Bosonen, genau die drei Felder W^i_μ mit i=1,2,3 und das eine Feld B_μ . Aus denen sich dann auch die W-Z-Bosonen per Linearkombinationen zusammensetzen. Das sind bei W genausoviele wie die SU2 Basismatrizen hat, nämlich drei, bzw bei B wie die SU1 Basismatrizen hat, eben nur eine. Generell kann man irgendeine hermitische Transformationsmatrix linear mittels der Basismatrizen zu einer Gruppe oder dem Produkt von Gruppen darstellen. Die zugehörigen reellen Koeffizienten sind dann die betreffenden **Potentiale**. Siehe auch [1, 21.2]

Mittels der Einfachlösung $\Phi = (0 , v+H)$, also mit also $\xi,\alpha,\beta = 0$
errechnet sich analog zu zuvor
$$\mathbf{L_H} = (D^{\,\mu}\Phi)^+ (D_\mu\Phi) - [-\mu^2 {*}(\Phi^+\Phi) + \lambda {*}(\Phi^+\Phi)^2] =$$
$$= \partial^{\,\mu}H\partial_\mu H + e^2v^2A^\mu A_\mu + 2e^2vA^\mu A_\mu H + e^2A^\mu A_\mu H^2 - [2\mu^2H^2 + 4v\lambda H^3 + \lambda H^4]$$

Im Eindimensionalen gaben wir eine Überblick über die verschiedenen Koppelungen. In diesem Sinn wollen wir auch hier auflisten:
Photon-Ankoppelung an das **Diracfeld** ψ $D_\mu = \partial_\mu - ieA_\mu$
Sie bleibt nachwievor bestehen, sie betrifft die elektromagnetische WW.

Gluon-Ankopplung an das **Diracfeld** ψ $D_\mu = \partial_\mu {*}\lambda_0 - ig{*}\Sigma G^\nu{}_\mu{*}\tfrac{1}{2}{*}\lambda_\nu$
λ_ν sind SU3-Matrizen, wir haben einen Produktraum betreffend $(\sigma_\mu , \lambda_\nu)$
Das Muster ist leicht erkennbar: ∂_μ wird mit der Einheitsmatrix verknüpft, die Potentiale G mit den Basismatrizen der jeweiligen Gruppe, hier SU3.
Es gibt soviele **Potentiale wie es Basismatrizen** gibt, siehe auch [1, 21.2]
Diese minimale Substitution bleibt nachwievor bestehen, sie betrifft die starke WW. Gluonen haben Spin 1, sind also Vektorbosonen. $\nu=1,\dots,8$

1.51 Koppelung Higgsfeld Φ mit den Eichfeldern W und B

Das dient der **Massenzuweisung** für die Felder W und B und A .
Hierfür sorgt im Rahmen der schwachen und auch elektrischen WW
die minimale Substitution $D_\mu = \partial_\mu {*}\tau_0 + i{*}g_1{*}\Sigma_\nu W^i{}_\mu{*}\tfrac{1}{2}\tau_i + i{*}g_2{*}B_\mu{*}\tfrac{1}{2}\tau_0$,
mit $i=1,2,3$, $\mu =1,2,3,0$ Anstelle von A_μ treten die W- und B-Potentiale
Bem.: Weil es i-viele Felder für die anhängenden Eichbosonen gibt, brauchen wir eine Aufspaltung vom Ein- zum Zweidimensionalen mittels der τ-Matrizen und bekommen so eine zusätzliche Dimension für das Higgsfeld. Die τ_i,τ_0–Matrizen sind die Basismatrizen der SU2 bzw der U1 , die Pauli-Matrizen, sie vertreten den sogenannten **schwachen Isospin** bzw die **schwache Hyperladung**, g_1 und g_2 sind Koppelungskonstanten.
Die $W^i{}_\mu$, B_μ sind gewissermaßen so, als hätte man vier Eichfelder je A_μ ,
je vierdimensional wegen Raum und Zeit. Für B_μ könnte man auch $W^0{}_\mu$ schreiben, so hätte man die Zählung und die zugeordneten τ-Matrizen
$\nu = 0, 1,2,3$, aber es ist das Andere üblich, wohl weil zu ihr eine andere Koppelungskonstante gehört, nämlich g_2 .

Das Ganze ist also ein 2x2-Matrix, die auf das zweikomponentige Higgsfeld Φ einwirkt.

$D_\mu(0, v+H) = (\partial_\mu{*}\tau_0 + i{*}g_1{*}\Sigma_\nu W^i{}_\mu{*}\frac{1}{2}\tau_i + i{*}g_2{*}B_\mu{*}\frac{1}{2}\tau_0){*}(0, v+H)$

Ausgeschrieben, obige Matrizen τ_i, τ_0 explizit hingeschrieben, ist also

----

$$\begin{array}{cc} (\tau_3+\tau_0) & (\tau_1+\tau_2) \\ \end{array}$$

$D_\mu\Phi = \big(\ \partial_\mu + \frac{1}{2}{*}i{*}(g_1 W^3{}_\mu + g_2 B_\mu)\ |\ \frac{1}{2}{*}i{*}g_1{*}(W^1{}_\mu - i{*}W^2{}_\mu)\quad\big){*}2^{-1/2}{*}(0\quad)$

$\big(\ \ \frac{1}{2}{*}\ i{*}g_1{*}(W^1{}_\mu + i{*}W^2{}_\mu)\ |\ \partial_\mu + \frac{1}{2}{*}i{*}(-g_1 W^3{}_\mu + g_2 B_\mu)\ \big)(v+H)$

$$\begin{array}{cc} (\tau_1+\tau_2) & (\tau_3+\tau_0) \\ \end{array}$$

also **Matrix** mal **Vektor**

Nun definieren wir die **W-Bosonen** als Linearkombinationen der W-B-Felder, ein Vorgriff, siehe dazu das nächste Kapitel 1.6

$2^{-1/2}{*}(W^1{}_\mu - iW^2{}_\mu) = W^+{}_\mu$ \quad das W^+ - Boson

$2^{-1/2}{*}(W^1{}_\mu + iW^2{}_\mu) = W^-{}_\mu$ \quad das W^- - Boson

----

Damit schreibt sich dasselbe , Matrix mal Vektor

$D_\mu\Phi = \big(\ \partial_\mu + \frac{1}{2}{*}i{*}(g_1 W^3{}_\mu + g_2 B_\mu)\ |\ 2^{-1/2}{*}i{*}g_1{*}W^+{}_\mu\quad\big){*}2^{-1/2}{*}(0\quad)$

$\big(2^{-1/2}{*}i{*}g_1{*}W^-{}_\mu\quad\big)\ |\ \partial_\mu + \frac{1}{2}{*}i{*}(-g_1 W^3{}_\mu + g_2 B_\mu)(v+H)$

Matrix mal Vektor **ausmultipliziert** ergibt dann den **Spaltenvektor**

$(D_\mu\Phi) = 2^{-1/2}{*}[2^{-1/2}{*}i{*}g_1 W_\mu{}^+{*}(v+H)]$ \quad nur die rechte Matrixseite

$[(\partial_\mu + \frac{1}{2}{*}\ i{*}(-g_1 W^3{}_\mu + g_2 B_\mu)\ (v+H)]$ \quad kommt wegen 0 zum Zug

----

dazu das Konjugiert-kompexe, den **Zeilenvektor**

$(D^\mu\Phi)^+ = 2^{-1/2}{*}\ [-2^{-1/2}{*}i{*}g_1 W_\mu{}^-{*}(v+H)\ ,\ (\partial_\mu - \frac{1}{2}{*}i{*}(-g_1 W^3{}_\mu + g_2 B_\mu){*}(v+H)\ ]$

Dann ist zusammengefasst der Term in der Lagrangefunktion L_H

$L_{HWB} = (D^\mu\Phi)^+(D_\mu\Phi) =$

$= \frac{1}{2}{*}\partial^\mu H\partial_\mu H + \frac{1}{2}{*}\frac{1}{2}{*}g_1^2 W^{\mu+}W_\mu{}^-{*}(v+H)^2 + \frac{1}{2}{*}\frac{1}{4}{*}(-g_1 W^3{}_\mu + g_2 B_\mu)^2(v+H)^2$

Bem.: ∂_μ wirkt nur auf $\Phi=(0, v+H)$, also auf H, nicht auf W oder B.

Es ist dann $L_H = L_{HWB} - [2\mu^2 H^2 + 4v\lambda H^3 + \lambda H^4]$

Der Higss- WW-Teil mit den Eichbosonen plus sonstiger Higgsteil

----

Nun wird eine **W-B-Linearkombination** angesetzt. Aus den Feldern $W^3{}_\mu$ und B_μ werden die Teilchen Z_μ und A_μ , das neutrale Z-Boson sowie das Photon zusammengesetzt bzw umgekehrt. Die Linearkombinationen sind so angesetzt, dass sie **orthogonal zueinander** sind so wie bei zweidimensionalen Vektoren. Deswegen kann man als Koefizienten sin und cos verwenden. Der Winkel ist so zunächst beliebig, aber experimentell und von der Natur doch festgelegt. Der experimentell ermittelte, der sogenannte **Weinberg-Winkel** ist $\theta \approx 28.74$ grad, also grob 30grad

Anmerkung: Steven **Weinberg**, amerik. Physiker(1933-)

Also haben wir mit Bezeichnung $\alpha = \cos\theta$ und $\beta = \sin\theta$, also $\alpha^2+\beta^2=1$

$$B_\mu = \alpha*A_\mu - \beta*Z_\mu \qquad \text{bzw} \qquad A_\mu = \alpha*B_\mu + \beta*W^3_\mu$$
$$W^3_\mu = \beta*A_\mu + \alpha*Z_\mu \qquad\qquad Z_\mu = -\beta*B_\mu + \alpha*W^3_\mu$$

So sind dann ausgerechnet obige Matrixelemente

$$(g_1W^3_\mu+g_2B_\mu) = (g_1\alpha - g_2\beta)*Z_\mu + (g_1\beta+g_2\alpha)*A_\mu = G_{Z1}*Z_\mu +G_{A1}*A_\mu$$
$$(g_1W^3_\mu-g_2B_\mu) = (g_1\alpha +g_2\beta)*Z_\mu + (g_1\beta-g_2\alpha)*A_\mu = G_{Z2}*Z_\mu +G_{A2}*A_\mu$$

Subtraktion: $g_2B_\mu = -\tfrac{1}{2}*g_2\beta*Z_\mu +\tfrac{1}{2}*g_2\alpha*A_\mu$ so bezeichnet

----

$G_{Z1} = (g_1\alpha-g_2\beta)$, $G_{A1} = (g_1\beta+g_2\alpha)$, $G_{Z2} = (g_1\alpha+g_2\beta)$, $G_{A2} = (g_1\beta-g_2\alpha)$

Das sind Koeffizienten bezüglich der Φ-Z-A-Koppelung

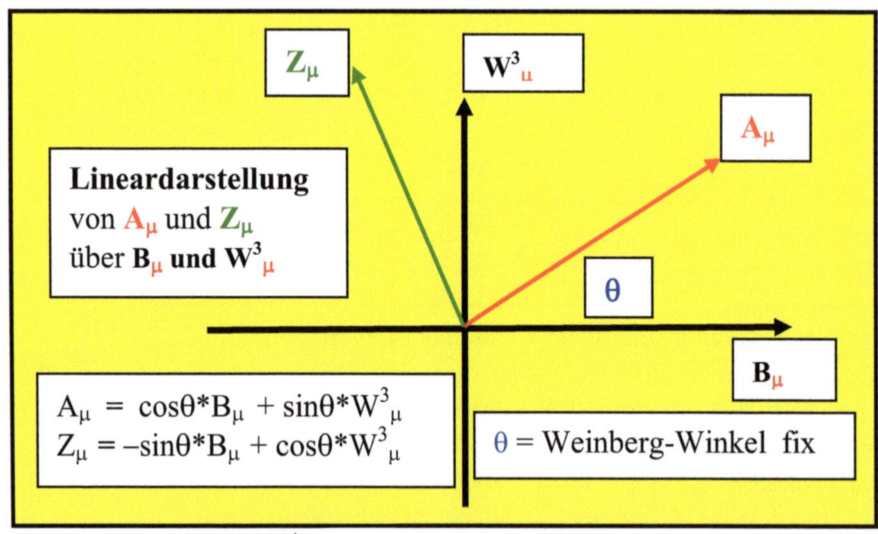

Somit ist $\mathbf{L}_{HWB} = (D^\mu\Phi)^+(D_\mu\Phi) =$

$= \tfrac{1}{2}*\{\partial^\mu H\partial_\mu H +\tfrac{1}{2}*\tfrac{1}{2}*g_1{}^2W^{\mu+}W_\mu{}^- *(v+H)^2+\tfrac{1}{2}*\tfrac{1}{4}*(G_{Z2}*Z_\mu+G_{A2}*A_\mu)^2(v+H)^2\}$

NR: $(G_{Z2}*Z_\mu +G_{A2}*A_\mu)^2 = G_{Z2}{}^2*Z_\mu Z^\mu + G_{A2}{}^2*A_\mu A^\mu + 2G_{Z2}G_{A2}*Z_\mu A^\mu$ Es ist Z orthogonal zu A, also verschwindet der letzte Term. Will man nun dass A

ohne Masse ist, dass auch $A_\mu A^\mu$ verschwindet , muss G_{A2} gleich null sein, also $G_{A2} = (g_1\beta - g_2\alpha) = 0$. Das ergibt die Beziehung $g_1\beta = g_2\alpha$. Somit
$$\mathbf{L_{HWB}} = \tfrac{1}{2}*\partial^\mu H\partial_\mu H + \tfrac{1}{2}*\tfrac{1}{2}*g_1{}^2 W^{\mu+} W_\mu{}^- *(v+H)^2 + \tfrac{1}{2}*\tfrac{1}{4}*G_{Z2}{}^2 * Z_\mu Z^\mu *(v+H)^2$$

Es ist dann $\mathbf{L_H} = \mathbf{L_{HWB}}\ -[2\mu^2 H^2 + 4v\lambda H^3 + \lambda H^4]$

Das ist der Higss-WW-Teil mit den Eichbosonen plus sonstiger Higgsteil.

Die Eichbosonen W und Z gehorchen der Klein-Gordon-Gleichung. Durch Übertrag des statischen Massenteils von $\mathbf{L_H}$, hier z.B. $g_1{}^2 v^2$ für W-Bosonen, auf den entsprechenden L-Funktionsteil der K-G-Gleichung, bekommen sie Masse, wie eingangs allgemein an A_μ aufgezeigt.

Die Massen der Eichbosonen stammen also immer von diesem Teil der Lagrangefunktion, eben von $(D^\mu\Phi)^+(D_\mu\Phi)$. Dagegen stammt die Masse des Higgsboson selber vom $\mathbf{L_H}$ - Zweitteil.

Wesentlich für die Massen in $\mathbf{L_{HWB}}$ ist der statische Teil, nämlich

$\tfrac{1}{2}*\tfrac{1}{2}*g_1{}^2 W^{\mu+} W_\mu{}^- *v^2 + \tfrac{1}{2}*\tfrac{1}{4}(G_{Z2})^2 * Z^\mu Z_\mu *v^2$ Massenermittlung gemäß grün

----

Das führt unmittelbar zu den Massen mit, siehe unten, $\mathbf{G_{Z2}} = (g_1{}^2 + g_2{}^2)^{1/2}$

$\mathbf{M_W} = \tfrac{1}{2}*v g_1$, $\mathbf{M_Z} = \tfrac{1}{2}*v(g_1{}^2 + g_2{}^2)^{1/2}$, $\mathbf{M_A} = 0$, weil $A^\mu A_\mu$ gemäß Konstruktion in $\mathbf{L_H}$ nicht vorkommt. Sichtlich ist $\mathbf{M_W} < \mathbf{M_Z}$.

Bem.: Auch die Gluonen werden vom Higgsmechanismus nicht erfasst und bekommen so die Masse 0. Das ist also die Koppelung Higgsfeld mit den Eichfeldern W und B. Dieser Koppelungsterm gehört zu $\mathbf{L_H}$.

Die Paulimatrizen sind $\tau_1 = \begin{pmatrix} 0 & 1 \\ 1 & 0 \end{pmatrix}$ $\tau_2 = \begin{pmatrix} 0 & -i \\ i & 0 \end{pmatrix}$ $\tau_3 = \begin{pmatrix} 1 & 0 \\ 0 & -1 \end{pmatrix}$ $\tau_0 = \begin{pmatrix} 1 & 0 \\ 0 & 1 \end{pmatrix}$

1.52 Koppelung Higgsfeld Φ mit einem Fermionfeld Ψ

Das dient der **Massenzuweisung** für das Fermionfeld Ψ wie im Eindimensionlen. Da war $g*\psi^+\gamma^0*\phi*\psi$, die sogenannte **Yukawakoppelung**.

Nun ist Φ wegen der W-B-Bosonenfelder zweidimensional geworden und so muss sich der Yukawa-WW-Term anpassen und so setzen setzen wir ein Dublett bezüglich des Zweidimensionalen an, nämlich $\Psi = (v\,,\,\psi)$

$\mathbf{L_{HF}} = L_{Yukawa} = g*[\Psi^+\gamma^0*\Phi]*\psi\ = g*(v^+,\psi^+\gamma^0)*\binom{0}{(v+H)}*\psi = g*\psi^+\gamma^0*(v+H)*\psi$

Zeilenvektor*Spaltenvektor mal Skalar

Die WW Φ mit Ψ ist so unabhängig von links und rechts, zudem nimmt das Neutrino v automatisch **nicht** an dieser WW teil, wegen der 0 in Φ .

31

Es ist üblich, die WW Higgsfeld-Fermionfeld trotzdem in links und rechts darzustellen, was wir hier tun wollen, also

$L_{Yukawa} = g*\psi^+\gamma^0*(v+H)*\psi = g*(\psi_L^+ +\psi_R^+)\gamma^0*(v+H)*(\psi_L +\psi_R)$ Ansatz

Der statische Teil, nur mit v, ist $g*\psi^+\gamma^0*v*\psi$ oder ausmultipliziert ist
$gv*(\psi_L^+\gamma^0+\psi_R^+\gamma^0)*(\psi_L+\psi_R)=gv*[\psi_L^+\gamma^0*\psi_L+\psi_L^+\gamma^0*\psi_R +\psi_R^+\gamma^0*\psi_L+\psi_R^+\gamma^0*\psi_R]$
Die blau markierten Terme sind gleich 0, siehe Algebra Kapitel 1.6, und so verbleibt, ausgedrückt mittels ψ-Linksanteil und ψ-Rechtsanteil
$\mathbf{L_{statisch}} = g*v*[\psi_L^+\gamma^0*\psi_R +\psi_R^+\gamma^0*\psi_L]$, wie oben haben wir $\mathbf{m_{Fermion}} = \mathbf{g*v}$
Bem.: Diese Koppelungskonstante g hat mit den für die schwache WW zuständigen Koppelungskonstanten g_1 und g_2 nichts zu tun.

Da H eine skalare Funktion ist, kann sie an ψ vorbeigezogen werden wie v und so folgt analog $L_{dynamisch} = g*H*[\psi_L^+\gamma^0*\psi_R +\psi_R^+\gamma^0*\psi_L]$, also insgesamt
$L_{Yukawa} = g*(v+H)*[\psi_L^+\gamma^0*\psi_R +\psi_R^+\gamma^0*\psi_L]$ statischer und dynamischer Teil

Es ist dann $\mathbf{L_H} = \mathbf{L_{HWB}} + L_{Yukawa} - [2\mu^2H^2 + 4v\lambda H^3 + \lambda H^4]$
Das ist der Higss-WW-Teil mit den Eichbosonen plus Fermion-WW-Teil plus sonstiger Higgsteil.

Bem.: Die Koppelung von Higgsfeld Φ mit einem Fermionfeld Ψ hat also mit dem Links- und Rechtsanteil von ψ eigentlich **nichts** zu tun, ist diesbezüglich neutral, anders bei den W-B-Eichfeldern. Hier wird es nur damit ausgedrückt, wie es allgemein üblich ist. Dieser Koppelungsterm gehört zu $\mathbf{L_H}$.

1.53 Koppelung Fermion Ψ mit W-B-Boson, Schwache Wechselwirkung

Das ist das Analogon und ergänzend zur bekannten ψ-A-Koppelung.
Das dient **nicht** der Massenzuweisung und hat mit dem Higgsfeld direkt nichts zu tun, sondern mit der Verkoppelung von Diracfeldern ψ mit den W-B-Bosonen, auch mit den A-Photonen im Rahmen der schwachen und elektromagnetischen Wechselwirkung.

Dafür nun **Vorbereitungen**: Es gibt links- und rechtsdrehende Fermionen. Eine beschreibende Diraclösung ψ z.B. für ein Proton lässt sich so zerlegen $\psi = \psi_L+\psi_R$. Der zugehörige Begriff heißt **Chiralität**. Siehe dazu [2, 6.35] . Er ist nahe verwandt mit dem Begriff **Helizität**, bei masselosen Neutrinos ist beides sogar identisch. Bei einem ruhenden massivem ψ sind ψ_L und ψ_R

gleich stark, unanhängig von der Helizität. Bei sehr schnellem ψ, Impuls pc viel größer als die Masse mc², wird bei einem ψ mit Helizität rechts der Chiralitätsanteil ψ_R immer größer und der von ψ_L immer kleiner. Bei einem ψ mit Helizität links wird entsprechend ψ_L immer größer und ψ_R immer kleiner. Links- und Rechtshändigkeit spielt bei der schwachen WW eine Rolle. So koppelt beim β-Zerfall nur der linkshändige Anteil des Neutrons, genau des Quarks d, mit dem negativen W-Boson und und dieses auch mit dem rechtshändigen Antineutrino. (Antiteilchen haben umgekehrte Chiralität). Die Chiralität wird nun beim Higgsmechanismus aufgegriffen.

Man definiert nun für das Zweidimensionale schwache **Isospin-Dubletts** in der Fermionenwelt. Deren Erstes ist $\Psi_L = (v_L , e_L)$ = (Neutrino, Elektron, beide linkshändig). , ein Zweiervektor hinsichtlich des schwachen Isospins. **Deswegen**, weil sich bei der schwachen WW v_L und e_L ineinander verwandeln können. Dieses ist verbunden mit der Gruppe SU2 , also mit deren τ-Matrizen, die die Transformationen bewirken können. Ihnen gibt man den schwachen Isospin respektive (+1/2, -1/2).

Dazu definiert man ein rechtshändiges **Singulett**,einen Skalar, hier $\Psi_R = e_R$, der rechts-händige Elektronenanteil. Es hat keine Verwandlungsmöglichkeit. Dazu gehört die eindimensionale Gruppe U1, mit der zugehörigen τ_0-Matrix. e_R wird der schwache Isospin 0 zugeschrieben. Insgesamt ist es also die transformierende Gruppe die U2.

Es ist gemeint $e_L = \psi_L$ und $e_R = \psi_R$. Das sind je die Chiralitätsanteile des Fermions ψ. e erinnert an Elektron. Die Gruppe U2 oder SU2 haben wir hiermit in der QM zum dritten Mal, zunächst beim Spin, dann beim Isospin und nun beim schwachen Isospin mit viel mathematischer Analogie zueinander, aber eben mit je eigener Bedeutung.

Bei Weyldarstellung der Diracgleichung $\tau_3\sigma_i * cP_i - \tau_1\sigma_0 * mc^2 = \tau_0\sigma_0 * cP_0\psi$
mit Übergang m=>0 und $\psi = (u , v)$ entspricht die Lösung
$v_R = (u , 0)$, Helizität positiv, h>0, **R**echtsschraube, dem Antineutrino und
$v_L = (0 , v)$, Helizität negativ, **L**inksschraube, dem Neutrino. Siehe[1, 16.2]

In **Wiederholung** Chiralitäts-Projektoren P, wirkend auf ein Dirac-ψ zu +E
Es ist $\psi_R = P_R\psi$, $\psi_L = P_L\psi$, $P_R = \frac{1}{2} * (1+\gamma_5)$, $P_L = \frac{1}{2} * (1-\gamma_5)$, $\psi = \psi_L + \psi_R$
Es ist $\gamma_5^+ = \gamma_5$, $\gamma_5^2 = 1$, $\gamma_5\gamma_0 = -\gamma_0\gamma_5$, somit $P_R\gamma_0 = \gamma_0 P_L$ und $P_L\gamma_0 = \gamma_0 P_R$

Sei Dirac-$\psi = (u, v)$, obere und unere Komponenten, dann ist in
Diracdarstellung $\gamma_5 = \tau_1\sigma_0$, $P_R\psi = \frac{1}{2}(1+\gamma_5)\psi = \frac{1}{2}(u+v,u+v)$, $P_L\psi = \frac{1}{2}*(u-v,-u+v)$
Weyldarstellung $\gamma_5 = \tau_3\sigma_0$, $P_R\psi = \frac{1}{2}*(1+\gamma_5)\psi = (u,0)$, $P_L\psi = (0,v)$

Es folgt auch $P_R P_L = P_L P_R = 0$, $P_R{}^2 = P_R$, $P_L{}^2 = P_L$, $\mathbf{P_R + P_L = 1}$
sowie $\psi_R{}^+\psi_L = \psi^+ P_R * P_L \psi = 0$, $\psi_L{}^+\psi_R = \psi^+ P_L * P_R \psi = 0$

Aber $\psi_R{}^+\gamma_0 = \psi^+ P_R\gamma_0 = \psi^+\gamma_0 P_L$ analog $\psi_L{}^+\gamma_0 = \psi^+ P_L\gamma_0 = \psi^+\gamma_0 P_R$, somit
$\psi_L{}^+\gamma_0 *\psi_R = \psi^+\gamma_0 P_R * P_R\psi = \psi^+\gamma_0 *\psi_R$, $\psi_R{}^+\gamma_0 *\psi_L = \psi^+\gamma_0 P_L * P_L\psi = \psi^+\gamma_0 *\psi_L$
sowie $\psi_L{}^+\gamma_0 *\psi_L = \psi^+\gamma_0 P_R * P_L\psi = 0$, $\psi_R{}^+\gamma_0 *\psi_R = \psi^+\gamma_0 P_L * P_R\psi = 0$
Somit $\psi^+\gamma_0 *\psi_R + \psi^+\gamma_0 *\psi_L = \psi^+\gamma_0 *\psi$ Siehe dazu auch [2, 6.35]

So kommen wir zur **Koppelung Fermion Ψ mit den Eichfeldern W und B**
Im Rahmen der Theorie, der schwachen Kopplung
Dabei ist $\Psi = (v)$ oder z.B. $\Psi = (u)$ Viererspinor
$\qquad\qquad$ **(e)** $\qquad\qquad\qquad$ **(d)** Viererspinor
$(v)\quad = (v_L, v_R)$, so dass beide zusammen einen Viererspinor bilden und ebenfalls einer Diracgleichung mit Masse 0 gehorchen, am besten in der Weyldarstellung. Die τ-Matrizen wirken auf den Zweiervektor, also auf die Viererspinoren als Ganzes, die α-Matrizen bzw γ-Matrizen wirken innerhalb der Viererspinoren.

Vergleichen wir mit der Dirac-Maxwell-Wechselwikung.
Die Gleichung hierfür lautet, siehe [2, 6.13]
$[\alpha_i P_i + \beta mc^2 - \alpha_0 P_0]\psi = e*\alpha_\mu A^\mu\psi$ $\qquad$ oder ausgeschrieben
$[(hc/2\pi i)\alpha_i\partial_i + \beta mc^2 - (hi/2\pi)\alpha_0\partial_0]\psi = e*\alpha_\mu A^\mu\psi$ $\quad$ $\alpha_\mu A^\mu = \alpha_i A^i - \alpha_0 A^0$
$[\gamma^\mu/i *(\partial_\mu - ieA_\mu) + mc^2]\psi = 0$ kovariant geschrieben, minimale Substitution
$[\gamma^\mu(P_\mu - eA_\mu) + mc^2]\psi = 0$ mit $\gamma^\mu P_\mu = \gamma^i P_i - \gamma^0 P_0$, anders geschrieben
Bem.: Es versteht sich $\gamma^\mu\partial_\mu = \gamma^i\partial_i + \gamma^0\partial_0$, aber $\gamma^\mu A_\mu = \gamma^i A_i - \gamma^0 A_0$

Unterstellt, W wäre hinsichtlich des schwachen Isospins nur eindimensional, also $\mathbf{W^\mu = A^\mu}$, so würde das entsprechend lauten
$[(hc/2\pi i)\alpha_i\partial_i + \beta mc^2 - (hi/2\pi)\alpha_0\partial_0]\psi = g\alpha_\mu A^\mu\psi_L$, also dasselbe, aber nur der **linke** Anteil von ψ wechselwirkt mit A, sprich mit W.

Bei der Bildung der Lagrangefunktion wird gemäß Mechanismus von links mit ψ^+ aufmultipliziert, also $g*A^\mu * \psi^+\alpha_\mu\psi_L = g*A^{\mu*}\psi^+\alpha_\mu*\frac{1}{2}(1-\gamma_5)\psi$, also das linke ψ^+ im WW-Term bleibt voll, ohne Teilung in links und rechts.

Nun die **minimale Substitution** mit kovarianter Schreibweise.
Die **Metrik** sei $A^i = A_i$, $\phi = A^0 = -A_0$, $\gamma^\mu P_\mu = \gamma^i P_i - \gamma^0 P_0$, $g_{\mu\nu} = (1,1,1,-1)$
Dann ist $\gamma_i*(P_i - eA_i) - \gamma_0*(P_0 - e\phi) = \gamma_i*(\partial_\mu/i - eA_i) - \gamma_0*(-\partial_0/i - e\phi) =$
$= \gamma^i*(\partial_i/i - eA_i) + \gamma^0*(-\partial_0/i - e\phi) = \gamma^i*(\partial_\mu/i - eA_i) - \gamma^0*(\partial_0/i + e\phi) =$
$= \gamma^i*(\partial_i/i - eA_i) - \gamma^0*(\partial_0/i - eA_0) = \gamma^\mu*(\partial_\mu/i - eA_\mu)$
Dabei ist $-e$ die negative Ladung eines Elektrons, bei einem Positron oder
einem Proton wäre da $+e$, also $\gamma^\mu*(\partial_\mu/i + eA_\mu)$, $e>0$

Die **Metrik** sei $-A^i = A_i$, $\phi = A^0 = A_0$, $\gamma^\mu P_\mu = -\gamma^i P_i + \gamma^0 P_0$, $g_{\mu\nu} = (-1,-1,-1,1)$
Dann ist $\gamma_i*(P_i - eA^i) - \gamma_0*(P_0 - e\phi) = \gamma_i*(\partial_\mu/i - eA^i) - \gamma_0*(i\partial_0 - e\phi) =$
$= -\gamma^i*(-i\partial_i - eA^i) + \gamma^0*(i\partial_0 - e\phi) = \gamma^i*(i\partial_\mu + eA^i) + \gamma^0*(i\partial_0 - e\phi) =$
$= \gamma^i*(i\partial_i - eA_i) + \gamma^0*(i\partial_0 - eA_0) = \gamma^\mu*(i\partial_\mu - eA_\mu)$
Je nach Metrik bekommen wir eine etwas andere Viererdarstellung.

Um die elegante Viererdarstellung zu erreichen, braucht man also in jedem
Fall einen Vorzeichenwechsel mittels des Übergangs vom Kovarianten zum
Kontravarianten und umgekehrt. Einfachstes Beispiel $\phi = g_{\mu 0} A^0 = -A_0$
Das betrifft die erste Metrik,

Hier, bei den **W-B-Feldern**, haben wir zunächst grob analog gemäß
minimaler Substitution $(\partial_\mu*\tau_0 + g_1*i*\tfrac{1}{2}*\Sigma_i W^i_\mu*\tau_i - g_2*i*\tfrac{1}{2}*B_\mu*\tau_0)*\Psi$
g_1 und g_2 sind positiv angenommen. Das entspricht der ersten Metrik, also
$\gamma^\mu*(\partial_\mu/i + eA_\mu)$, $e>0$, indem man mit i aufmultipliziert.

Sie unterscheidet sich von der zur Φ-W-B-Koppelung zuvor betreffend des
Vorzeichens bei B_μ . B_μ vertritt die **schwache Hyperladung** $Y = y$. Diese
wird als Faktor dort angesiedelt. Der Faktor ist bei Higgs Φ gleich $y = +1$,
bei e_L und ν_L gleich $y = -1$, bei e_R gleich $y = -1$. Bei dem zu (ν_L, e_L) analogen Quarkdublett (u_L, d_L) ist er im Sinne unserere Darstellung $y = +1/3$.

So ist dann hier bei der Ψ-W-B -Koppelung mit $\Psi = e_L$ oder ν_L
$L = \Psi^+\gamma^0*\gamma^\mu(P_\mu*\tau_0 + g_1*\tfrac{1}{2}*\Sigma_i W^i_\mu*\tau_i - g_2*\tfrac{1}{2}**B_\mu*\tau_0)\Psi$
Das Vorzeichen des B-Teils, der zur U1 gehört, ist also nicht von vornherein
klar, sondern wird erst durch eine passende Wahl der Hyperladung y
bestimmt. Das Vorzeichen bei W_μ ist wie bei den bekannten A_μ.

Nun wissen wir, **große Theorie**, dass der **Linksanteil** von Ψ mit W^+ , W^- und B verkoppelt, also im Rahmen der SU2 und U1 , der **Rechtsanteil** von Ψ nur mit B verkoppelt, verkoppelt also nur im Rahmen der U_0 . Wenn wir also das Ψ rechts durch $\Psi = \Psi_L + \Psi_R$ ersetzen, kommen wir zur Aufteilung

----

$\mathbf{L}_{FWB} = \Psi^+\gamma^0 * \gamma^\mu(P_\mu * \tau_0 + g_1 * \tfrac{1}{2} * \Sigma_i W^i_\mu * \tau_i - g_2 * \tfrac{1}{2} * B_\mu * \tau_0) * \Psi_L +$ **Linksanteil**

$\qquad + \psi^+\gamma^0 * \gamma^\mu(P_\mu - \tfrac{1}{2} * g_2 * B_\mu) * \psi_R$ **Rechtsanteil**

Das ist der kinetische Anteil (P_μ) wie auch der WW-Anteil, links und rechts-

----

Dieser Koppelungsterm gehört zu $\mathbf{L_F}$. Bem.: $L = T - U$, z.B. $U = +\mathbf{e} * \alpha_\mu A^\mu \psi$
Die erste Zeile, die Linksverkoppelung, verkoppelt das Elektron ψ, aber auch das Neutrino ν mit den W-B-Feldern, die zweite Zeile, die Rechts-verkoppelung, sichtlich keine τ-Matrizen, diesbezüglich skalar, verkoppelt nur das Elektron.

Wenn wir die Iso-Matrix in der Mitte explizit ausschreiben wie in 1.51 sowie Ψ explizit anschreiben, haben wir im Fall des **Neutrino-Elektron-Dublett**s
$\mathbf{L}_{FWB} =$

$(\nu^+\gamma^0, e^+\gamma^0)\gamma^\mu P_\mu \tau_0 (\nu_L) \;+\; (\nu^+\gamma^0, e^+\gamma^0)\gamma^\mu \tfrac{1}{2} * \big[(g_1 W^3_\mu - g_2 B_\mu) | (g_1 W^1_\mu - ig_1 W^2_\mu)\big]\ (\nu_L)$

$\qquad\qquad\qquad (e_L) \qquad\qquad\qquad\qquad \big[(g_1 W^1_\mu + ig_1 W^2_\mu) | (-g_1 W^3_\mu - g_2 B_\mu)\big]\ (e_L)$

$\qquad$ Kinetischer Teil $\qquad\qquad\qquad$ Wechselwirkungs-Teil links

$\quad + \psi^+\gamma^0 * \gamma^\mu(P_\mu - \tfrac{1}{2} * g_2 B_\mu) * \psi_R$ Kinetischer Teil $+$ WW-Teil rechts

----

So ist dann dasselbe dargestellt über Z_μ und A_μ , ähnlich wie oben

$(g_1 W^3_\mu + g_2 B_\mu) = (g_1\alpha - g_2\beta) * Z_\mu \;+\; (g_1\beta + g_2\alpha) * A_\mu \; = G_{Ze} * Z_\mu + G_{Ae} * A_\mu$

$(g_1 W^3_\mu - g_2 B_\mu) = (g_1\alpha + g_2\beta) * Z_\mu \;+\; (g_1\beta - g_2\alpha) * A_\mu \; = G_{Zv} * Z_\mu + G_{Av} * A_\mu$

Subtraktion: $g_2 B_\mu = -g_2\beta * Z_\mu + g_2\alpha * A_\mu$ so bezeichnet

----

Damit sind also die Koppelungskonstanten betreffend Z_μ und A_μ

$G_{Ze} = (g_1\alpha - g_2\beta)$, $G_{Ae} = (g_1\beta + g_2\alpha) = 2\mathbf{e}$ Elementarladung, siehe später

$G_{Zv} = (g_1\alpha + g_2\beta)$, $G_{Av} = (g_1\beta - g_2\alpha) = 0$ weil $g_1\beta = g_2\alpha$

Das sind Koeffizienten bezüglich der Ψ-W-Z-A-Koppelung

Es werden die **W-Bosonen** eingeführt als Überlagerungen von W^1_μ und W^2_μ nämlich $\mathbf{(g_1 W^1_\mu - ig_1 W^2_\mu) = 2^{1/2} * W^+_\mu}$ und $\mathbf{(g_1 W^1_\mu + ig_1 W^2_\mu) = 2^{1/2} * W^-_\mu}$

Somit nochmals mit diesen zusammenfassenden Teilchenfeldern L_{FWB} =

$(\nu^+\gamma^0, e^+\gamma^0)\gamma^\mu P_\mu \tau_0 (\nu_L) + (\nu^+\gamma^0, e^+\gamma^0)\gamma^\mu \frac{1}{2}*\left[(G_{Z\nu}*Z_\mu + G_{A\nu}*A_\mu)|\ (2^{1/2}*W^+_\mu)\right](\nu_L)$

$\qquad\qquad\qquad (e_L) \qquad\qquad\qquad \left[(2^{1/2}*W^-_\mu)| -(G_{Ze}*Z_\mu + G_{Ae}*A_\mu)\right](e_L)$

$\qquad$ Kinetischer Teil $\qquad\qquad\qquad$ Wechselwirkungs-Teil links

$+\ \psi^+\gamma^0 * \gamma^\mu(P_\mu - \frac{1}{2}*(-g_2\beta*Z_\mu + g_2\alpha*A_\mu))*\psi_R$ $\quad$ Kinet.Teil +WW-Teil rechts

---

Schema bezüglich der Entfaltung

$(\nu^+, e^+)*(A\ B)(\nu) = (\nu^+, e^+)*(A\nu + Be) = (\nu^+A\nu + \nu^+Be) + (e^+C\nu + e^+De)$

$\qquad\qquad\ (C\ D)(e) \qquad\qquad\qquad (C\nu + De) \qquad\qquad\qquad\qquad$ also:

$L_{FWB} = \nu^+\gamma^0\gamma^\mu P_\mu \nu_L + e^+\gamma^0\gamma^\mu P_\mu e_L \quad + \qquad\qquad$ dynamischer Teil links

---

$+\ \nu^+\gamma^0*\gamma^\mu(\frac{1}{2}*G_{Z\nu}*Z_\mu + \frac{1}{2}*G_{A\nu}*A_\mu)\nu_L \ +\ \nu^+\gamma^0*\gamma^\mu(2^{-1/2}*g_1 W^+_\mu)e_L \ +\ \mathbf{1+1'+2}$

$+\ e^+\gamma^0*\gamma^\mu(2^{-1/2}*g_1 W^-_\mu)\nu_L \quad -\ e^+\gamma^0*\gamma^\mu(\frac{1}{2}*G_{Ze}*Z_\mu + \frac{1}{2}*G_{Ae}*A_\mu)e_L \ +\ \mathbf{3+4+5}$

$+\ e^+\gamma^0\gamma^\mu P_\mu e_R \ +\ e^+\gamma^0*\gamma^\mu(\frac{1}{2}*g_2\beta*Z_\mu - \frac{1}{2}*g_2\alpha*A_\mu)e_R$ $\quad$ Teil rechts $\quad \mathbf{6+7}$

Die Koppelungskonstanten wurden violett markiert.

Man kann aus dieser Lagrangefunktion L ablesen: Gemäß [2,6.31 Ende] können wir die WW-Teile im Sinne einer Streuung mit einlaufendem oder auslaufendem Teilchen und einem weggehenden bzw ankommenden Austauschteilchen deuten, also einem **Vertex in einem Feynmandiagramm**.

1: Neutrino-Neutrino-Streuung ν an ν_L, Austausch Z, $\quad$ Koppelung $G_{Z\nu}$

1': Neutrino-Neutrino-Streuung ν an ν_L, Austausch A, $\quad$ Koppelung $\mathbf{G_{A\nu}=0}$

2: Neutrino-Elektron-Streuung ν an e_L, $\quad$ Austausch W^+, Koppelung g_1

3: Elektron-Neutrino-Streuung e an ν_L , Austausch W^-, Koppelung g_1

4: Elektron-Elektron-Streuung e an e_L , Austausch Z, $\quad$ Koppelung G_{Ze}

5: Elektron-Elektron-Streuung e an e_L, Austausch A, $\quad$ Koppelung $G_{Ae}=\mathbf{e}$

6: Elektron-Elektron-Streuung e an e_R, Austausch Z, $\quad$ Koppelung g_2/g_1*e

7: Elektron-Elektron-Streuung e an e_R, Austausch A, $\quad$ Koppelung $g_2*\alpha=\mathbf{e}$

Wie man sieht, koppelt W nur im Linksbereich, es koppelt Z und A sowohl im Linksbereich wie im Rechtsbereich, also sowohl mit linkshändigen wie mit rechtshändigen Fermionen

Es entstehen also Einzelterme, jeder stromartig, je ähnlich dem bekannten elektromagnetischen Muster $\mathbf{e*A_\mu*\psi^* \alpha_\mu\psi = e*A_\mu*\psi^+\gamma^0\gamma^\mu\psi}$

Jeder Term beschreibt im Sinne eines Feynmandiagramms das Geschehen an einem Vertex, an einer Ecke.

Bem.: Man kann z.B. auch schreiben $(g_1 W_\mu^+)^* \mathbf{v}^+ \gamma^0 \gamma^\mu \mathbf{e_L}$, also das Feld vorziehen oder danach, um die Ähnlichkeit zu verdeutlichen.

Der Lagrange-Teil links ist also ein anderer als der Lagrange-Teil rechts.

Das in den Termen linksstehende Teilchen, $\mathbf{v}^+$ oder $\mathbf{e}^+$, kann man auch ersetzen durch $\mathbf{v_L}^+$ oder $\mathbf{e_L}^+$ bzw $\mathbf{v_R}^+$ oder $\mathbf{e_R}^+$. Es muss **derselbe** Index L oder R wie rechts sein. Im Beispiel: $\mathbf{v}^+ \gamma^0 \gamma^\mu \mathbf{e_L} = (\mathbf{v_L}^+ + \mathbf{v_R}^+)\gamma^0 \gamma^\mu \mathbf{e_L} =$
$= \mathbf{v_L}^+ \gamma^0 \gamma^\mu \mathbf{e_L} + \mathbf{v_R}^+ \gamma^0 \gamma^\mu \mathbf{e_L} = \mathbf{v_L}^+ \gamma^0 \gamma^\mu \mathbf{e_L} + (\mathbf{v} P_R)^+ \gamma^0 \gamma^\mu P_L \mathbf{e} =$
$= \mathbf{v_L}^+ \gamma^0 \gamma^\mu \mathbf{e_L} + \mathbf{v}^+ \gamma^0 \gamma^\mu P_R P_L \mathbf{e} = \mathbf{v_L}^+ \gamma^0 \gamma^\mu \mathbf{e_L} + 0$, weil $P_R P_L = 0$
Denn es ist $P_L = \frac{1}{2}*(1-\gamma_5)$ und $P_R = \frac{1}{2}*(1+\gamma_5)$. Wenn man die an $\gamma^0 \gamma^\mu$ vorbeiführt, beiben sie gleich , also dieses Ergebnis.

Der Teil in der Entfaltung $G_{Av}*A_\mu*\mathbf{v}^+ \gamma^0 \gamma^\mu \mathbf{v_L}$ mit $G_{Av} = (g_1\beta - g_2\alpha)$ darf nicht vorkommen, Nummer 1´, siehe zuvor. Dieser würde eine WW von Neutrinos v mit Austauschteilchen Photonen A bedeuten, was nicht sein darf. So wird sein Faktor gleich null gesetzt, also $(g_1\beta - g_2\alpha) = 0$ und man bekommt so die **Beziehung $g_1\beta = g_2\alpha$** für die Koppelungskonstanten g_1, g_2 .

Desgleichen sehen wir im Term $\mathbf{e}^+ \gamma^0 \gamma^\mu \frac{1}{2}*G_{Ae}*A_\mu \mathbf{e_L}$ mit $G_{Ae} = (g_1\beta + g_2\alpha)$ die bekannte elektromagnetische Verkoppelung. Das gibt uns das Recht, die Koppelungskonstante e damit gleichzusetzen ,also $\frac{1}{2}*G_{Ae} = \frac{1}{2}*(g_1\beta + g_2\alpha) = e$, somit erhalten wir die **Beziehung $e = \frac{1}{2}*(g_1\beta + g_2\alpha)$**
Aus beiden Beziehungen folgt unmittelbar[2]
$\mathbf{e} = \frac{1}{2}*(g_1\beta + g_2\alpha) = \frac{1}{2}*(g_2\alpha + g_2\alpha) = g_2\alpha = \mathbf{g_2 * cos\theta}$ oder $\mathbf{g_2 = e/cos\theta}$
$\mathbf{e} = \frac{1}{2}*(g_1\beta + g_2\alpha) = \frac{1}{2}*(g_1\beta + g_1\beta) = g_1\beta = \mathbf{g_1 * sin\theta}$ oder $\mathbf{g_1 = e/sin\theta}$
Mit Weinbergwinkel $\theta \approx 28.74$ grad ist sichtlich $sin\theta < cos\theta$ und so $\mathbf{e < g_2 < g_1}$.

Man kann obiges G_{Z2}^2, nötig für die Masse von Z, siehe 1.51, berechnen, mittels der folgenden erkannten Beziehungen,
$g_1\beta = g_2\alpha$ und $\alpha^2 + \beta^2 = 1$ mit $\alpha = cos\theta$ und $\beta = sin\theta$, nämlich
$G_{Z2}^2 = (g_1\alpha + g_2\beta)^2 = g_1^2\alpha^2 + g_2^2\beta^2 + 2g_1\alpha g_2\beta = g_1^2\alpha^2 + g_2^2\beta^2 + 2g_2^2\alpha^2 =$
$= g_1^2\alpha^2 + g_2^2\beta^2 + g_2^2\alpha^2 + g_2^2\alpha^2 = g_1^2\alpha^2 + g_2^2 + g_2^2\alpha^2 = g_1^2\alpha^2 + g_2^2 + g_1^2\beta^2 = \mathbf{g_1^2 + g_2^2}$

Der größere Anteil von A, dem Photon ist B, der kleinere ist W^3. Bei Z, dem Z-Boson ist es umgekehrt, der größere Anteil ist W^3, der kleinere B .

Aus dem Term $-\frac{1}{2}*g_2*\alpha*A_\mu*e^+\gamma^0\gamma^\mu\, e_R$ folgt analog, eine weitere Bedingung, nämlich dass auch $e = g_2*\alpha$ sein muss, was der Fall ist .

Sei also die Elementarladeung e sowie der Weinbergwinkel θ bekannt, so wird damit g_1 und g_2 fixiert. Auch bei der Koppelung an das Higgsfeld Φ werden diese g_1 und g_2 verwendet sowie für die Higgs-Massenzuweisung $M_W = \frac{1}{2}*vg_1$, $M_Z = \frac{1}{2}*v*G_{Z2} = \frac{1}{2}*v(g_1^2+g_2^2)^{1/2}$, $M_A = 0$, siehe Kapitel 1.51

Auch ist $(g_1^2+g_2^2) = e^2/(\sin^2\theta*\cos^2\theta)$, somit

---.

$\mathbf{M_W/M_Z} = \frac{1}{2}*vg_1\,/[\frac{1}{2}*v*e]*(\sin\theta*\cos\theta) = g_1\,/[g_1*\sin\theta]*(\sin\theta*\cos\theta) = \mathbf{\cos\theta}$

---.

Mit dem groben Wert $\theta = 30$grad, ist $\sin\theta = \frac{1}{2} = 0.5$ und $\cos\theta = 3^{1/2}/2 = 0.86$

Es folgt $\mathbf{g_1} = e/\sin\theta = \mathbf{2e}$ und $\mathbf{g_2} = e/\cos\theta = \mathbf{1.15e}$, $(g_1^2+g_2^2)^{1/2} = 2.3e$, $g_1/g_2 = 1.74$, $g_2/g_1 = 0.57$

Mittel der Beziehungen $e = g_1\sin\theta$ und $e = g_2\cos\theta$ kann man den Winkel θ

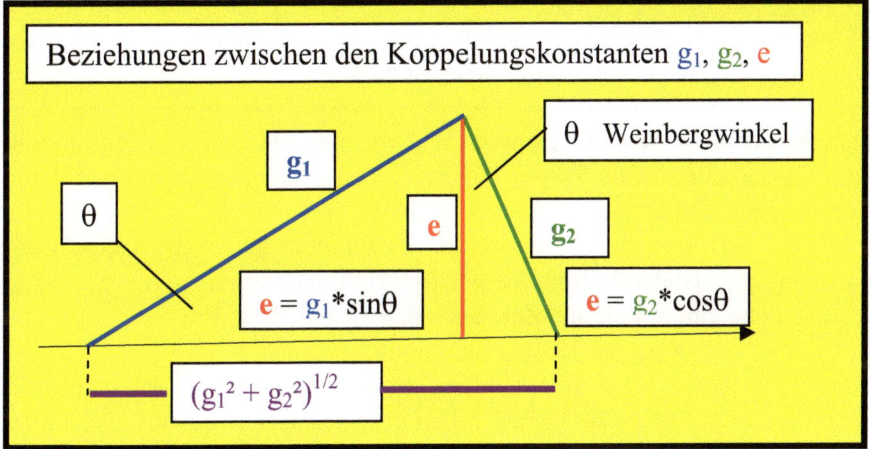

eliminieren , nämlich wie folgt

$1 = \sin^2\theta + \cos^2\theta = e^2/g_1^2 + e^2/g_2^2 = e^2*(g_1^2+g_2^2)\,/(g_1^2g_2^2)$, also

$\mathbf{e = g_1g_2/(g_1^2+g_2^2)^{1/2}}$, $\sin\theta = e/g_1 = g_2/(g_1^2+g_2^2)^{1/2}$, $\cos\theta = e/g_2 = g_1/(g_1^2+g_2^2)^{1/2}$

Bezüglich der **Koppelungskonstanten** inklusive Vorfaktoren errechnet sich

$G_W = 2^{-1/2}*g_1 = 2^{-1/2}*\, e/\sin\theta \approx 2^{+1/2}*e = 1.41e$, $\frac{1}{2}G_{Ae} = e$

$\frac{1}{2}G_{Ze} = \frac{1}{2}(g_1\alpha - g_2\beta) = \frac{1}{2}e*(g_1/g_2 - g_2/g_1) = \frac{1}{2}e/(g_1g_2)*(g_1^2 - g_2^2) \approx \frac{1}{2}*1.17e$

$\frac{1}{2}G_{Zv} = \frac{1}{2}\,(g_1\alpha + g_2\beta) = \frac{1}{2}e*(g_1/g_2 + g_2/g_1) = \frac{1}{2}e/(g_1g_2)*(g_1^2 + g_2^2) \approx \frac{1}{2}*2.3e$

$\frac{1}{2}G_{Zer} = \frac{1}{2}g_2*\beta = \frac{1}{2}g_2*e/g_1 = \frac{1}{2}g_2/g_1*e \approx \frac{1}{2}*0.57e$

Offensichtlich ist $\frac{1}{2}G_{Zer} < \frac{1}{2}*G_{Ze} < e < \frac{1}{2}*G_{Zv} < G_W$

Wie man sieht ergeben sich die Koppelungskonstanten automatisch von obiger Entfaltung als Funktion von g_1, g_2, α und β.

Andere Darstellung $G_Z = (g_1\alpha{-}+g_2\beta) =(g_1\alpha{-}+g_1\beta/\alpha*\beta)=g_1/\alpha*(\alpha^2{-}+\beta^2)$, also

$G_{Ze} = g_1/\alpha* (1-\beta^2-\beta^2) = g_1/\cos\theta *(1-2\sin^2\theta)$, $G_{Zv} = g_1/\alpha* (\alpha^2+\beta^2) = g_1/\cos\theta$

Die **Diracgleichungen** hierzu lauten

$\tau_0\gamma^\mu (P_\mu + g_1*\Sigma_v W^i_\mu*\frac{1}{2}*\tau_i - g_2*B_\mu*\frac{1}{2}*\tau_0)\Psi_L = 0$ links $\Psi_L = (v_L , e_L)$

$\tau_0\gamma^\mu (P_\mu - g_2*B_\mu*\tau_0)\Psi_R = 0$ rechts $\Psi_R = e_R$

Mit i=1,2,3 und μ=0,1,2,3,4   links erste Zeile

Nun mit Einsetzen obiger Entfaltung lauten die **Diracgleichungen**

$\gamma^\mu P_\mu v_L = \frac{1}{2}*G_{Zv}*Z_\mu*\gamma^\mu v_L + G_W*W_\mu^{+}*\gamma^\mu e_L$ **links** erste Zeile

$\gamma^\mu P_\mu e_L = G_W*W_\mu^{-}*\gamma^\mu v_L + \frac{1}{2}*G_{Ze}*Z_\mu*\gamma^\mu e_L +e*A_\mu*\gamma^\mu e_L$ zweite, links

$\gamma^\mu P_\mu e_R = G_{Zer}*Z_\mu*\gamma^\mu e_R + e*A_\mu*\gamma^\mu e_R$ **rechts**, nur eine Zeile

Die Koppelungskonstanten sind violett eingefärbt.

Die **geladenen W-Bosonen**, sowohl W_μ^{+} wie auch W_μ^{-} , verkoppeln **nur** mit den Linksanteilen von e oder v. Sie bilden den **geladenen Strom** und deren Terme, die sichtlich Teilchen verschiedener Sorte verbinden. Als virtuelle Teilchen übertragen sie elektrische Ladung.Zu ihnen gehört die Koppelungskonstante g_1. Standardbeispiel ist der β-Zerfall, nämlich n => p + e_ + v_{anti}. In der Sonne gibt es in hoher Zahl auch den umgekehrten Prozess

p + e_ + v_{anti} => n bei der Neutronenbildung.

Die W-Bosonen haben Spin 1. Die Zerfallszeit ist um die 10^{-25} sec .

Man fasst W_μ^{+} , W^3_μ , W_μ^{-} hinsichtlich des schwachen Isospins als Triplett auf mit T=1 und T_3 = +1, 0, -1 .

Das **neutrale Z-Boson** verkoppelt mit den Neutrinos v. Es verkoppelt aber auch mit den Elektronen, mit deren Links- und auch Rechtsanteil, allerdings in verschiedener Stärke, je mit Koppelungskonstanten ungleich e. Es bildet den **neutralen Strom** und deren Terme. Es überträgt als Austauschteilchen keine elektrische Ladung, anders bei den W-Bosonen. Z-Bosonen verkoppeln nur Teilchen je der gleichen Sorte. Ein Beispiel ist die Streuung von Neutrinos an Elektronen mittels des Austausches eines virtuellen Z-Bosons, eine elastischen Streuung, Einlauf e+v => e+v Auslauf . Da haben wir im

Feynmandiagramm die beiden Vertices, gewissermaßen die beiden Ecken, e-e-Z und ν-ν-Z .Das Z-Boson hat Spin 1.Die Zerfallszeit ist um die 10^{-25} sec Bem.: Auch Elektronen können offenbar schwach mittels Austauschteilchen Z-Boson aneinander streuen.

Man fasst B_μ hinsichtlich des schwachen Isospins als Singulett auf mit T=0 und $T_3 = 0$. Somit sind Z und A wegen B_μ und W^3_μ Mischzustände von T=0 und T=1, jedenfalls aber mit $T_3 = 0$.

Das **Photon A** verkoppelt mit dem Links- und auch Rechtsanteil des Elektrons je mit der Koppelungskonstante e, gleich der Elementarladung. Es ist zuständig für den **elektromagnetischen Strom**. Das freie Photon hat Spin 1 Bem.: Für die noch viel kleinere Gravitationswechselwirkung setzt man als virtuelles Austauschteilchen ein sogenanntes **Graviton** an. Da die Reichweite der Kraft unendlich ist wie bei virtuellen Photonen, wie im elektromagnetischen Fall, wird es wohl auch Masse null haben und nicht ein superschweres Teilchen sein,das zwar die WW sehr schwach machen würde, aber nur eine sehr kleine Reichweite hätte.

Die Theorie gibt die mühsam über viele Jahre ermittelten experimentellen Erkenntnisse richtig und umfassend wieder. Sie ist die Ausfaltung der Kombination des Diracraumes mit dem Schwachen-Isospin-Raum, einem zweidimenionalen Raum, der den sogenannten schwachen Isospin repräsentiert, die Koeffizienten der Basismatrizen des Raums τ, siehe [1, 21.2], sind die Potentiale W und B. Es kommt die Sonderheit hinzu, dass die Fermionen im allgemeinen nicht „voll genommen" werden, was auch sein könnte, sondern nach ihrer Links- oder Rechts-händigkeit (Chiralität) hinsichtlich der schwachen WW unterschieden werden.
Die schwache WW ist universell, alle Leptonen und Quarks werden von ihr erfasst. Prozesse, wo Neutrinos beteiligt sind, laufen immer unter der schwachen WW ab, es gibt aber schwache Prozesse ohne Neutrinobeteilung. Die Schwäche der Koppelung liegt weniger an den Koppelungskonstanten, sind sie doch ähnlich der elektrischen Koppelungskonstanten e, sondern an der sehr großen Masse der Austauschteilchen, der W-oder Z-Bosonen. Das bewirkt auch eine sehr kleine Reichweite ihrer Kraft , weniger als ein Protonendurchmesser, weniger als 10^{-15} m. Infolgedessen gibt es auch keine gebundenen Zustände auf Basis der schwachen WW, sondern sie macht sich hauptsächlich durch Zerfälle bemerkbar oder umgekehrten Prozessen.

Es gibt zu (ν_{eL}- e_L) **analogen Paare** hinsichtlich des schwachen Isospin mit Umwandlungsmöglichkeit je ineinander, bei Leptonen und bei Quarks.

(Neutrino) = (ν_{eL}) , ($\nu_{\mu L}$) , ($\nu_{\tau L}$)   , (Quark)   =   (u_L) , (c_L) , (t_L)

(Lepton)   (e_L) , (μ_L) , (τ_L)   , (Partnerquark)   (d_L) , (s_L) , (b_L)

In der L-Funktion bzw DGLn sind z.B. zu tauschen **ν=>u und e=>d** und man hat wieder Richtiges, z.B. $\mathbf{W_\mu^- *e^+\gamma^0\gamma^\mu\,\nu_L}$ => $\mathbf{W_\mu^- *d^+\gamma^0\gamma^\mu\,u_L}$, siehe L_{FWB} zuvor . Pro Vertex mag das veschieden sein, ob u-d oder ν-e usw

Bei den Quarks, eine Kompliziertheit, sind die hier angegebenen unteren Partner je die wahrscheinlichsten Ziele bei Teilchenverwandlungen, also z.B. u nach d, es kann aber auch mit deutlich geringerer Wahrscheinlichkeit z.B. ein Übergang u =>s und u=>c und umgekehrt stattfinden. Die Wahrscheinlichkeitsamplituden hierfür werden in der sogenannten **CKM-Matrix** zusammen gefasst. Auch ist zu achten, dass die Quarks andere schwache Hyperladung y haben als Elektronen,Neutrinos und das Higgsfeld.

Im Rahmen der Theorie verkoppelt die schwache WW nicht direkt mit zusammengesetzten Teilchen, sondern nur mit Leptonen, Neutrinos und Quarks. Ein auslaufendes Antineutrino wird wie ein einlaufendes Neutrino behandelt. Aus rechts wird links.

Beispiel: Beim **Zerfall eines Neutrons** (udd) mittels der schwachen WW verwandelt sich ein d-Quark in ein u-Quark bei gleichzeitiger Aussendung eines W⁻-Bosons. So wird das Neutron zum Proton (udu). Die anderen Quarks sind gewissermaßen nur Zuschauer. Das W⁻-Boson zerfällt seinerseits in ein Elektron und in ein Antineutrino.

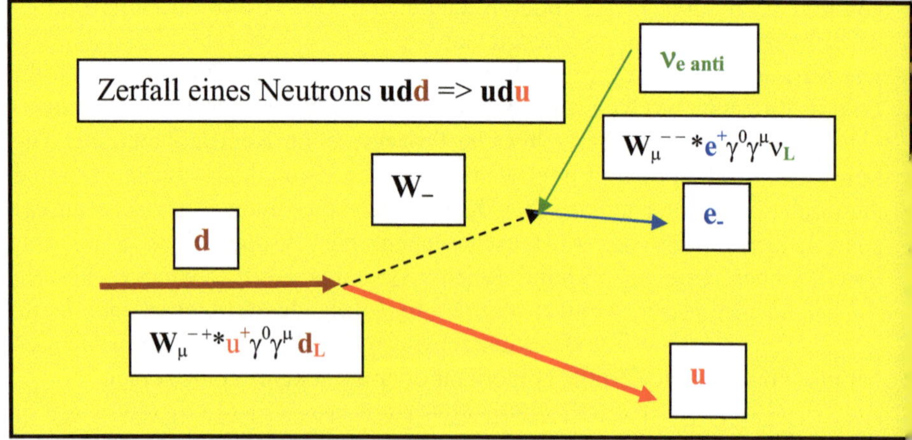

42

Beim ersten Vertex, im Bild links, ist d einlaufend und u und W_μ^- auslaufend, also haben wir $W_\mu^{-+}*u^+\gamma^0\gamma^\mu d_L$. d wird vernichtet, W_μ^- und u werden erzeugt. Das ist die Umkehrung von $W_\mu^{-+}*d^+\gamma^0\gamma^\mu u_L$, der in obiger Standardentwicklung steht.

Beim zweiten Vertex (im Bild rechts) ist ν (als $\nu_{e\,anti}$ auslaufend) und W_μ^- einlaufend und e auslaufend, deswegen $W_\mu^{--}*\ e^+\gamma^0\gamma^\mu\nu_L$. W_μ^- und ν werden vernichtet und e erzeugt. Das entspricht obigem Standardterm, nämlich $e^+\gamma^0*\gamma^\mu(2^{-1/2}*g_1 W_\mu^-)\,\nu_L$ Insgesamt haben wir in der Streumatrix Vertex2 **mal** Vertex1, also $2^{-1/2}*g_1 W_\mu^{--}*e^+\gamma^0\gamma^\mu\nu_L * 2^{-1/2}*g_1 W_\mu^{-+}*u^+\gamma^0\gamma^{\mu\varpi}d_L$, der Einlaufteil steht rechts, wirkt zuerst, der Auslaufteil steht links, wirkt später. Siehe z.B. auch [2, 6.5] $W_\mu^{--}*W_\nu^{-+}$ Vernichter*Erzeuger „warten" gewissermaßen darauf, in einer Kontraktion zusammengezogen zu werden.

Zum Teil in Wiederholung:
Bei Weyldarstellung der Diracgleichung $\tau_3\sigma_i*cP_i - \tau_1\sigma_0*mc^2 = \tau_0\sigma_0\,*cP_0\psi$
mit Übergang m=>0 und $\psi = (u\,,\,v)$ entspricht die Lösung, je Viererspinor
$\nu_R = (u\,,\,0)$, Helizität positiv, h>0, **R**echtsschraube, dem Antineutrino und
$\nu_L = (0\,,\,v)$, Helizität negativ, **L**inksschraube, dem Neutrino. Siehe[1, 16.2]

Im Hinblick auf Erzeugungs- und Vernichtunggsoperatoren mag es von Vorteil sein, sich auch bei den Neutrinos an die Diracgleichung und deren Erzeuger und Vernichter anzulehnen. So haben wir für Diracspinoren
$\psi(x) = (2\pi)^{-3/2}*\int d^3p*np*$
$*\{b(p,h)*u(p,h)*\exp(ipx) + d^+(-p,h)*v(-p,h)*\exp(-ipx)\}$
b vernichtet ein Fermion mit Energie E>0 und Helizität h, hier Neutrino h=-1
d^+ erzeugt ein Fermion mit Energie E<0 und Helizität h, auch Neutrino h=-1
Hier $u(p,h) = (0\,,\,v)$ = Neutrino mit E>0 und h = -1 und Impuls **p** , kurz ν_L
$\quad v(-p,h) = (u\,,\,0)$ = Neutrino mit E<0 und h = -1 und Impuls $-$**p**
So ist dann die Anwendung von ψ auf den Vakuumzustand gleich der Erzeugung eines Neutrino-Lochs im Diracsees, also mit -E, $-$**p,**aber gleiches h=-1, oder formelhaft $\psi(x)|0> = v(-p,h)*\exp(-ipx)*|$-**p**, -E, h=-1>
Das ist hier äquvalent der Erzeugung eines echten Antineutrinos mit **p** und E>0 und h = +1, also einem auslaufenden Teilchen mit positiver Energie und eben positiver Helizität. In diesem Sinn entspricht hier ν_L bzw d_L dem Vernichtungsoperator ψ, der nicht nur Teilchen vernichtet, sondern auch indirekt Antiteilchen erzeugt. Das ist alles analog zur Situation Elektron–Positron.

Die nachträglich nötige Transformation vom Neutrino-Loch zum Antineutrino ist die Ladungskonjugation C=i$\tau_0\sigma_2\psi^*$(x,t).Sie macht aus der einen Weylgleichung die andere und sie macht **-p**, -E, h=-1> zu **p**,E,h=+1. Siehe[1,16.4]

Man kann natürlich die etwas philosophische Frage stellen, was haben die W-Z-Bosonen an sich, dass sie auf die Links-Rechts-Chiralität der Fermionen unterschiedlich reagieren. Wohl muss es sowas geben, spekulativ, wie einen Erhaltungsatz für die Chiralität, ist es der schwache Isospin? - der an einem Vertex wirksam wird, etwa wird Linkschiralität angeliefert,
so wird sie auch weitergereicht. Können die virtuellen Teilchen bei den Abgängen am Vertex, diese nicht aufnehmen, so ist dieser Weg verstellt. Denn ein Feynmandiagramm gleicht zunächst einem Netz von Linien, die Viererimpulse p darstellen. An den Vertizes gilt streng Viererimpulserhaltung, also Zufluss von p gleich Abfluss, **keine** virtuelle Vermehrung oder Verringerung von p .Siehe auch [2 , 6.3] Die Beliebigkeit eines solchen Netztes wird stark eingeschränkt, dadurch, dass zwischen zwei Vertizes A und B, nie nur ein Viererimpuls verläuft, sondern stets ein Teilchen, ein virtuelles Teichen, das es typmäßig auch real geben muss, Gluonen inklusive, es steht je das Reservoir **aller** Teilchentypen zur Verfügung, mit fixen, nicht variablen, Eigenschaften wie Masse m, Spin, Ladung, usw, was das Verteilen und Weiterreichen am Vertex erschwert oder gar verhindert. Der Zwang, eine zum Typ gehörende Masse m annehmen zu müssen, schafft eine Differenz zwischen Viererimpuls $p^2 = E^2$-$\mathbf{p}^2$ einerseits, p wird durchgeschleust, und m^2 andererseits , also E^2-$\mathbf{p}^2$ # m^2 , was den Weg **nicht** verhindert, aber unterschiedlich erschwert. Im Wesentlichen ist es der bekannte Nenner 1/(E^2-$\mathbf{p}^2$- m^2), der dann eine unterschiedliche Wahrscheinlichkeitsamplitude, eine unterschiedliche Durchlässigkeit am Vertex bewirkt. Anders ist es bei den diskreten Werten wie z.B. die Ladung. Da gibt es keinen Weichmacher, wenn es nicht stimmt, gibt es kein Weiterkommen. Ansonsten spricht man explizit von Verletzung eines Erhaltungssatzes. Wir kommen zurück. Die W-Z-Bosonen müssen offenbar die passenden Eigenschaften haben, was Chiralität oder schwacher Isospin anbetrifft.
So gesehen besteht die ganze materielle Welt nur aus Teilchen, aus realen und virtuellen Teilchen, alles andere Impuls, kinetische Energie, usw ist teilchengebunden, nicht frei. Insofern ist der Satz falsch, dass Materie und Antimaterie beim Kontakt in reine Energie zerstrahlt, es entstehen immer Teilchen, z.B. beim Elektron und Positron entstehen beim Kontakt zwei Gammaquanten, zwei Photonen.

1.6 Paritätsverletzung elementar:

Für die Links-Kopplung Quark-W-Boson ist der relevante WW- Strom-Term, das analog zum elektromagnetischen Strom $\psi^+\gamma_0\gamma_\mu{}^*\psi$, allgemein

----

$\psi^+\gamma_0\gamma_\mu{}^*\psi_L = (\psi^+{}_L + \psi^+{}_R)\gamma_0\gamma_\mu{}^*\psi_L = \psi^+{}_L \, \gamma_0\gamma_\mu{}^*\psi_L = \psi^+\gamma_0\gamma_\mu{}^*\tfrac{1}{2}(1-\gamma_5)\psi$, weil

$\psi^+{}_R{}^*\psi_L = 0$, so verbleibt links automatisch nur der Linksanteil $\psi^+{}_L$, bzw

----

$\psi^+\gamma_0\gamma_\mu{}^*\psi_R = (\psi^+{}_L+\psi^+{}_R)\gamma_0\gamma_\mu{}^*\psi_R = \psi^+{}_R \, \gamma_0\gamma_\mu{}^*\psi_R = \psi^+\gamma_0\gamma_\mu{}^*\tfrac{1}{2}(1+\gamma_5)\psi$.

Das zum Thema Ersetzung links ψ durch ψ_L.

Bleiben wir nun bei rechts, für links ist es analog. Wir können zerlegen

$\psi^+\gamma_0\gamma_\mu{}^*\psi_R = \psi^+\gamma_0\gamma_\mu{}^*\tfrac{1}{2}(1+\gamma_5)\psi = \tfrac{1}{2}{}^*\psi^+\gamma_0\gamma_\mu\psi \qquad + \qquad \tfrac{1}{2}{}^*\psi^+\gamma_0\gamma_\mu\gamma_5\psi$

$\qquad\qquad\qquad\qquad\qquad\qquad\qquad\qquad\qquad$ **Vektorstrom** $\qquad\qquad$ **Axialstrom**

Der **Vektorstrom** (polarer Strom) geht bei Spiegelung P ins Negative über wie ein Vektor, also $\mathbf{Pa} = -\mathbf{a}$, denn für $\mu=1,2,3$ ist

$\mathbf{P}(\psi^+\gamma_0\gamma_\mu\psi) = (\psi^+P^+\gamma_0\gamma_\mu P\psi) = (\psi^+\gamma_0{}^+{}^*\gamma_0\gamma_\mu{}^*\gamma_0\psi) = (\psi^+\gamma_0{}^*\gamma_0\gamma_\mu{}^*\gamma_0\psi) =$

$= -(\psi^+{}^*\gamma_0\gamma_\mu{}^*\gamma_0\gamma_0\psi) = -(\psi^+\gamma_0\gamma_\mu\psi)$ wegen der Antivertauschung mit γ_μ

Für $\mu=0$ ist $\mathbf{P}(\psi^+\gamma_0\gamma_0\psi) = +(\psi^+\gamma_0\gamma_0\psi)$ Stromkomponente 0 bleibt gleich

----

Der **Axialstrom** bleibt bei der Spiegelung gleich wie ein Axialvektor

$\mathbf{P}(\mathbf{a} \times \mathbf{b}) = +(\mathbf{a} \times \mathbf{b})$, denn , analog, für $\mu=1,2,3$ ist

$\mathbf{P}(\psi^+\gamma_0\gamma_\mu\gamma_5\psi) = (\psi^+P^+\gamma_0\gamma_\mu \gamma_5 P\psi) = (\psi^+\gamma_0{}^*\gamma_0\gamma_\mu \gamma_5{}^*\gamma_0\psi) = +(\psi^+{}^*\gamma_0\gamma_\mu \gamma_5{}^*\gamma_0\gamma_0\psi) =$

$= +(\psi^+\gamma_0\gamma_\mu \gamma_5\psi)$ wegen der Antivertauschung mit γ_μ und γ_5 .

Für $\mu=0$ ist $\mathbf{P}(\psi^+\gamma_0{}^*\gamma_0\gamma_5\psi) = +(\psi^+\gamma_0{}^*\gamma_0\gamma_5\psi)$ Stromkomponente 0 bleibt gleich

----

Ein derartiger Ausdruck **verletzt** also die „Parität" P, weil

$\mathbf{P}\psi^+\gamma_0\gamma_\mu{}^*\psi_R = \mathbf{P}\psi^+\gamma_0\gamma_\mu{}^*\tfrac{1}{2}(1+\gamma_5)\psi = \tfrac{1}{2}{}^*\mathbf{P}\psi^+\gamma_0\gamma_\mu\psi + \tfrac{1}{2}{}^*\mathbf{P}\psi^+\gamma_0\gamma_\mu\gamma_5\psi =$

$= -\tfrac{1}{2}{}^*\psi^+\gamma_0\gamma_\mu\psi + \tfrac{1}{2}{}^*\psi^+\gamma_0\gamma_\mu\gamma_5\psi = - \psi^+\gamma_0\gamma_\mu{}^*\tfrac{1}{2}(1-\gamma_5)\psi = - \psi^+\gamma_0\gamma_\mu{}^*\psi_L$

Es entsteht also ein anderer Ausdruck, aus rechts wurde links und aus links wird rechts und das für jeden Teil der L-Funktion. War sie vorher linkslastig, so wird sie durch P rechtslastig, sie bleibt also nicht invariant.

1.7 Übersicht über P,C,T

bei der Diracgleichung bei Standarddarstellung und Weyldarstellung

$(\alpha_i * (cP_i - eA_i) + \beta * mc^2)\psi = \alpha_0 * (cP_0 - eA_0)\psi$ **Standarddarstellung**

Dabei ist $\alpha_i = \tau_1\sigma_i$, $\alpha_0 = \tau_0\sigma_0$, $\beta = \tau_3\sigma_0$ meist genutzte Darstellung

----

Kovariant: Multiplikation mit β: $\gamma_0 = \beta$ $\gamma_i = \beta\alpha_i$ somit $\gamma_0 = \tau_3\sigma_0 = \begin{pmatrix} \sigma_0 & 0 \\ 0 & -\sigma_0 \end{pmatrix}$

Sowie $\gamma_i = \beta\alpha_i = \tau_3\sigma_0 * \tau_1\sigma_i = i*\tau_2\sigma_i = \begin{pmatrix} 0 & \sigma_i \\ -\sigma_i & 0 \end{pmatrix}$, $\gamma_\mu * \gamma_\nu + \gamma_\mu n * \gamma_\mu = 0$ $\mu \# \nu$

$\gamma_5 = i*\gamma_0*\gamma_1*\gamma_2*\gamma_3 = i*\tau_3\sigma_0 *i*\tau_2\sigma_1*i*\tau_2\sigma_2*i*\tau_2\sigma_3 = i*(-i)*\tau_1\sigma_0 = \tau_1\sigma_0$

Es folgt unmittelbar $(\gamma_5)^2 = +1$ und $\gamma_\mu * \gamma_5 + \gamma_5 * \gamma_\mu = 0$ für $\mu = 0,1,2,3$

Bem.: Änderung gegenüber [1]: $= i*\dots$ Siehe auch [1, 17.1.4] ff

$[\gamma^\mu(P_\mu - eA_\mu) + mc^2]\psi = 0$ mit $\gamma^\mu P_\mu = \gamma^i P_i - \gamma^0 P_0$ kovariant

----

Raumspiegelung, Parität P: $\psi'(x',t) = \tau_3\sigma_0 * \psi(-x_i, t) = \gamma_0 * \psi(-x_i, t)$

Ladungskonjugation C: $\psi'(x,t) = -\tau_2 * \sigma_2 * \psi^*(x,t) = i*\gamma_2 * \psi^*(x,t)$

Zeitumkehr T: $\psi'(x,t') = i*\tau_0\sigma_2 * \psi^*(x,-t) = i*\gamma_1\gamma_3 * \psi^*(x,-t)$

==

$(\tau_3\sigma_i * (cP_i - eA_i) - \tau_1\sigma_0 * mc^2)\psi = \tau_0\sigma_0 * (cP_0 - eA_0)\psi$ **Weyl-Darstellung**

Also $\alpha_i = \tau_3\sigma_i$, $\alpha_0 = \tau_0\sigma_0$, $\beta = -\tau_1\sigma_0$ Siehe auch [2, 6.3.5]

Kovariant: Multiplikation mit β: $\gamma_0 = \beta$, $\gamma_i = \beta\alpha_i$ somit $\gamma_0 = -\tau_1\sigma_0 = \begin{pmatrix} 0 & -\sigma_0 \\ -\sigma_0 & 0 \end{pmatrix}$

Sowie $\gamma_i = \beta\alpha_i = -\tau_1\sigma_0 * \tau_3\sigma_i = i*\tau_2\sigma_i = \begin{pmatrix} 0 & \sigma_i \\ -\sigma_i & 0 \end{pmatrix}$, $\gamma_\mu * \gamma_\nu + \gamma_\mu n * \gamma_\mu = 0$ $\mu \# \nu$

$\gamma_5 = i*\gamma_0*\gamma_1*\gamma_2*\gamma_3 = i*-\tau_1\sigma_0 *i\tau_2\sigma_1*i\tau_2\sigma_2*i\tau_2\sigma_3 = \tau_3\sigma_0$

Es folgt auch hier $(\gamma_5)^2 = +1$ und $\gamma_\mu * \gamma_5 + \gamma_5 * \gamma_\mu = 0$ für $\mu = 0,1,2,3$

$[\gamma^\mu(P_\mu - eA_\mu) + mc^2]\psi = 0$ mit $\gamma^\mu P_\mu = \gamma^i P_i - \gamma^0 P_0$ kovariant

----

Raumspiegelung, Parität P: $\psi'(x',t) = \tau_1\sigma_0 * \psi(-x_i, t) = -\gamma_0 * \psi(-x_i, t)$

Speziell $P * \exp(i(\mathbf{p}x - Et)) = \exp(i\mathbf{p}(-\mathbf{x}) - Et) = \exp(i((-\mathbf{p})\mathbf{x} - Et)$ $\mathbf{p} => \text{-}\mathbf{p}$

Ladungskonjugation C: $\psi'(x,t) = -\tau_2\sigma_2 * \psi^*(x_i,t) = i\gamma_2 * \psi^*(x_i, t)$

Speziell $C * \exp(i(\mathbf{p}\mathbf{x} - Et)) = \exp(-i(\mathbf{p}\mathbf{x} - Et)) = \exp(i((-\mathbf{p})\mathbf{x} - (-E)t)$ $\mathbf{p}, E => \text{-}\mathbf{p}, \text{-}E$

iσ_2 vertauscht die beiden Helizitätslösungen, iτ_2 vertauscht die oberen und unteren Komponentenpaare, die verkappt auch Helizitätslösungen sind, siehe [1, 17.1.2]

Zeitumkehr T: $\psi'(x,t') = i^*\tau_0\sigma_2^*\psi^*(x_i,-t) = i^*\gamma_1\gamma_3^*\psi^*(x_i,-t)$
Speziell $T^*\exp(i(\mathbf{p}x-Et) = \exp(i(\mathbf{p}x-E(-t)) = \exp(-i((-\mathbf{p})x-Et)$ $\mathbf{p} => -\mathbf{p}$

Ladungskonjugation C und Zeitumkehr T brauchen also das gesternte ψ^*.
Wie man sieht, vertauscht P wegen τ_1 die oberen beiden Komponeten mit den unteren beiden Komponenten, desgleichen C wegen τ_2. Einzeln sind sie also nicht geeignet, für eine zweikomponentige Weylgleichung, für eine Transformation der Gleichung **in sich**, wohl aber in der Kombination PC.
Da wird dann jede Weylgleichung in sich transformiert. **Kombination PC:**
$\psi'(x',t') = P^*C\psi(x,t) = P^*i\tau_2\sigma_2\psi^*(x,t) = \tau_1\sigma_0{}^*i\tau_2\sigma_2\psi^*(-x,t) = -\tau_3\sigma_2^*\psi^*(-x,t)$
$P^*C\exp(i(\mathbf{p}x-Et) = P^*\exp(-i(\mathbf{p}x-Et) = \exp(-i(-\mathbf{p}x-Et) = \exp(i((+\mathbf{p})x-(-E)t)$
d.h. $\mathbf{p},E => +\mathbf{p},-E$ Die beiden oberen und die beiden unteren Komponenten werden nicht vertauscht wegen τ_3, betrifft dann auch die Weylgleichungen.

Die **sich ändernden** Größen bei **P,C, T** sind, h = Helizität, **Muster** $P\psi = \psi'$

P => **-x**, **-p** unmittelbar, in der Folge -h, **-A** , **-j** , **-E**
Wegen **L**= **x** x **p** bleibt **L** gleich sowie σ, **H** ist wie **x** x **p**, bleibt also gleich ,
H= rot**A** , rot =>- rot, somit –**A** ,   **E** = **-**∂**A**/dt+…, somit **E**=>-**E**
Wegen **E** = gradA_0 +… und grad => -grad, folgt A_0 bleibt gleich
Wegen div**E** ~ ρ und div=>-div bleibt auch die Ladungsdichte ρ gleich
Bem.: Es ist dann z.B. **A**(**x**,t) => **A**(-**x**′,t) = **A**′(**x**,t) = –**A**(**x**,t)
L = Drehimpul, **j** = elektr. Strom, **E** = elektr. Feldstärke, **H** = Magnetfeld

---

C => -q, **-p**,-**E** , -h wegen h=σ**p** , -**L** wegen **L**= **x** x **p**, gleiches σ, gleiche A_μ
Wegen **j**~q**v**~q**p** gleicher Strom **j** ,   q = elektr.Ladung , h = Helizität

---

T => -t unmittelbar, in der Folge **-p** , -σ , **-H** , **-A**, **-L** , **-j**
j ist wie **p**, also –**j** . Wegen rot**H**~**j** folgt –**H**. Wegen **H**= rot**A** folgt –**A**
Wegen rot**E**~ **-**∂**B**/dt folgt **E** bleibt gleich. Wegen **E** = -gradA_0 +… und grad => grad, folgt A_0 bleibt gleich. Wegen **L**= **x** x **p** folgt –**L**, auch -σ
Wegen div**E** ~ ρ und div=>div bleibt auch die Ladungsdichte ρ gleich
Bem.: Von P,C,T dreht nur T den Spin, die Eigenrotation σ um.

Bem: Wenn $\mathbf{p}$ => $-\mathbf{p}$ und σ => $-\sigma$ wie hier bei T, dann ist $\sigma\mathbf{p}$ =>$\sigma\mathbf{p}$ und so bleibt die Helizität h gleich.

Bem.: Man möge das Alles auch als Ergänzung zu [1, 17.3-17.5] sehen.

Bem. betreffend die Parität: Baryonen, also p, n, Λ,..., sowie Elektronen sowie Quarks haben per Defintion Parität +1. Je ihre Antiteilchen haben dann Parität -1.

Zusammengesetzte Teilchen, z.B. aus Quarks zusammengesetzt, haben dann Parität gemäß dem Produkt der Einzelparitäten. Bei einem inneren Bahn-drehimpuls L kommt noch ein Faktor $(-1)^L$ hinzu. Dieser ist im allgemeinen aber gleich 0, also L=0.

So haben Mesonen mit L=0 bestehend aus einem Quark und einem Antiquark die Parität $P = (+1)*(-1)*(-1)^{L=0} = -1$. Bezüglich Parität und Bahnparität siehe auch [2,6.35] Beispiel hierfür Pionplus π_+ bestehend aus Quark u und Antiquark d_{anti} .

Das Photon hat die Parität -1, man kann es sich als Baryon und Antibaryon zusammengesetzt denken.

Das Antineutrino hat Parität +1, das Neutrino hat Parität -1.

Bei einer **Streuung**, z.B. a+b =>c+d, sind ebenfalls zu vergleichen die Paritäts-Produkte $P_a*P_b = P_c* P_d$, deswegen weil wir eigentlich einen Produktraum haben, links |a>|b> und rechts |c>|d>, sodass je die Paritätsprodukte zu nehmen sind. Abweichlerbeispiel der Kaon-Zerfall $\mathbf{K}^+$ => $\pi^+ + \pi^-$,wir haben links $P_a = (-1)$ und rechts $P_c*P_d = (-1)*(-1)= +1$, also eine Ungleichheit zwischen Einlauf und Auslauf,eine Paritätsverletzung, verursacht und toleriert durch die schwache WW des Vorgangs.

Beim schwachen Neutronenzerfall n => p + e$_-$ + ν_{anti} haben wir die Paritäts-produkte $(+1) = (+1)*(+1)*(+1) = +1$, also eine Gleichheit oder gemäß Feynmandiagramm haben wir an den Vertices zum einen d => W_μ^- + p , also $(+1) = (+1)*(+1) = +1$ und zum anderen W_μ^- => e$_-$ + ν_{anti} , also da ebenfalls $(+1) = (+1)*(+1) = +1$, eine Übereinstimmung. W_μ^- hat also die Parität +1, entsprechend hat das Antiteilchen W_μ^+ die Parität -1.

Trotz allem haben wir eine Paritätsverletzung beim ganzen Vorgang.

Bem.: Wenn eine Wellenfunktion keine Eigenfunktion des Paritätsoperators P ist, so kann man sie dazu machen. Beispiel Diracfall: Man setzt je an

$\phi_{P=1}(x_i',t) = 2^{-1/2}*[P\psi(x_i',t) +\psi(x_i',t)] = 2^{-1/2}*[\gamma_0\psi(-x_i',t)+\psi(x_i',t)]$, so ist dann

$P\phi_{P=1}(x_i',t) =2^{-1/2}*[\gamma_0\gamma_0\psi(+x_i',t)+\gamma_0\psi(-x_i',t)] = 2^{-1/2}*[\psi(+x_i',t) + \gamma_0\psi(-x_i',t)] =$

$= (+1)*\phi_{P=1}(x_i',t)$, $(x_i',t) = (-\mathbf{x},t)$

$\phi_{P=-1}(x_i',t) = 2^{-1/2}*[P\psi(x_i',t) - \psi(x_i',t)] = 2^{-1/2}*[\gamma_0\psi(-x_i',t) - \psi(x_i',t)] =$

$= -2^{-1/2}*[\psi(x_i',t) - \gamma_0\psi(-x_i',t)] = (-1)*\phi_{P=-1}(x_i',t)$

Einfacher dargestellt $\phi_{P=1}(x_i',t) = 2^{-1/2}*[P\psi + \psi]$,

dann ist $P\phi_{P=1}(x_i',t) = 2^{-1/2}*[P^2\psi + P\psi] = 2^{-1/2}*[\psi + P\psi] = (+1)*2^{-1/2}*[P\psi + \psi]$

Sowie $\phi_{P=-1}(x_i',t) = 2^{-1/2}*[P\psi - \psi]$,

dann ist $P\phi_{P=-1}(x_i',t) = 2^{-1/2}*[P^2\psi - P\psi] = 2^{-1/2}*[\psi - P\psi] = (-1)*2^{-1/2}*[P\psi - \psi]$

Einfache Beispiele von P-Eigenfunktionen sind sin und cos

Psinx $= \sin(-x) = (-1)*\sin x$ ungerade Funktion, Parität -1

Pcosx $= \cos(-x) = (+1)*\cos x$ gerade Funktion, Parität +1

2.0 Die Drehung im R3-Raum im Vergleich zur Drehung im U2-Raum

Es mag von Interesse sein, die Drehung im reellen Dreidimensionalen mit der Drehung in der SU2 zu vergleichen:

2.1 Drehung um eine Achse im dreidimensionalen Raum

Seien gegeben zwei dreidimensionale zueinander orthogonale Einheitsbasisvektoren a_1 und a_2 im R3-Raum. Sie spannen im Raum eine Ebene auf.

Wir betrachten nun eine Drehung mit dem Winkel ϕ in dieser Ebene um die dazu senkrechte Achse a_3. Der positive Drehsinn ist wie immer bei Draufsicht auf die Drehachse im Gegenuhrzeigersinn und bei Blick in Richtung der Drehachse im Rechts-Schraubensinn, also von a_1 nach a_2 .
Die Vektoren a_1-a_2-a_3 sind wie die x-y-z-Koordinatenachsen orientiert.
Das Ergebnis der Drehung ist ein Vektor in der a_1-a_2-Ebene und so eine Linearkombination der Basisvektoren a_1 und a_2.

Wir betrachten nun die **Drehung der Basisvektoren** selbst:
Der Drehwinkel geht von a_1 nach a_2.

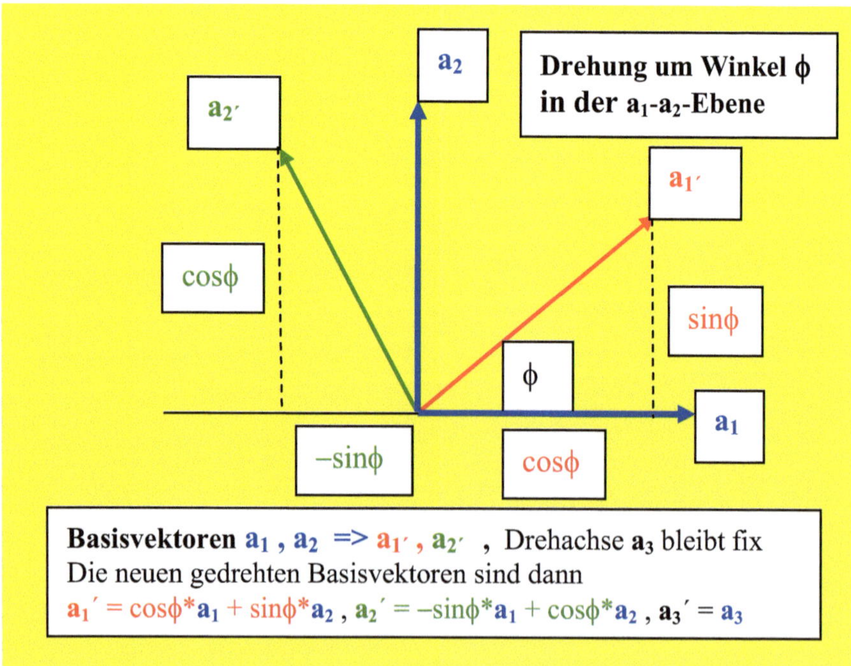

Das ist das **Muster** für alle folgenden Drehungen.

Die Drehachse geht in sich selbst über. Wir drücken das nun mittels Matrizen aus. Die Basisvektoren fassen wir zu einer Matrix zusammen , jeder ist dann ein **Spaltenvektor** darin, also (a_1 , a_2 , a_3) bzw (a_1' , a_2' , a_3')

Aus $a_1' = \cos\phi * a_1 + \sin\phi * a_2$, $a_2' = -\sin\phi * a_1 + \cos\phi * a_2$, $a_3' = a_3$

wird die Matrizenbeziehung

$(a_1' , a_2' , a_3') = (a_1 , a_2 , a_3) * \begin{pmatrix} \cos\phi & -\sin\phi & 0 \\ \sin\phi & \cos\phi & 0 \\ 0 & 0 & 1 \end{pmatrix}$ **Drehung um a_3**

Denn Ausmultiplizieren liefert wieder die Linearkombinationen.

Analog kann man auch um die a_1–Achse drehen in der a_2-a_3-Ebene

Der Drehwinkel geht von a_2 nach a_3. Die Rollen der Basisvektoren verschieben sich zyklisch um einen Schritt, je zum nächsten Index.

Aus $a_1' = \cos\phi * a_1 + \sin\phi * a_2$, $a_2' = -\sin\phi * a_1 + \cos\phi * a_2$, $a_3' = a_3$

wird $a_2' = \cos\phi * a_2 + \sin\phi * a_3$, $a_3' = -\sin\phi * a_2 + \cos\phi * a_3$, $a_1' = a_1$

Die Matrizenbeziehung ist dann also, nun geordnet, rechts die Drehmatrix

$(a_1' , a_2' , a_3') = (a_1 , a_2 , a_3) * \begin{pmatrix} 1 & 0 & 0 \\ 0 & \cos\phi & -\sin\phi \\ 0 & \sin\phi & \cos\phi \end{pmatrix}$ **Drehung um a_1**

Analog kann man auch um die a_2–Achse drehen in der a_3-a_1-Ebene

Der Drehwinkel geht von a_3 nach a_1.Die Rollen der Basisvektoren verschieben sich wiederum zyklisch um einen weiteren Schritt.

Aus $a_2' = \cos\phi * a_2 + \sin\phi * a_3$, $a_3' = -\sin\phi * a_2 + \cos\phi * a_3$, $a_1' = a_1$

Wird $a_3' = \cos\phi * a_3 + \sin\phi * a_1$, $a_1' = -\sin\phi * a_3 + \cos\phi * a_1$, $a_2' = a_2$,

Anders geschrieben, geordnet, was den Übergang zur Matrix verdeutlicht:

$a_1' = \cos\phi * a_1 + 0 * a_2 - \sin\phi * a_3,\ a_2' = 0 * a_1 + a_2 + 0 * a_3,\ a_3' = \sin\phi * a_1 + 0 * a_2 + \cos\phi * a_3$

Die Matrizenbeziehung ist dann also

$(a_1' , a_2' , a_3') = (a_1 , a_2 , a_3) * \begin{pmatrix} \cos\phi & 0 & \sin\phi \\ 0 & 1 & 0 \\ -\sin\phi & 0 & \cos\phi \end{pmatrix}$ **Drehung um a_2**

2.2 Mehrere Drehungen hintereinander, Eulerwinkel

Man kann nun **mehrere Drehungen hintereinander** ausführen je um einen aktuellen von zuvor mitgedrehten Basisvektor, wobei man sich je auf die aktuellen Basisvektoren bezieht. Die Startbasisvektoren sind die kartesischen Einheitsvektoren eines Koordinatensystem, also (e_1, e_2, e_3). Dabei ist $e_1 = (1\ 0\ 0)$, $e_2 = (0\ 1\ 0)$, $e_3 = (0\ 0\ 1)$, je als Spaltenvektor, zusammengefasst bilden sie eine Einheitsmatrix.

Beispiel: Drehung um die a_3-Achse (z-Achse) mit Winkel α , dann um die aktuelle mitgeführte a_2-Achse (y′-Achse) mit Winkel β und schließlich Drehung um die nun aktuelle mitgeführte a_1-Achse (x″-Achse, Winkel γ). Die Gesamtdrehmatrix R ist dann das Produkt der Einzeldrehmatrizen

$$R(\alpha,\beta,\gamma) = \begin{pmatrix} 1 & 0 & 0 \\ 0 & 1 & 0 \\ 0 & 0 & 1 \end{pmatrix} * \begin{pmatrix} \cos\alpha & -\sin\alpha & 0 \\ \sin\alpha & \cos\alpha & 0 \\ 0 & 0 & 1 \end{pmatrix} * \begin{pmatrix} \cos\beta & 0 & -\sin\beta \\ 0 & 1 & 0 \\ \sin\beta & 0 & \cos\beta \end{pmatrix} * \begin{pmatrix} 1 & 0 & 0 \\ 0 & \cos\gamma & -\sin\gamma \\ 0 & -\sin\gamma & 0 & \cos\gamma \end{pmatrix}$$

Startbasis   Drehung um z   Drehung um y′   Drehung um x″

Dier Matrizenreihenfolge ist gleich der Drehreichenfolge, von links nach rechts.

Bem.: Die Startbasismatrix, die Einheitsmatrix kann man natürlich auch weglassen, verdeutlicht aber das Schema.

Jeder Schritt liefert einen neuen aktuellen Set von Basisvektoren, links.

Ausmultipliziert haben wir dann die **resultierende Drehmatrix**, deren Spalten die **resultierenden Basisvektoren** sind.

$(a_1″, a_2″, a_3″) = (e_1, e_2, e_3)*R$ resultierenden Basisvektoren

Ein beliebiger Spaltenvektor **v** wird dann damit gemäß $v′ = R*v$ gedreht

Denn: Ist $v = \lambda_1*a_1 + \lambda_2*a_3 + \lambda_3*a_3$,

dann ist $v″ = \lambda_1*a_1″ + \lambda_2*a_3″ + \lambda_3*a_3″ = (a_1″, a_2″, a_3″)*\begin{pmatrix} \lambda_1 \\ \lambda_2 \\ \lambda_3 \end{pmatrix} = R*v$

Mehr als drei Einzeldrehungen braucht man nicht, um einen Körper in eine beliebige Lage zu drehen. Gegebenenfalls gibt es mehrere Drehmöglchkeiten, um die Endlage zu erreichen. Die Winkel der Einzeldrehungen heissen **Euler-Winkel**. Die verschiedenen Arten der kombinierten Drehungen kann man durch Angabe der Drehachsen, deren Basisvektornummern oder deren Symbole, festlegen. Entsprechend sind dann die Einzeldrehmatrizen hinzuschreiben, von links nach rechts.

Im obigen Beispiel hatten wir 321 oder wie man meist schreibt z-y′-x″ , also zuerst Drehung um z-Achse (a_3), dann um die neue y-Achse (a_2′), dann um die neue x-Achse ($a_1″$).

Beispiel: Sei z.B. ein **Kreisel** zunächst z-Achsen-orientiert.

Man dreht z-x′-z′′ also 313 . Die erste Drehung ergibt eine neue x-Achse, die hier auch **Knotenlinie** genannt wird. Sodann wird um diese gedreht und so auch die z-Achse gekippt. Man erhält so eine neue Rotationsachse. Schließlich wird um diese neue z-Achse gedreht, eben die Drehung, die Rotation um diese neue Rotationsachse.

Eine andere häufige Kombination, Konvention, ist 323 oder z-y′-z′′, also Drehung um die z-Achse, dann um die mitgeführte y-Achse (y′), dabei kippt die z-Achse zu z′′, sodann um diese mitgeführte z-Achse (z′′)

In der **Fahrzeugtechnik** wird gern die Kombination 321, also z-y′-x′′ verwendet, z.B. für die Fluglage eines Flugzeugs. Anfangs sei es in x-Richtung ausgerichtet. Eine Drehung um die z-Achse erbringt die Projektion der Flugbahn auf die x-y-Ebene, dem Boden, die **Flugrichtung**.

Eine Drehung um die mitgeführte y-Achse ergibt die **Flugneigung**, positiver Winkel, wenn absteigend, negativer Winkel, wenn aufsteigend, siehe Drehung um y.

Die y′-Achse, die Richtung der Flügel, bleibt dabei parallel zum Boden.

Die mitgeführte x-Achse ist genauso körperorientiert wie eingangs, also im Flugzeug von hinten nach vorn. Nun drehen wir um diese x-Achse, um gegebenenfalls eine **Kipplage** um diese Achse auszudrücken. Bei positiven Winkel ist die Kippung nach rechts, im Schraubensinn, rechter Flügel ist tiefer, bei negativen Winkel ist die Kippung nach links.

Bem.: Die Drehachse muss nicht dauernd wechseln. Sei sie z.B. $\mathbf{a}_3$ und fix.

Es genüge dann das Zweidimensionale, also R(α,β) =

(1 0)*(cosα -sinα)*(cosβ -sinβ)=(cosαcosβ-sinαsinβ -cosαsinβ-sinαcosβ) =
(0 1) (sinα cosα) (sinβ cosβ) (sinαcosβ+cosαsinβ -sinαsinβ+cosαcosβ)

= (cos(α+β) −sin(α+β))   Wir erhalten so trigonometrische Formeln,
 (sin(α+β) cos(α+β))   denn es ist insgesamt eine Drehung um (α+β)

In unserer Kurzschrift ist es eine Drehung 33 . Dieses könnte man nun weiterführen.

Ein Vektor $\mathbf{x} = \Sigma_i\, x_i * \mathbf{a}_i$ hat nach Drehung der Koordinatenachsen $\mathbf{a}_i$ im neuen System dieselben Koordinaten x_i, also ist $\mathbf{a}_i' = D*\mathbf{a}_i$, dann ist $\mathbf{x}' = \Sigma_i\, x_i * \mathbf{a}_i'$

Anschaulich: Wird ein Kasten beliebig gedreht, so bleiben die Positionen innerhalb des Kastens gleich, das sind die Komponenten x_i , lediglich die Basisvektoren, die Kastenkanten $\mathbf{a_i}$ sind jetzt andere, nämlich $\mathbf{a_i}'$.
Der Kasten könnte z.B. ein Flugzeug sein.

2.3 Drehung bei einer skalaren Funktion

Für eine Verschiebung $\phi(x) => \phi(x+a)$ haben wir die Transformation
$\phi(x+a) = \exp(ia\mathbf{P})*\phi(x)$ mit $\mathbf{P} = 1/i*(\partial_x , \partial_y , \partial_z)$ die Impulsoperatoren. Siehe dazu [1, 4.1] Analog versteht man eine Drehung, z.B.um die z-Achse,
$\phi(x,y,z) => \phi(x\cos\alpha+y\sin\alpha, -x\sin\alpha+y\cos\alpha, z)$
Es wird die Argumente x,y in der Funktion gedreht. Dazu nun:

Betrachten wir klassisch eine kleine Drehung eines Vektors $\mathbf{x}$ mit einem Winkel $d\alpha$ um eine fixe Drehachse $\mathbf{u}$, einen Einheitsvektor. Es ist dann
$\mathbf{x}' = \mathbf{x} + d\mathbf{x} = \mathbf{x} +(\mathbf{u} \times \mathbf{x})d\alpha$ $d\mathbf{x}$ ist offenbar zur Ebene $\mathbf{u}$ und $\mathbf{x}$ senkrecht, und zeigt gemäß Fußregel bei positiven $d\alpha$ je nach oben, die Drehung ist also im Schraubensinn, Siehe [1, 2.1.3]. Man stelle sich $d\mathbf{x}$ am Ende von $\mathbf{x}$ angeheftet und hat so ein kleines Bogenstück.

Wie ändert sich nun eine Funktion $\phi(\mathbf{x})$,wenn sich das Argument $\mathbf{x}$ so ändert: Es ist im Differentiellen:
$d\phi = \partial\phi/\partial x*dx +\partial\phi/\partial y*dy+d\phi/\partial z*dz = \text{grad}\phi*d\mathbf{x} = \text{grad}\phi*(\mathbf{u} \times \mathbf{x})d\alpha =$
$= \mathbf{u}*(\mathbf{x} \times \text{grad}\phi)d\alpha =$ eine erlaubte zyklische Umordnung $\mathbf{a}(\mathbf{b}\mathbf{x}\mathbf{c}) = \mathbf{b}(\mathbf{c}\mathbf{x}\mathbf{a})$
$= i*\mathbf{u}*(\mathbf{x} \times 1/i*\text{grad}\phi)d\alpha = i*\mathbf{u}*(\mathbf{x} \times \mathbf{P})\phi*d\alpha = i*\mathbf{u}\mathbf{L}d\alpha*\phi$ differentiell
Dabei ist $\mathbf{P}$ der Impulsoperator und $\mathbf{L}$ Bahndrehimpulsoperator, je ohne h

----

Aus $d\phi == i*\mathbf{u}\mathbf{L}d\alpha*\phi$ folgt nun durch wiederholte Anwendung der differentiellen Änderung, siehe auch [1, 4.2], unmittelbar
$\phi(\mathbf{x}') = \exp(i*\mathbf{u}\mathbf{L}*\alpha)*\phi(\mathbf{x}) = R(\alpha)*\phi$ $R(\alpha)$ bezeichnet den Drehoperator
Es versteht sich $\phi(\mathbf{x}')=\exp(i*\mathbf{u}\mathbf{L}*\alpha)*\phi(\mathbf{x}) = (1+i*\mathbf{u}\mathbf{L}*\alpha -\alpha^2/2!*(\mathbf{u}\mathbf{L})^2+\ldots)*\phi$
also auch differentiell je eine Drehung um die Achse $\mathbf{u}$
Da $\mathbf{u}\mathbf{L}$ hermitesch ist, sind die Drehungen $\exp(i*\mathbf{u}\mathbf{L}*\alpha)$ unitär.

Im Beispiel, Drehung um z, haben wir also
$\phi(x,y,z) => \phi(x\cos\alpha+y\sin\alpha, -x\sin\alpha+y\cos\alpha, z) = \exp(i\alpha L_z)*\phi(x,y,z)$
$\mathbf{u} = (0,0,1), \mathbf{L} = (0,0,L_z)$ mit $L_z= y\partial_z -z\partial_y$
Allgemein sind es die Drehimpulsoperatoren
$L_1= x_2*P_3 -x_3*P_2 ,$ $L_2= x_3*P_1 -x_1*P_3 ,$ $L_3= x_1*P_2 -x_2*P_1$

Wie wir sehen,tritt der Drehimpulsoperator automatisch auf, um die Drehung betreffend einer Funktion $\phi(\mathbf{x})$ darzustellen wie auch der Impulsoperator automatisch auftritt, um eine Translation einer Funktion $\phi(\mathbf{x})$ darzustellen.
Bem.:Die Drehung um die Achse $\mathbf{u}$ ist im allgemeinen nicht identisch mit einer Drehung um die x-, dann y-, dann z-Achse, also
$\exp(i*\mathbf{u}L*\alpha)*\phi(\mathbf{x})$ # $\exp(i*u_1L_1*\alpha)*\exp(i*u_2L_2*\alpha)*\exp(i*u_3L_3*\alpha) * \phi(\mathbf{x})$

Diese Formel benutzt man nun auch für das **Diskret-Zweidimensionale** , wo der Drehimpuls **J** statt durch den Bahndrehimpuls **L** durch $\mathbf{J} = \frac{1}{2}*\sigma$ gegeben ist. σ sind die Paulimatrizen

----

2.4 Drehung im U2-Raum
Objekte der Drehungen im U2-Raum sind zweidimensionale Spinoren, so z.B. (1 0) oder (0 1) oder (a b) , gegfalls a,b komplex.
Die Drehimpulsoperatoren sind hier $\mathbf{J} = \frac{1}{2}*\sigma$.
Deswegen tritt folgend der Faktor $\frac{1}{2}$ auf, der Drehwinkel ist dagegen ϕ .
Für eine **Drehung um eine reelle Einheitsachse** $\mathbf{u} = (u_1, u_2, u_3)$ mit einem Winkel ϕ gilt $\exp(\frac{1}{2}i\phi\mathbf{u}\sigma) = \sigma_0\cos\frac{1}{2}\phi +i*\mathbf{u}\sigma*\sin\frac{1}{2}\phi$, $\mathbf{u}\sigma = u_1\sigma_1+u_2\sigma_2+u_3\sigma_3$
Das ist in Analogie zu $\exp(i*\mathbf{u}L*\alpha)$ von zuvor.

Der **Schreibvereinfachung** halber bedeutet ab jetzt kursiv geschriebener Winkel gleich halber Winkel, also $\phi = \frac{1}{2}*\phi$, $\alpha = \frac{1}{2}*\alpha$, $\beta = \frac{1}{2}*\beta$, $\gamma = \frac{1}{2}*\gamma$
Denn $\exp(i\phi\mathbf{u}\sigma) = 1+(i\phi\mathbf{u}\sigma) +1/2!*(i\phi\mathbf{u}\sigma)^2 + 1/3!*(i\phi\mathbf{u}\sigma)^3 +... =$
$= 1+1/2!*(i\phi\mathbf{u}\sigma)^2 + 1/4!*(i\phi\mathbf{u}\sigma)^4 +... + (i\phi\mathbf{u}\sigma) + 1/3!*(i\phi\mathbf{u}\sigma)^3 +... =$
$= 1-\phi^2/2!*(\mathbf{u}\sigma)^2 + \phi^4/4!*(\mathbf{u}\sigma)^4 -... + i*[\phi*(\mathbf{u}\sigma) - \phi^3/3!*(\mathbf{u}\sigma)^3 +... =$
$= \sigma_0\cos\phi +i*\mathbf{u}\sigma*\sin\phi$
Denn gemäß Formel $\mathbf{a}\sigma*\mathbf{b}\sigma = \mathbf{ab}*\sigma_0+ i(\mathbf{a} \times \mathbf{b})*\sigma$, siehe Kapitel 5.7, mit $\mathbf{a}=\mathbf{b}=\mathbf{u}$, ist $(\mathbf{u}\sigma)^2 = \mathbf{u^2}*\sigma_0 = \sigma_0$, entsprechend $(\mathbf{u}\sigma)^4$, $(\mathbf{u}\sigma)^3$ usw
Man kann es auch auffassen, als eine Hintereinanderausführung differenzieller Drehungen je $dU = 1+i\mathbf{u}\sigma*d\phi$, je um die Achse $\mathbf{u}$.

Wegen der einfachen Algebra von σ können wir $\mathbf{Ju} = \frac{1}{2}*\mathbf{u}\sigma$ aus dem Argument vor cos bzw vor sin ziehen, im allgemeinen geht das nicht.
Da $\mathbf{u}\sigma$ hermitesch ist, sind die Drehungen dU wie auch $U=\exp(i\phi\mathbf{u}\sigma)$ unitär.
Speziell um die **x-Achse** haben wir dann, es ist $u_1=1$, $u_2=0$, $u_3=0$,
$\exp(i\phi u_1\sigma_1) = \sigma_0\cos\phi + i*u_1\sigma_1*\sin\phi = (\cos\phi , i*\sin\phi)$
$$(i*\sin\phi , \cos\phi)$$

55

Speziell um die **y-Achse** haben wir dann, es ist $u_1=0$, $u_2=1$, $u_3=0$,

$\exp(i\phi u_2\sigma_2) = \sigma_0\cos\phi + i^*u_2\sigma_2^*\sin\phi = ($ $\cos\phi$, $\sin\phi)$
$\qquad\qquad\qquad\qquad\qquad\qquad\qquad\qquad (-\sin\phi$, $\cos\phi)$

Speziell um die z-**Achse** haben wir dann, es ist $u_1=0$, $u_2=0$, $u_3=1$,

$\exp(i\phi u_3\sigma_3)=\sigma_0\cos\phi+i^*u_3\sigma_3^*\sin\phi = (\cos\phi+i^*\sin\phi,\quad 0) = (\exp(i\phi)\quad 0)$
$\qquad\qquad\qquad\qquad\qquad\qquad\qquad (0 \quad , \cos\phi-i^*\sin\phi)\quad (0\quad \exp(-i\phi))$

Bem.: Wir betrachten die **Spaltenvektoren der Drehmatrizen** wie im reellen R3-Fall also neue Basisvektoren. Startmatrix ist (1 0 | 0 1). Sie sind orthogonal zueinander und auf eins normiert, z.B. betrifft $\exp(i\phi u_1\sigma_1)$:

$(\cos\phi\ -i^*\sin\phi) * (i^*\sin\phi) = 0 \qquad (\cos\phi\ -i^*\sin\phi) * (\cos\phi) = 1$
$\qquad\qquad (\cos\phi) \qquad\qquad\qquad\qquad\qquad\qquad (i^*\sin\phi)$

So ist z.B. $\exp(i\phi u_2\sigma_2) *(1) = (\cos\phi) = (\cos\tfrac{1}{2}\phi)$
$\qquad\qquad\qquad\qquad\qquad (0)\quad (-\sin\phi)\quad (-\sin\tfrac{1}{2}\phi)$

Bei der **Drehung mittels Eulerwinkeln** vom Typ 323, siehe zuvor, haben wir zunächst eine Drehung um die z-Achse, Winkel α,
dann Drehung um die mitgeführte y-Achse, Winkel β
sodann Drehung um die bislang mitgeführte z-Achse, Winkel γ

 Startbasisvektoren $\qquad$ Drehung um z $\quad$ Drehung um y´ $\quad$ Drehung um z´´
$R(\alpha,\beta,\gamma) = (1\ 0) * (\exp(i\alpha)\ 0) * (\cos\beta,\ \sin\beta) * (\exp(i\gamma)\ 0) =$
$\qquad\qquad\quad (0\ 1)\quad (0\ \exp(-i\alpha)\quad (-\sin\beta, \cos\beta)\quad (0\ \exp(-i\gamma))$
Die Startbasismatrix kann man natürlich auch weglassen.

$= (\exp(i\alpha)\ 0) * (\cos\beta\exp(i\gamma)\quad , \sin\beta\exp(-i\gamma)) =$
$\quad (0\ \exp(-i\alpha)\quad (-\sin\beta\exp(i\gamma)\quad , \cos\beta\exp(-i\gamma))$

$= [\exp(i\alpha)\cos\beta\exp(i\gamma)\quad , \exp(i\alpha)\sin\beta\exp(-i\gamma)]$ Die Spaltenvektoren sind
$\quad [-\exp(-i\alpha)\sin\beta\exp(i\gamma)\quad , \exp(-a\gamma)\cos\beta\exp(i\gamma)]$ die Ergebnis-Basisvektoren

Ein beliebiger zweidimensionaler komplexer Spinor **v** wird dann damit gemäß **v**´= R***v** gedreht. **v** ist rechts stehend.

3.0 Die Heisenbergleichung für Elementarteilchen
3.1 Von der Welle zum Teilchen
Die klassische Welle ist **sin[2πν(t-x/u)]**   ν Frequenz, u Geschwindigkeit
t-x/u kann man als versetzte Zeit t´ auffassen. Für einen fixen Phasenwinkel,
etwa Winkel null oder einem Wellenberg, ist dann t-x/u = 0 oder x = u*t
und so entsteht der Eindruck der Vowärtsbewegung der Welle, obwohl deren
Teilchen nur auf und nieder gehen.

In der nicht-relativistischen QM gibt es nur positivesVorzeichen für die
Energie E . So ist da die Welle exp[i*2π/h*(**px**–Et)] E positiv , E = hν
Sie läuft gemäß x = E/p*t in **p**-Richtung, so auch jede gleiche Phase von ihr
Dagegen exp[i*2π/h*(-**px**-Et)] läuft gemäß x = –E/p*t in Gegenrichtung,
weil das relative Vorzeichen im Argument umgekehrt ist

In der relativistischen QM gibt es zwei Vorzeichen für E,
nämlich +E und –E. E selbst ist stets positiv gemeint. So sind da die Wellen
----

Bei +E: exp(ipx) = exp[+i*2π/h*(**px**-Et)]   läuft gemäß x = E/p*t die
positive Einheit (+E) in **p**-Richtung

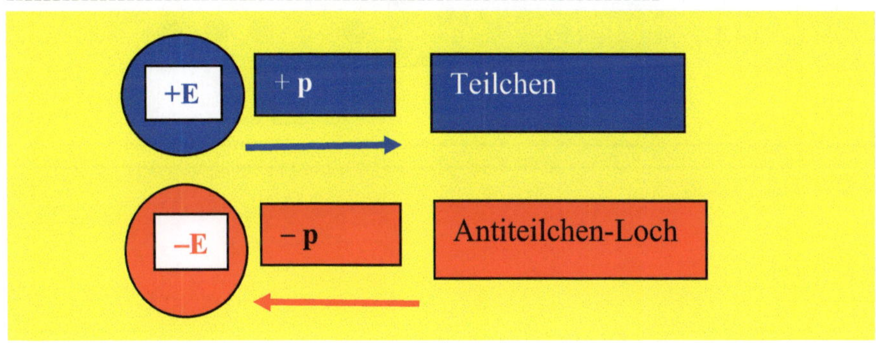

Bei -E: exp(-ipx) = exp[–i*2π/h*(**px**-Et)] = exp[i*2π/h*((-**p**)x-(-E)t)]
Gemäß –px+Et=0 oder x = (-E)/(-p)*t = (-E)/p*(-t) läuft gewissermaßen die
negative Einheit (-E) in (-**p**)-Richtung, in **p**-Gegenrichtung, oder man sagt
auch, die Zeit läuft rückwärts.
Das aus dem besetzten ortsstarren Diracsee befreite (-E) wird als ein nun
bewegliches Loch interpretiert. Startet also ein Teilchen bei x_1 und läuft in
der Zeit Δt zu x_2, so ist das Entsprechende, das analoge Loch startet bei x_2

und läuft in der Zeit $-\Delta t$ zu x_1 .Das Loch ist auf der unmittelbare Rechen-ebene der Antiteilchen-Ersatz.

Erst eine explizite C-Transformation macht daraus ein echtes Antiteilchen, also Transformation **Loch** (-E,-p,-s, -h) => **Antiteilchen** (+E,+p,+s, +h).

s Spin, h Helizität.. Bezüglich der Eigenwerte ist in der Tat

$i*h/2\pi*\partial/\partial_t \exp(-ipx) = -E*\exp(-ipx)$ und

$1/i*h/2\pi*\partial/\partial_x \exp(-ipx) = -p*\exp(-ipx)$

$\exp(-ipx)$ ist das Komplex-konjugierte von $\exp(ipx)$ in Kurzschrift

----

Nochmals bildlich zur Verdeutlichung:

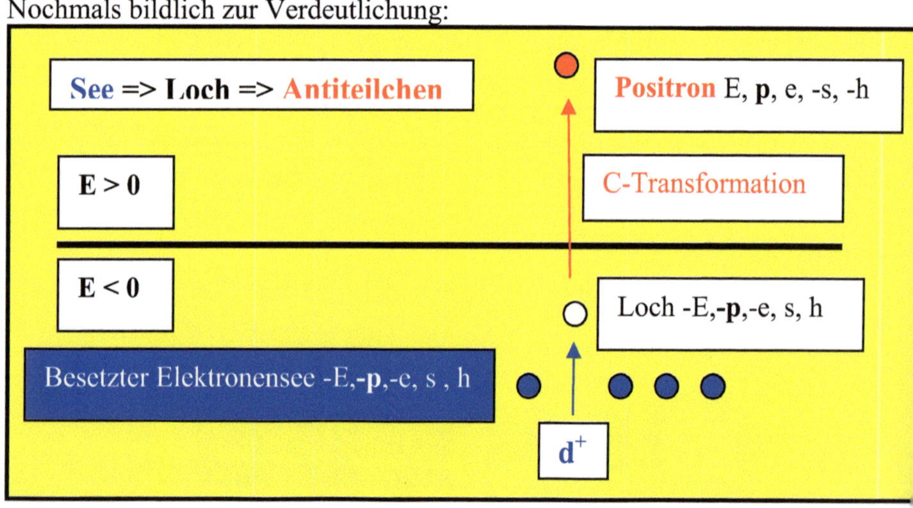

3.2 Die Weylgleichung und Helizitätsgleichung samt Lösungen

Die relativistische Weyl-Gleichungen $\sigma P \phi = +- \sigma_0 P_0 \phi$ gelten für Spin ½ und kennen keine Masse. Offenbar gibt es da eine Vielfalt, die Lösungen darzustellen. Wir wählen

$\phi = u_+ * \exp(+i(\mathbf{px}-Et)$ gehört zu $(+\sigma)\mathbf{P} \phi = \sigma_0 E \phi$ h = +, +$\mathbf{p}$,+E Antineutrino

$\phi = u_- * \exp(+i(\mathbf{px}-Et)$ gehört zu $(-\sigma)\mathbf{P} \phi = \sigma_0 E \phi$ h = −, +$\mathbf{p}$, +E Neutrino

Man verlegt hier das Minuszeichen auf den Spin σ. h ist die Helizität.

In **Wiederholung**, die Weyl-Spinoren, siehe [1,16.1]

Helizität h = **+1** , **Antineutrino**, Rechtsschraubensinn, +σ, +$\mathbf{p}$, +E

Gleichung: $(+\sigma)\mathbf{p} \phi = \sigma_0 E \phi$ Lösung dazu

$$\phi = u_+ * \exp(+i(\mathbf{px}-Et) = \frac{(p_3+p)^{1/2}}{(2p)^{1/2}} * [\ 1,\ \frac{p_1+i*p_2}{p_3+p}\ ] * \exp(+i(\mathbf{px}-Et)$$

Helizität h = **-1** , **Neutrino**, Linksschraubensinn, −σ, +$\mathbf{p}$, +E

Gleichung: $(-\sigma)\mathbf{p} \phi = \sigma_0 E \phi$ Lösung dazu

$$\phi = u_- * \exp(+i(\mathbf{px}-Et) = \frac{(p_3+p)^{1/2}}{(2p)^{1/2}} * [\ \frac{-(p_1-i*p_2)}{p_3+p}\ , 1\ ] * \exp(+i(\mathbf{px}-Et)$$

C-Transformation: $i\sigma_2 u_+^* = -u_-$ und $i\sigma_2 u_-^* = u_+$ $i\sigma_2 = \begin{pmatrix} 0 & 1 \\ -1 & 0 \end{pmatrix}$

Man kann in den Lösungen gewissermaßen die **Ur-Spinoren** der QM sehen. Im Sinne unserer Darstellung ist die Helizität h gleich dem Produkt der Vorzeichen von σ und $\mathbf{p}$. Das Vorzeichen σ , dem Spin entspricht dem Umlaufsinn um die Achse $\mathbf{p}$. So bedeutet z.B. $(-\sigma)\mathbf{p}$ negativen Spin, negativen Umlaufsinn um die Achse $\mathbf{p}$, deswegen Linksschraubensinn.Auch $\sigma(-\mathbf{p})$ hat Linksschraubensinn. Bezüglich der Vielfalt der Lösungen mögen einige Regeln helfen: Die Helizität ist positiv, wenn das Produkt der Vorzeichen bei σ , $\mathbf{p}$, E im Blick auf die Weylgleichung positiv ist, sonst negativ.
Ist das Vorzeichen von E positiv, also +E, so handelt es sich um Teilchen, Antineutrinos oder Neutrinos, ist es negativ, also −E, so handelt es sich um Löcher im Diracsee oder um ein Loch, das erst durch eine C-Transdormation zum Teilchen mit +E wird.

Beispiel: Antineutrino im See bzw **Antineutrinoloch:** $\sigma(-p)\,\phi = \sigma_0(-E)\,\phi$
mit $\phi = u_-{}^*\exp(-i(\mathbf{p}x-Et)\ +\sigma,-\mathbf{p},-E, h = -$
C-Transformation auf das Antineutrinoloch
$C\phi = \mathbf{i\sigma_2}\phi^* = \mathbf{i\sigma_2 u_-}{}^*\exp(-i(\mathbf{p}x-Et)^* = \mathbf{u_+}\exp(+i(\mathbf{p}x-Et)\ \ = \ \textbf{Antineutrino}$
Die Gleichung dazu $(+\sigma)\mathbf{p}\,\phi = \sigma_0 E\,\phi$ also $+\sigma, +\mathbf{p}, +E, h = +$

Die Spinoren können also mittels der **Ladungskonjugation C**, d.h.
Sternbildung und Multiplikation mit $i\sigma_2\ = (0\ \ 1\ /\ -1\ \ 0)$, ineinander
umgewandelt werden, also $C\phi = \mathbf{i\sigma_2}\phi^*$. Offensichtlich ist, siehe Kasten,
$\mathbf{i\sigma_2\,u_+}{}^* = -\mathbf{u_-}$ und $\mathbf{i\sigma_2\,u_-}{}^* = \mathbf{u_+}$ Das tauscht die Helizitätslösungen.

Es mag hier von Interesse sein, die **Weyl-Komponenten** von $\phi^{**}\sigma^*\phi$
zu errechnen:
Es sei benannt $f = (p_3+p)$, Normquadrat $N^2 = f/2p$, $p^2 = p_1{}^2+p_2{}^2+p_3{}^2$
Betreffend $\mathbf{u} = \mathbf{u_+}$: Ohne N^2 ist
$u^{**}\sigma_1{}^*u = [1,(p_1-i^*p_2)/f]^*\sigma_1{}^*[1,(p_1+i^*p_2)/f] =$
$\qquad = [1,(p_1-i^*p_2)/f]\ *\ \ [(p_1+i^*p_2)/f,1] = \ 2p_1/f$

$u^{**}\sigma_2{}^*u = [1, (p_1-i^*p_2)/f]^*\sigma_2{}^*[1, (p_1+i^*p_2)\ /f] =$
$\qquad = [1,(p_1-i^*p_2)/f]\ *\ \ [(-ip_1+p_2)/f ,i] = \ 2p_2/f$

$u^{**}\sigma_3{}^*u = [1,(p_1-i^*p_2)/f]^*\sigma_3{}^*[1,(p_1+i^*p_2)\ /f] = [1,(p_1-i^*p_2)\ /f]^*[1,(-p_1-i^*p_2)/f]$
$= (1-p_1{}^2-p_2{}^2)/f^2 = (p^2+p_3{}^2+2pp_3 - (p^2-p_3{}^2))/f^2 = (2p_3{}^2+2pp_3)/f^2 = 2p_3{}^*f/f^2 = 2p_3/f$

Inklusive Normquadrat ist also $\mathbf{u_+}^{**}\sigma_i{}^*\mathbf{u_+} = \ N^2{}^*2p_i/f = f/2p^*2p_i/f = \ \mathbf{p_i/p}$
$i=1,2,3$ Dazu ist $u_+{}^{**}\sigma_0{}^*u_+ = u_+{}^{**}u_+ = 1$

Betreffend $\mathbf{u} = \mathbf{u_-}$: Ohne N^2 ist
$u^{**}\sigma_1{}^*u = [-(p_1+i^*p_2)/f , 1]^*\sigma_1{}^*[-(p_1-i^*p_2)/f , 1] =$
$\qquad = [-(p_1+i^*p_2)/f, 1]\ *\ [1, -(p_1 -i^*p_2)/f] = \ -2p_1/f$

$u^{**}\sigma_2{}^*u = [-(p_1+i^*p_2)/f , 1]^*\sigma_2{}^*[-(p_1-i^*p_2)/f , 1] =$
$\qquad = [-(p_1+i^*p_2)/f, 1]\ *\ \ [-i , -i^*(p_1-i^*p_2)/f] = \ -2p_2/f$

$u^{**}\sigma_3{}^*u = [-(p_1+i^*p_2)/f , 1]^*\sigma_3{}^*[-(p_1-i^*p_2)/f , 1] =$
$\qquad = [-(p_1+i^*p_2)/f, 1]\ *\ [-(p_1-i^*p_2)/f , -1] = (-1 -p_1{}^2-p_2{}^2)/f^2 =$
$= (-p^2-p_3{}^2-2pp_3 +(p^2-p_3{}^2))/f^2 = (-2p_3{}^2-2pp_3)/f^2 = -2p_3{}^*f/f^2\ = -2p_3/f$

Inklusive Normquadrat ist also $u_-^* * \sigma_i * u_- = N^{2*}\text{-}2p_i/f = \text{-}f/2p*2p_i/f = -p_i/p$

Dazu ist $u_-^* * \sigma_0 * u_- = u_-^* * u_- = 1$ und generell ist $u_+^* * u_- = 0$

Zusammengefasst: $u_+^* * \sigma_i * u_+ = p_i/p$, $u_-^* * \sigma_i * u_- = -p_i/p$

Nun eine **Anwendung** davon: Es ist $\sigma^\nu P_\nu = \sigma^i P_i - \sigma^0 P_0$, $P_i = 1/i * \partial_i$, $P_0 = i * \partial_0$

Betrachten wir nun die **H-Gleichung** als reine **Wellengleichung** , also

$i\sigma^\nu \partial_\nu \chi(x) + l^2 * \sigma_\nu \chi(x) * [\chi^*(x)\sigma^\nu \chi(x)] = 0$ H-Wellengleichung oder

$\sigma^\nu P_\nu \chi(x) - l^2 * \sigma_\nu \chi(x) * [\chi^*(x)\sigma^\nu \chi(x)] = 0$ H-Wellengleichung

χ sei eine zweidimensionale Wellenfunktion wegen des Spins , l^2 fix

Dafür können wir auch schreiben gemäß $ab = \mathbf{ab} - a_0 b_0$ Viererskalarprodukt

$\sigma^i P_i \chi - \sigma^0 P_0 \chi - l^2 * \sigma_i \chi * [\chi^* \sigma^i \chi] + l^2 * \sigma_0 \chi * [\chi^* \sigma^0 \chi] = 0$

Sei speziell $\chi = u_+$, also eine Lösung der Helizitäts- bzw Weylgleichung.

Dann ist betreffend den WW-Term

$\sigma \chi * [\chi^* \sigma \chi] = \sigma_i \chi * [\chi^* \sigma^i \chi] = \sigma_1 \chi * [\chi^* \sigma^1 \chi] + \sigma_2 \chi * [\chi^* \sigma^2 \chi] + \sigma_3 \chi * [\chi^* \sigma^3 \chi] =$

$= \sigma_1 \chi * [p_1/p] + \sigma_2 \chi * [p_2/p] + \sigma_3 \chi * [p_3/p] = \sigma \chi * \mathbf{p}/p = \mathbf{p}\sigma \chi/p = p\chi/p = \chi$

Es ist auch $\sigma_0 \chi * [\chi^* \sigma^0 \chi] = \chi$

Somit ist $l^2 * \sigma_i * [\chi^* \sigma^i \chi] - l^2 * \sigma_0 \chi * [\chi^* \sigma^0 \chi] = l^2 * (\chi - \chi) = 0$

Der WW-Term trägt also bei $\chi = u_+$ **nichts** bei, dasselbe gilt für $\chi = u_-$, allerdings heisst die Gleichung da eingangs $i\sigma^i \partial_i \chi + i\sigma^0 \partial_0 \chi + \ldots$

Setzen wir eine spezielle Lösung an $\chi = u_+ * \exp(ipx\text{-}Et)$ an, dann ist der WW-Term ebenfalls gleich 0 und es ist $i\sigma \partial \chi - i\sigma^0 \partial_0 \chi = \mathbf{p}\sigma\chi - E*\chi = (p-E)\chi = 0$, allerdings nur wenn E=p ist. Die H-Wellengleichung beschreibt dann offenbar Antineutrinos bzw Neutrinos der Masse 0, weil der WW-Term nichts beiträgt.

Auch wenn der WW-Term das Produkt einer beliebigen **skalaren** Funktion mit der Helizitätslösung ist, als $\chi(x) = u_+ * \phi(\mathbf{p}) * \exp(ipx\text{-}Et)$, wo also die Helizitätslösung das Zweidimensionale übernimmt, ist der Gesamtausdruck $\sigma * [\chi^* \sigma \chi] - \sigma_0 \chi * [\chi^* \sigma^0 \chi]$ gleich 0 , weil $\phi^* \phi$ gewissermaßen wie ein Faktor auftritt. Das ist einigerrmaßen enttäuschend, sagt es doch, dass wir über die Neurino-Lösung E=p oder Masse=0 nicht hinauskommen trotz Produktansatz. Man kann auch im Sinne der Gleichung sagen, die Neutrinos oder Antineutrinos kennen **keine Selbstwechselwirkung**.

Andererseits händelt die volle H-Gleichnung, wo χ^* bzw χ als Erzeugungsoperatoren oder Vernichtungsoperatoren angesehen werden, auch mit

Massen größer Null. Da werden einfach, „rotzfrech" , in die zugehörige **Zweipunktfunktion Massen** eingesetzt und so die Massen „auf die Welt" gebracht. Deswegen erlaubt, weil die H-Gleichung einen nichtlinearen WW-Teil hat, der letztlich doch zu Massen Anlass gibt, siehe Bosonengleichung Kapitel 6.1 . Dieses gibt natürlich der Zweipunktfunktion neben der H-Gleichung eine besondere Bedeutung. Diese elementare Massen sind Fermionenmassen bzw Leptonenmassen, keine Bosonenmassen.

Für die **H-Wellengleichung** können wir auch eine **Kontinuitätsgleichung** aufstellen ganz ähnlich wie bei der Diracgleichung. Dazu multilpliziern wir die Gleichung von links mit χ^*, sodann bilden wir die komplex-konjugierte Gleichung und multiplizieren sie von rechts mit χ. Alsdann subtrahieren wir von der ersten die zweite Zeile. Also, es ist $P_v^* = -P_v$

$$\chi^{**} \mid \quad \sigma^v P_v \chi - l^{2*}\sigma_v \chi * [\chi^* \sigma^v \chi] = \mathbf{0} \qquad \text{Gleichung}$$

$$-P_v \chi^* \sigma^v + l^{2*}[\chi^* \sigma^v \chi]*\chi^* \sigma^v = \mathbf{0} \qquad \mid *\chi \ \text{Gleichung komplexkonjugiert}$$

Wir erhalten so

$$\chi^* \sigma^v P_v \chi - l^{2*}\chi^* \sigma_v \chi *[\chi^* \sigma^v \chi] = \mathbf{0} \qquad \text{Gleichungen aufmultipliziert}$$

$$-P_v \chi^* \sigma^v \chi - l^{2*}[\chi^* \sigma^v \chi]*\chi^* \sigma^v \chi = \mathbf{0}$$

Die Subtraktion ergibt, die rechten Terme fallen dabei weg

$$\chi^* \sigma^v P_v \chi + P_v \chi^* \sigma^v \chi = P_v[\chi^* \sigma^v \chi] = \mathbf{0} \ , \ \text{oder } P_i[\chi^* \sigma^i \chi] - P_0[\chi^* \sigma^0 \chi] = 0$$

also $-i\partial \mathbf{j} -i\partial_0 j_0 = 0$ oder $\partial \mathbf{j} + \partial_0 j_0 = 0$ mit $\mathbf{j}^v = \chi^* \sigma^v \chi$

Das sind die **Viererstrom**-Komponenten für das χ–Feld.

Das ist formal richtig, dass es doch komplizierter ist, wegen Singularitäten, siehe [3, 3-6]

3.3 Die Spektraldarstellungen und Zweipunktfunktionen

zur Klein-Gordon-Gleichung, zur Weylgleichung, zur Diracgleichung,
d.h. wir summieren über die Impuls-Energie-Eigenwertfunktionen
Siehe dazu auch [1, 27.7]

Zur Klein-Gordon-Gleichung $(c^2P^2 + m^2c^4)\phi = P_0^2\phi$

$\phi(x) = (2\pi)^{-3/2}*\int d^3p*np*\{V(p)*\exp(i*p*x) + E(p)*\exp(-i*p*x)\}$

$\phi(y) = (2\pi)^{-3/2}*\int d^3q*nq*\{V(q)*\exp(i*q*y) + E(q)*\exp(-i*q*y)\}$

Mit $x = (\mathbf{x},x_0)$ und $y = (\mathbf{y},y_0)$, $p*x = (\mathbf{p*x} - E_p*x_0)$ und $q*y = (\mathbf{q*y} - E_p*y_0)$
sowie $\mathbf{np = (2E_p)^{-1/2}}$ V vernichtet $(E, \mathbf{p})$, E erzeugt $(-E, -\mathbf{p})$,
was ebenfalls das E- und $\mathbf{p}$-Niveau absenkt.
E(p) erzeugt ein Teilchen mit Viererimpuls p, d.h. Impuls $\mathbf{p}$, Energie E und
Masse m . Die Beziehung $E^2 - \mathbf{p}^2c^2 - m^2c^4 = 0$ muss erfüllt sein.

Die Zweipunktfunktion für **Bosonen** ist dann die Funktion

$$F(x,y) = \langle 0|T\phi(x)*\phi^*(y)|0\rangle = +i*(2\pi)^{-4}*\int d^3p\,dE * \frac{\exp[+i*p*(x-y)]}{(E^2 - \mathbf{p}^2c^2 - m^2c^4)}$$

Pol +E , unterer Halbkreis für F # 0 ,   **Metrik** px = **px**–Et
Allgemein: An y wird das Teilchen erzeugt, an x wird es vernichtet.
$y = (\mathbf{y},t_y)$ und $x = (\mathbf{x},t_x)$ können auch weit voneinander entfernt sein, so dass
sie zwischendurch quasi wie freie Teilchen sind. Jedenfalls ist eine Zweipunktfunktion das **Produkt** zweier ϕ-Lineardarstellungen, eine davon
komplexkonjugiert, wobei die Erzeuger E und Vernichter V ordnend und
regelnd auftreten. Der Viererimpuls p = $(\mathbf{p},E)$ wird von y nach x durchgeschleust. Er muss nicht auf der Massenschale der Begleitmasse liegen.

Wir entnehmen von [1,27.7.1] , allgemein mit H-Spinoren, das Bild hierfür

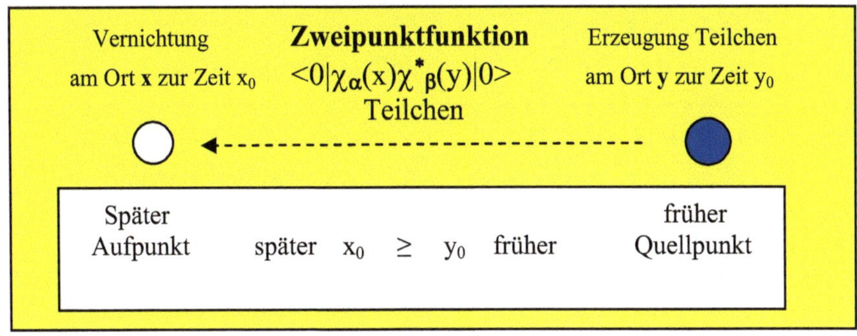

Im Beispiel werden Heisenberg-Spinoren χ verwendet.

Wenn die WW allgemein ein fortgesetztes Erzeugen und Vernichten von virtuellen Teilchen ist, so ist das ein elementarer Vorgang , ein Teilchen bestimmter Sorte wird erzeugt an Ort-Zeit-y und dasselbe Teilchen wird an Ort-Zeit-x vernichtet.

Bem.: Bei einem **realen Teilchen** ist die Masse m und Impuls **p** vorgegeben und es errechnet sich daraus die Energie E mittels $E = \mathbf{p}^2c^2 + m^2c^4$.

Bei einem **virtuellen Teilchen**, das zwischen zwei Vertices (Punkten) im Sinne eines Feynmandiagramms läuft, ist an den Vertices Impuls **p** und Energie E vorgegeben, je meistens als lokale Differenz von Einlauf und Auslauf, und es würde sich daraus die Masse m errechnen gemäß der Beziehung $E^2 = \mathbf{p}^2c^2 + m^2c^4$. Da aber auch bei virtuellen Teilchen die Masse m nicht beliebig sein kann, sondern eine tatsächlich existierende Teilchenmasse sein muss, so ist diese Beziehung, die bei den Zweipunktfunktionen im Nenner erscheint, im allgemeinen nicht erfüllt, siehe z.B. [2, 6.3]

Bem.: Es ist erstaunlich, dass sich ein derartiger Energie-Impuls-Nenner bildet, obwohl $\phi(x)$ bzw. ϕ^* freie Teilchen mit $E^2 - \mathbf{p}^2c^2 - m^2c^4 = 0$ erzeugen. Dieser „virtuelle" Nenner tritt nur bei der **vier**dimensionalen F-Funktion auf. Das zusätzliche Integral in der komplexen Ebene, hier E, erzeugt diese Freiheit. Statt einen fixen (Pol)wert E_{pol} haben wir die freie Wegvariable E. Das finden wir schon bei der Cauchy-Formel $f(a) = 1/(2\pi i)*\S f(z)/(z-a)*dz$, statt Polwert a haben wir die Wegvariable z und den typischen Nenner im Integral. Bei den anderen, den weiteren F-Funktionen ist es analog

----

Die Zweipunktfunktion zur Dirac-Gleichung , siehe auch [1, 27.7.3]
Nun zur Dirac-Gleichung $(c\alpha P + mc^2*\beta)*\psi = P_0*\psi$
Die Entwicklungen sind

$\psi(\mathbf{x},x_0) = (2\pi)^{-3/2}*\int d^3p*np*$
$* \{ b(p,s)*\mathbf{u}(p,s)*\exp(i*p*x) + d^+(-p,s)*\mathbf{v}(-p,s)*\exp(-i*p*x) \}$
$\psi^+(\mathbf{y},y_0) = (2\pi)^{-3/2}*\int d^3q*nq*$
$* \{b^+(q,r)*\mathbf{u}^+(q,r)*\exp(-i*q*y) + d(-q,r)*\mathbf{v}^+(-q,r)*\exp(i*q*y)\}$

Betrifft Elektronen α,β fix

Es ist $F_{\alpha\beta}(x,y) = \langle 0|\psi_\alpha(\mathbf{x},x_0)*\psi_\beta^+(\mathbf{y},y_0)|0\rangle = \langle 0| (2\pi)^{-3}*\Sigma\int d^3p*d^3q*np*nq*$
$* b(p,s)*b^+(q,r) *u_\alpha(p,s)*u_\beta^*(q,r) *\exp(i*p*x) *\exp(-i*q*y) |0\rangle =$
$= (2\pi)^{-3}*\Sigma\int d^3p* u_\alpha(p,s)*u_\beta^*(p,r) *\exp[i*\mathbf{p}*(\mathbf{x-y})]*\exp[-i*(E_p*(x_0-y_0)]$
mit $x_0 \geq y_0$ Summation Σ über die Spins r,s , np=nq=1

Dabei wurde benutzt $<0|b(q,r)*b^+(p,s)|0> = <0|\,\delta(\mathbf{q\text{-}p})\,|0> = \delta(\mathbf{q\text{-}p})$
und es wurde über **q** integriert

$\Sigma u_\alpha(p,s)*u_\beta^*(p,r) = [u_\alpha(p,+)*u_\beta^*(p,+) + u_\alpha(p,-)*u_\beta^*(p,-)] =$ summiert über r,s

$$= 1/2E*[c\mathbf{p}*\alpha + mc^2*\beta + E]_{\alpha\beta} = \textbf{Projektionsmatrix}$$

Also $F_{\alpha\beta}(x,y) = <0|\psi_\alpha(\mathbf{x},x_0)*\psi_\beta^+(\mathbf{y},y_0)|0> = (2\pi)^{-3}*\Sigma\int d^3p*$

$* 1/2E *[c\mathbf{p}*\alpha + mc^2*\beta + E]_{\alpha\beta} * \exp[i*\mathbf{p}*(\mathbf{x\text{-}y})]*\exp[-i*E*(x_0\text{-}y_0)]$

Nun die Erweiterung zum vierdimensionalen Integral:
Es entspricht analog zum Weyl-Fall: $\omega_0 = +(\mathbf{p}^2c^2+m^2c^4)^{1/2}$, $\omega = E, \tau = x_0\text{-}y_0 \geq 0$
Es liegt vor $\exp(-i\omega\tau)$, es ist $\tau > 0$, also wiederum Fall3, als ergänzender
Halbkreis ist der untere zu nehmen, der Pol $\omega_+ = +\omega_0$ soll mitgenommen, der
Pol $\omega_- = -\omega_0$ soll ausgeschlossen werden bei der Integration über E , wie
zuvor, also:

$F_{\alpha\beta}(x,y) = <0|\psi_\alpha(\mathbf{x},x_0)*\psi_\beta^+(\mathbf{y},y_0)|0> =$

$$= i*(2\pi)^{-4}*\int d^3p\,dE* \frac{[c\mathbf{p}*\alpha + mc^2*\beta + E]_{\alpha\beta}}{(E^2 - \mathbf{p}^2c^2 - m^2c^4)} * \exp[+i*p*(x-y)]$$

Ein Achsenintegral , linker negativer Pol exklusiv, rechter positiver Pol
inklusiv, ergänzender Halbkreis unten, Uhrzeigersinn, Halbkreisintegral = 0
Dabei ist $p*(x-y) = \mathbf{p}*(\mathbf{x\text{-}y}) - E*(x_0\text{-}y_0)$

Betrifft Positronen β,α fix

$F_{\beta\alpha}(x,y) = <0|\psi_\beta^+(\mathbf{y},y_0)*\psi_\alpha(\mathbf{x},x_0)|0> = <0|\,(2\pi)^{-3}*\Sigma\int d^3p*d^3q*np*nq*$

$*d(q,r)*d^+(p,s) *v_\beta^*(-q,r)*v_\alpha(-p,s) *\exp(i*(q*y-p*x))\,|0> =$

$= (2\pi)^{-3}*\int d^3p* v_\beta^*(-p,s)*v_\alpha(-p,r) *\exp[-i*\mathbf{p}*(\mathbf{x\text{-}y})]*\exp[+i*E_p*(x_0\text{-}y_0)]$

Summation über die Spins r,s   , mit $y_0 \geq x_0$, also $\tau = x_0 - y_0 < 0$

Dabei wurde benutzt $<0|d(q,r)*d^+(p,s)|0> = <0|\,\delta(\mathbf{q\text{-}p})\,|0> = \delta(\mathbf{q\text{-}p})$
und es wurde über **q** integriert

$\Sigma v_\beta^*(-p,r)*v_\alpha(-p,s) = [v_\alpha(-p,+)*v_\beta^*(-p,+) + v_\alpha(-p,-)v_\beta^*(-p,-)] =$

$= -1/2E*[c(-\mathbf{p})*\alpha+mc^2*\beta-E]_{\alpha\beta} = 1/2E*[c\mathbf{p}*\alpha - mc^2*\beta+E]_{\alpha\beta}$ **Projektionsmatrix**
α,β fix, Summierung über r,s   , Eigenwerte **-p** , -E

Also $F_{\beta\alpha}(x,y) = <0|\psi_\beta{}^+(y,y_0)*\psi_\alpha(x,x_0)|0> = (2\pi)^{-3}*\Sigma\int d^3p*$

$* 1/2E *[c\mathbf{p}*\alpha - mc^2*\beta + E]_{\alpha\beta} * \exp[-i*\mathbf{p}*(\mathbf{x-y})]*\exp[i*E_p*(x_0- y_0)]$

Nun die Erweiterung zum vierdimensionalen Integral, so dass sich dieses Ergebnis zustande kommt:

Es entspricht $\omega_0 = (\mathbf{p}^2c^2+m^2c^4)^{1/2}$, $\omega_P = -\omega_0$, $\omega = E_p$, $\tau = x_0- y_0 < 0$

Ansatz $\exp(-i\omega\tau)$ und $\tau < 0$. Das entspricht Fall4 gemäß Tabelle.

Somit $F_{\beta\alpha}(x,y) = <0|\psi^+{}_\beta(y,y_0)*\psi_\alpha(x,x_0)|0> =$

$$= i*(2\pi)^{-4}*\int d^3pdE* \frac{[c\mathbf{p}*\alpha - mc^2*\beta + E]_{\alpha\beta}}{(E^2 - \mathbf{p}^2c^2 - m^2c^4)} *\exp[-i*\mathbf{p}*(x-y)]$$

Ein Achsenintegral , linker negativer Pol inklusiv, rechter positiver Pol exklusiv, $\tau < 0$, ergänzender Halbkreis oben, Gegenuhrzeigersinn, Halbkreis-integral = 0 Integration über E muss das Ausgangsintegral ergeben.

Betrachtung: $(1/2\omega_0)*[1/(\omega - \omega_0) - 1/(\omega + \omega_0)]*\exp(-i\omega\tau)] =>$

$=> (1/2\omega_0)*[- 1/(\omega + \omega_0)]*\exp(-i\omega\tau) =>$

$=> 1/(2E_p)*(-1)*(+2\pi i)*\exp(-i(-E_p)\tau) = -1/(2E_p)*2\pi i*\exp[+iE_p*(x_0- y_0)]$

Der Vorfaktor ist also +i .

Die Pol-Umfahrung ist also dieselbe wie in Figur, Kapitel 27.1.1 ,

bei Elektronen wird mit dem unteren Halbkreis ergänzt,

bei Positronen wird mit dem oberen Halbkreis ergänzt.

Bem.: Die u´s bzw v´s oder bei anderen Kontraktionen deren Analoga bauen also im wesentlichen den funktionalen Teil der Zweipunktfunktion auf, letztlich auch den der WW.

Sei in der **Weyldarstellung** $\alpha = (\sigma, -\sigma)$, dann zerfällt das Ganze in die beiden Helizitätslösungen und wir haben genau die beiden oben angegebenen Helizitätslösungen. D.h. wir kommen mit der Diraclösung mit E>0 aus, um beide Helizitätslösungen darzustellen, um das Antineutrino (die oberen) Komponenten und das Neutrino (die unteren Komponenten) darzustellen.

Generell: Es ist erstaunlich , dass auch $F_{\alpha\beta}(x,y)$ mit $\alpha\#\beta$ verschieden von 0 ist. Das heißt z.B. auch $F_{21} \# 0$: Es wird aus $|0>$ Komponente 1 erzeugt, aber Komponente 2 wird vernichtet wiederum zu $|0>$. Man möchte meinen, es müßte auch dieselbe Komponente vernichtet werden, wie es beim Isospin der Fall ist, aber der Ableitungsmechanismus für $F_{\alpha\beta}$ gibt es her und das, weil im Impulsraum je u-Weyl-Helizitätslösungen entstehen, aus denen die Projektionsmatrix hervorgeht, die nicht hauptdiagonal ist.

Zu den Weylgleichungen:
Weyl-Gleichung $cP\sigma^*\phi = P_0^*\sigma_0\phi$ Teilchen, Energie +E, Helizität h= +1
$\phi(x) = (2\pi)^{-3/2}*\int d^3p*np*\{b(p,h)*u_+(p,h)*exp(i*p*x)\}$ np = 1
b vernichtet (E, **p**, h=1) , was das E- und **p**-Niveau und s-Niveau absenkt.

Die Zweipunktfunktion ist dann die Funktion
$F_{\alpha\beta}(x,y) = <0|T\phi_\alpha(x)^*\phi_\beta^*(y)|0> =$
$= (2\pi)^{-3}*\int d^3p*1/2E*[c\mathbf{p}^*\sigma +E^*\sigma_0]_{\alpha\beta} * exp[i*p*(x-y)] =$ Bem.:$E = |\mathbf{p}| = p$
Die Projektionsmatrix ist $\mathbf{u}_\alpha\mathbf{u}^*_\beta = [c\mathbf{p}^*\sigma +E^*\sigma_0]_{\alpha\beta}$, gemeint $\mathbf{u} = \mathbf{u}_+$

$$= i* (2\pi)^{-4}*\int d^3pdE* \frac{[c\mathbf{p}^*\sigma +E^*\sigma_0]_{\alpha\beta}}{(E^2 - \mathbf{p}^2c^2)} * exp[+i*p*(x-y)] \text{ siehe } [1, 27.7.2]$$

Bei der E-Umlaufintegration wird der Pol E = +pc angenommen,
der Pol E = −pc wird ausgeschlossen.
Wird ausmultipliziert, so trägt nur der Teil
$<0|T\phi(x)^*\phi^*(y)|0> = <0|...bb^+...|0>$ # 0, effektiv zur Zweipunktfunktion
bei, alle anderen ergeben gleich null.
Diese Zweipunktfunktion ist exklusiv nur für Teilchen, siehe folgend.

Weyl-Gleichung $-cP\sigma^*\phi = P_0^*\sigma_0\phi$ Teilchen, Energie +E, Helizität h = −1
$\phi(x) = (2\pi)^{-3/2}*\int d^3p*np*\{b(p,h)*u_-(p,h)*exp(i*p*x)\}$ np = 1
b vernichtet (E, **p**, h = −1) ,
was das E-Niveau und **p**-Niveau absenkt und das h-Niveau anhebt.

Die Zweipunktfunktion ist dann die Funktion
$F_{\alpha\beta}(x,y) = <0|T\phi_\alpha(x)^*\phi_\beta^*(y)|0> =$
$= (2\pi)^{-3}*\int d^3p*1/2E*[-c\mathbf{p}^*\sigma +E^*\sigma_0]_{\alpha\beta} * exp[i*p*(x-y)] =$
Die Projektionsmatrix ist $\mathbf{u}_\alpha\mathbf{u}^*_\beta = [-c\mathbf{p}^*\sigma +E^*\sigma_0]_{\alpha\beta}$, gemeint $\mathbf{u} = \mathbf{u}_-$

$$= i*(2\pi)^{-4}*\int d^3pdE* \frac{[-c\mathbf{p}^*\sigma +E^*\sigma_0]_{\alpha\beta}}{(E^2 - \mathbf{p}^2c^2)} * exp[+i*p*(x-y)] \text{ siehe } [1, 27.7.2]$$

Bei der E-Umlaufintegration wird ebenfalls der Pol $E = +pc$ angenommen, der Pol $E = -pc$ wird ausgeschlossen.

Es ist, ausmultipliziert, nur $<0|T\phi(x)*\phi^*(y)|0> = <0|\ldots bb^+\ldots|0>$ # 0

Diese Zweipunktfunktion ist exklusiv nur für Teilchen, siehe folgend.

Wenn wir in der Zweipunktfunktion für Elektronen ($E>0$) für α die **Weyldarstellung** benutzen $\alpha = (\sigma, -\sigma)$, die Masse m wird gleich null gesetzt, so wird $\mathbf{p\alpha} = (\mathbf{p\sigma}, - \mathbf{p\sigma})$ und wir erhalten so die beiden Zweipunktfunktionen für die Weylgleichungen, die erste für $h = +1$, die zweite für $h = -1$

Die Diracgleichung zerfällt dann bei m=0 in obere und untere Komponenten

obere Komponenten $\quad\quad \sigma\mathbf{p}\phi_R = E\phi_R$ Rechtsschraube, Antineutrinolösung

untere Komponenten $(-\sigma)\mathbf{p}\phi_L = E\phi_L$ Linksschraube, Neutrinolösung

Also $\Psi = (\phi_R, \phi_L)$ Siehe auch Chiralität, Kapitel 1.53

Wir brauchen also das Analoge zu den Positronen ($E<0$) gar nicht.

3.4 Die vorläufige Zweipunktfunktion zur H-Gleichung für ein Fermion

$\sigma^v P_v \chi(x) - l^2 *\sigma_v :\chi(x)*[\chi^*(x)\sigma^v\chi(x)]: = \mathbf{0}$ $\quad\quad$ H-Gleichung

$i\sigma^v \partial_v \chi(x) + l^2 *\sigma_v :\chi(x)*[\chi^*(x)\sigma^v\chi(x)]: = \mathbf{0}$ $\quad\quad$ H-Gleichung

dabei ist gemeint

$i\sigma^v \partial_v = (i\sigma_i \partial_i + i\sigma_0\partial_0) = -(1/i*\sigma_i\partial_i - i\sigma_0\partial_0) = -(\sigma_i P_i - \sigma_0 P_0) = -\sigma^v P_v$

gemäß Metrik hier, mit $P_i = 1/i*\partial_i$, $P_0 = i*\partial_0$, $\sigma^v P_v = \sigma^i P_i - \sigma^0 P_0$

Bem.: Im Original [3] wird die umgekehrte Metrik verwendet,

hier ist für das Viererskalarprodukt $ab = \mathbf{ab} - a_0 b_0$, dort $ab = a_0 b_0 - \mathbf{ab}$

Der WW-Term ist ein Viererskalarprodukt.

Vorläufig heisst, der Regularisierungsanteil zur Zweipunktfunktion sei unberücksichtigt, siehe [2, 9.1] . Ohne diesen Teil lautet sie dann für ein Fermion, für ein Teilchen, nochmals vereinfacht auf nur eine Fermionenmasse κ

$F_{\alpha\beta}(x-y) = <0|T\chi_\alpha(x)\chi_\beta^+(y)|0> =$ $\quad\quad\quad\quad\quad \alpha,\beta = 1,2$

$$= i/(2\pi)^4 *\int d^3 p\, dE *d^4 p \;\; \frac{[c\mathbf{p}*\sigma + E*\sigma_0]_{\alpha\beta}}{(E^2 - \mathbf{p}^2 c^2 - \kappa^2 c^4)} * \exp[+i*p*(x-y)]$$

Sie ist der Zweipunktfunktion der Diracgleichung zur Masse κ ähnlich, der Nenner ist völlig analog, der Zähler ist ebenfalls analog, allerdings ist er nur zweidimensional, weil es sich um Weylspinoren handelt. Die Masse findet

68

sich nicht in der H-Gleichung, es wird „unterstellt", dass χ und χ^+ Massen generieren können und so erscheint die Masse κ im Nenner.

Es wird nicht unterstellt, dass $E = |\mathbf{p}c|$ ist wie im Weylfall , E ist vielmehr frei bzw an eine Masse gebunden wie im Diracfall also $E^2 - \mathbf{p}^2c^2 - \kappa^2c^4 = 0$. Wie im Diracfall kann man Lösungen u nach Helizitäten ordnen, also für die gilt $+c\mathbf{p}\sigma{*}u = pu$, $\mathbf{p}$ und σ parallel bzw $-c\mathbf{p}\sigma{*}u = p{*}u$, $\mathbf{p}$ und σ antiparallel. Dieses wird offenbar, wenn man über E integriert hat. Wir übernehmen die Integration von [2, 9.1] Am Einfachsten ist es, wenn man sagt, in beiden Fällen ist $\mathbf{p}$ gleich,aber im ersten Fall ist der **Drall** $+\sigma$, im zweiten Fall ist er $-\sigma$.

Das p_0-Integral hat Pole bei $p_0 = +E_{Pol}$ und $-E_{Pol}$, dabei ist $E_{Pol} = +(\mathbf{p}^2 + \kappa^2)^{1/2}$ Gewünscht ist der positive Pol, also bei $+E$. Nach dem Muster $\exp(-i\omega\tau)$ entspricht $x_0 - y_0 = \tau > 0$ und $p_0 = \omega$, siehe [1,26.2]

Der Plus-Pol ist also je oben zu umfahren und der untere Halbkreis zu wählen, der Minus-Pol ist unten zu umfahren, um ihn so aus dem Umlaufgebiet auszuschließen. Das Ergebnis bekommt ein negatives Vorzeichen. Nun die bekannte Zerlegung für die Pole

$$\frac{1}{(p_0^2 - \mathbf{p}^2 - \kappa^2)} = \frac{1}{2E} * \left\{ \frac{1}{p_0 - E} - \frac{1}{p_0 + E} \right\} \qquad p_0 \text{ ist die Integrationsvariable}$$

Somit ist für den Pol $p_0 = E$, dem ersten Bruch , dabei ist $E = +E_{Pol}$

$$I_1 = \int dp_0 * \frac{(p_0\sigma_0 + \mathbf{p}\sigma)*\exp(-ip_0(x_0-y_0))}{(p_0^2 - \mathbf{p}^2 - \kappa^2)} = -2\pi i * \frac{(E\sigma_0 + \mathbf{p}\sigma)*\exp(-iE(x_0-y_0))}{2E}$$

Je nachdem was $\mathbf{p}\sigma$ ist, haben wir **zwei Ergebnisse.** Zum einen $-2\pi i*(E+p)/(2E)*\sigma_0*\exp(-iE(x_0-y_0))$, parallel , wenn $\mathbf{p}\sigma|u_+> = p\sigma_0*|u_+>$ gehört zu P_+ , nun mit Zerlegung in $\mathbf{N^+ * N^+}$, so bezeichnet

$= -2\pi i * \left\{ [(E+p)/(2E)]^{1/2}*\sigma_0*\exp(-iEx_0) * [(E+p)/(2E)]^{1/2}*\sigma_0*\exp(+iEy_0) \right\}$

Zum anderen $-2\pi i*(E-p)/(2E)*\sigma_0*\exp(-iE(x_0-y_0))$, antiparallel,wenn $\mathbf{p}\sigma|u_-> = -p\sigma_0*|u_->$ gehört zu P_- , nun mit Zerlegung in $\mathbf{N^- * N^-}$, so bezeichnet

$= -2\pi i * \left\{ [(E-p)/(2E)]^{1/2}*\sigma_0*\exp(-iEx_0) * [(E-p)/(2E)]^{1/2}*\sigma_0*\exp(+iEy_0) \right\}$

Zusammengefasst haben wir $\quad \mathbf{FI_1} = i/(2\pi)^4 * (-2\pi i) \int d^3\mathbf{p} * \exp(i\mathbf{p}(\mathbf{x-y}) *$

$$* \{P_+ * \frac{E+p}{2E} * \sigma_0 * \exp(-iE(x_0-y_0)) + P_- * \frac{E-p}{2E} * \sigma_0 * \exp(-iE(x_0-y_0))\}$$

Oder kurz $\mathbf{FI}_1 = 1/(2\pi)^3 * \int d^3\mathbf{p} * \exp(i\mathbf{p(x-y)} * (P_+ * N^+ * N^+ + P_- * N^- * N^-)$

E und $\mathbf{p}$ erfüllen $E^2 - \mathbf{p}^2 c^2 - m^2 c^4 = 0$ wie freie Teilchen.

Die **Zerlegung** von $(p_0\sigma_0 + \mathbf{p\sigma})$ in $(E+p)/(2E)*\sigma_0$ bzw $(E-p)/(2E)*\sigma_0$ kann man wie folgt begründen.

Man kann diesen Projektor in eine Linearkombination von Projektoren bezüglich u_+ und u_- zerlegen, also $(p_0\sigma_0 + \mathbf{p\sigma}) = \alpha * u_+ u_+^* + \beta * u_- u_-^*$.

Um z.B. α zu isolieren, multipliziert man von rechts mit u_+ , sodann von links mit u_+^*, also zunächst $\alpha * u_+ u_+^* * u_+ = \alpha * u_+ * 1$, sodann $u_+^* * \alpha * u_+ * 1 = \alpha$.

Dabei ist $\beta * u_- u_-^* * u_+ = u_- * u_-^* u_+ = 0$. Das entspricht, da Helizitätslösungen, $(p_0\sigma_0 + \mathbf{p\sigma})u_+ = (p_0\sigma_0 + p\sigma_0)u_+$, sodann $u_+^*(p_0\sigma_0 + p\sigma_0)u_+ = (p_0\sigma_0 + p\sigma_0) = \alpha$

Analoges für u_- . E ist der positive Pol von p_0 .

$$F_{\alpha\beta}(x-y) = \langle 0|T\chi_\alpha(x)\chi_\beta^+(y)|0\rangle = \qquad\qquad \alpha,\beta = 1,2$$

$$= i/(2\pi)^4 * \int \rho(\kappa^2)d\kappa^2 * d^4p \; \frac{cp_\nu\sigma_\nu * \exp(+ip(x-y))}{(E^2 - \mathbf{p}^2 c^2 - \kappa^2 c^4)} \qquad p_\nu\sigma_\nu = p_0\sigma_0 + p_i\sigma_i$$

κ ist die Fermionenmasse.

Wegen $p_\nu\sigma_\nu$ ist F eine Matrix, hier eine 2 x 2 – Matrix.

Wir vergleichen sie mit der Dirac-F-Funktion für +E, für Elektronen und sehen: Der Nenner ist derselbe, er gehört zur virtuellen Energie E, zum Impuls $\mathbf{p}$ und zur fixen Masse κ . Der Zähler ist genauso wie bei der Weylgleichung. Bei dieser ist für freie Teilchen E durch $\mathbf{p}$ fixiert, also $E=|\mathbf{p}c|$ Hier dagegen nicht, siehe Nenner. Das hat zur Folge, dass diese F-Funktion für beide Helizitäten dienen kann, also für $\mathbf{p}$ und σ parallel und antiparallel wie es auch im Diracfall zu +E zwei Helizitäten geben kann.

Auch hinsichtlich einer Lösung haben wir wie dort eine Zweiteilung, nämlich $|r\rangle|s\rangle*\exp(ipx)$. $|r\rangle$ kümmert sich um den E-Anteil, $|s\rangle$ kümmert sich um den Helizitätsanteil. Konkret lautet die Lösung hier im Impulsraum:

Es ist gemeint $E = (\mathbf{p}^2 + \kappa^2)^{1/2}$, $p = |\mathbf{p}|$ Also

$$\frac{|r\rangle \quad |s\rangle \quad [(E+p)]^{1/2}}{[2E]^{1/2}} * u_+ * \exp(+i\mathbf{p}x - iEx_0) \quad \text{bzw} \quad \frac{|r\rangle \quad |s\rangle \quad [(E-p)]^{1/2}}{[2E]^{1/2}} * u_- * \exp(+i\mathbf{p}x - iEx_0)$$

Gehört zu $\mathbf{p}\sigma * u_+ = p * u_+$ bzw   gehört zu $\mathbf{p}\sigma * u_- = -p * u_-$

|s>, also u$_+$ und u$_-$, sind die Lösungen der Helizitätsgleichung, siehe oben.
Sie übernehmen das Zweidimensionale. |r> ist je eine skalare Funktion.
Hinsichtlich des Zustandekommens der Lösungen und generell zur vollständigen Zweipunktfunktion siehe [2, 9.1]
Das Besondere ist hier natürlich, dass eine Masse in der Zweipunktfunktion, in ihrer Impulsdarstellung, vorkommt, in der H-Gleichung dagegen nicht, anders etwa bei der Diracgleichung.
Hinsichtlich der Spektraldarstellung könnte man, würde man bei dieser Einfachheit verbleiben, sich unmittelbar an den Diracfall anlehnen, auch was die elementaren Erzeuger und Vernichter als Operatoren im Impulsraum anbetrifft, auch hinsichtlich der Vertauschungsregeln.

Es mag von Vorteil sein, die **Lösungen** mit den entsprechenden des **Diracfall**s zu vergleichen. Diese sind wie hier von der Gestalt |r>|s>exp(ipx) und lauten, in Wiederholung, siehe [1, 17.1.2] λ ist die Helizität

----

        Normfaktor   **p**-Spinor
|s+> = $[(p_3+p)/2p]^{1/2}$ * [1, $(p_1+i*p_2)/(p_3+p)$]   Helizitätsanteil |s>
|s–> = $[(p_3+p)/2p]^{1/2}$ * [-$(p_1–i*p_2)/(p_3+p)$, 1]   siehe zuvor

----

Sowie betreffend den Energieanteil |r>
|r++> = $[(E+mc^2)/2E]^{1/2}$ * (1, pc/$(E+mc^2)$)   für +E und λ = +p
|r+–> = $[(E+mc^2)/2E]^{1/2}$ * (1, -pc/$(E+mc^2)$)   für +E und λ = –p
|r–+> = $[(E+mc^2)/2E]^{1/2}$ * (-pc/$(E+mc^2$, 1)   für -E und λ = +p
|r––> = $[(E+mc^2)/2E]^{1/2}$ * (pc/$(E+mc^2$, 1)   für -E und λ = –p
        Normfaktor   r-Spinor
Geht hervor aus |s> durch p_1 => c*λ , p_2 => 0 , p_3 => mc^2 , p => E , λ = +-p
Die **Diraclösungen** sind: |r++>|s+> , |r+–>|s–> , |r–+> |s+> , |r––>|s–>
Also je direktes Produkt E-Lösung mal Helizitätslösung, kurz r*s .

Im Unterschied ist im Diracfall |r> zweidimenional, hier nur eindimensional, skalar. Im Diracfall werden die Lösungen aus der Gleichung gewonnen, aus denen dann über die Spektraldarstellung die Zweipunktfunktion zunächst im dreidimensionalen **p**-Raum gebildet wird.
Hier im H-Fall gehen wir von der Zweipunktfunktion im vierdimensionalen p-Raum aus, machen per Integration den Übergang zu dreidimensionalen **p**-Raum und lesen daraus die Lösungen |r> ab. Die |s> sind ja bekannt.

Die **Herleitung der H-Lösungen aus der Zweipunktfunktion** kann man auch im **Diracfall** nachahmen: Sei |s> bekannt.

Wenn wir in der Dirac-F-Funktion nur die Projektionsmatrix betrachten, nämlich $\Sigma u_\alpha(p,s)*u_\beta^*(p,r)$, haben wir, siehe zuvor , speziell für +p ,+E ,

also für $\mathbf{p\sigma}*u_+ = p*u_+$, u_+, u_- sind die Helizitätslösungen.

$1/2E*[c\mathbf{p}*\alpha + mc^2*\beta + E]$ $=1/2E*$ $[c\tau_1*\mathbf{p\sigma} + mc^2*\tau_3\sigma_0 +E*\sigma_0] =$

$= 1/2E*[c\tau_1*\mathbf{p}\sigma_0 +mc^2*\tau_3\sigma_0 +E*\sigma_0] =$ $\mathbf{p\sigma}$ wurde ersetzt

----

$= 1/2E*(mc^2+E$ pc $) = (r_\alpha^*\, r_\beta^*)$ **Matrix** α,β

    $(pc$ $-mc^2+E)$

Daraus können wir die Eigenfunktion |r> = (r_1 ,r_2) ermitteln.

Sei als gemeinsamer **Normierungsfaktor** $N = [(E+mc^2)/2E]^{1/2}$ vereinbart

Wir lesen aus der Matrix ab, links oben $r_1^*\, r_1= 1/2E*(mc^2+E)$

Dann ist $r_1^*\, r_1= 1/2E*(mc^2+E) = N^2*x^2$, also x=1 und $\mathbf{r_1= N*1}$

Wir lesen ab, rechts unten $r_2^*\, r_2 = 1/2E*(E-mc^2) = N^2*x^2$,

oder $1/2E*(E-mc^2) = [(E+mc^2)/2E]*x^2$, somit

$x^2 = (E-mc^2)/(E+mc^2) = (E-mc^2)(E+mc^2) /(E+mc^2)^2 =$

$= [E^2-(mc^2)^2]/(E+mc^2)^2 = p^2c^2/(E+mc^2)^2$,also $x = pc/(E+mc^2)$

und $\mathbf{r_2= N*pc/(E+mc^2)}$ Die gefundene Lösung (r_1 ,r_2) ist also in der Tat gleich |r++> von zuvor. Analog würden wir für die Lösung |r+--> vorgehen und auch für die Anderen.

Bem.: Für die **Projektionsmatrix** nutzten wir die **Produktdarstellung**, die in [1, 17] ausführlich dargestellt wurde und die wie folgt zerlegbar ist, nämlich $u_\alpha*\, u_\beta^* = r_\alpha s_\alpha *\, r_\beta^*\, s_\beta^* = r_\alpha r_\beta^* *\, s_\alpha s_\beta^*$ Matrixelement α,β

Es fällt auf, dass die **F-Integral-Darstellungen im Vierdimensionalen**, siehe zuvor, was die K-G-Gleichung, die Weyl-Gleichung , die Dirac-Gleichung und wie hier die H-Gleichung anbetrifft, besonders einfach sind, weiterhin dass die dreidimensionale F-Funktion, die durch p_0-Integration entsteht, eine gute Basis ist, um aus ihr die Einzelwellenfunktionen sogar mit richtiger Normierung zu gewinnen, siehe das eben ausgeführte Beispiel. Selbst im K-G-Fall erhält man den sonst schwer zugänglichen Normierungs-faktor $(1/2E)^{1/2}$ gewissermaßen geschenkt, dazu siehe auch [1,25.4] In der Hinsicht ist also die Zweipunktfunktion stärker als die Gleichung selbst.

Für die **vollständige Zweipunktfunktion** , siehe dazu [2, 9.1], ist

$$\mathbf{F}(x\text{-}y) = i/(2\pi)^4 * \int \rho(\kappa^2) d\kappa^2 d^4p \left\{ \frac{1}{p^2+\kappa^2} - \frac{1}{p^2+\mu^2} - \frac{\kappa^2-\mu^2}{(p^2+\mu^2)^2} \right\} * p_\nu \boldsymbol{\sigma}_\nu * \exp(+ip(x\text{-}y))$$

Das ist die Summe von drei Zweipunktfunktionen, je mit derselben variablen Energie E und Impuls **p**. Der Integrand ist dann die Zweipunktfunktion exakt zu E und **p**. Im Allgemeinen ist $p^2 = \mathbf{p}^2-E^2$ # $-\kappa^2$ und # $-\mu^2$, liegt also das durchgeschleuste $p = (\mathbf{p},E)$ nicht auf den Massenschalen. Die negativen Teile vermindern, **regularisieren** die Zweipunktfunktion, bewahren sie vor Divergenz.

Nach Integration über p_0=E haben wir als Ergebnis Produkte von Einzel-funktionen im Impulsraum, $\mathbf{F}(x\text{-}y) = 1/(2\pi)^3 * \int d^3\mathbf{p} * \exp(i\mathbf{px}) * \exp(-i\mathbf{py}) *$
$*\{\mathbf{P_+}*(\mathbf{N^+}*\mathbf{N^+} + \mathbf{D^+}*\mathbf{G^+} + \mathbf{G^+}*\mathbf{D^+}) + \mathbf{P_-}*(\mathbf{N^-}*\mathbf{N^-} + \mathbf{G^-}*\mathbf{G^-} + \mathbf{D^-}*\mathbf{G^+} + \mathbf{G^+}*\mathbf{D^-})\}$
Der Hochstellung + oder − drückt je die Helizität aus, parallel oder antiparallel. $\mathbf{P_+}$ und $\mathbf{P_-}$ sind Projektoren für die Helizitätslösungen
Die Regularisierungsteile, je mit Negativvorzeichen, sind also hier mit dabei.
Der Viererimpuls $p = (\mathbf{p},E)$ wird von y nach x durchgeschleust.

Es ist $F(x\text{-}y) = \langle 0|T\chi(x)\chi^+(y)|0\rangle = \Sigma_{mn}\langle 0|\chi(x)|m\rangle \mathbf{g^{mn}} \langle n|\chi^+(y)|0\rangle$
Das ist die Zweipunktfunktion dargestellt über ein **Zwischensystem**.
Unsere Zerlegung war bereits im Sinne dieses Zwischensystems. Wir identifizieren also die Bestandteile als Wellenfunktionen von „Teilchen" , jeweils den linken Term $\langle 0|\chi(x)|m\rangle$ und dehnen die Bezeichnung je auf das ganze Integral aus. Wir fügen der Wellenfunktion je die Impulsbasisvektoren hinzu $|\mathbf{p}\rangle$, machen sie also zu einer Linearkombination im Impulsraum, um aus ihnen per Skalarprodukt, per Doppelintegral die Zweipunktfunktion wiederherstellen zu können, weil gilt $\langle \mathbf{p}|\mathbf{p'}\rangle = \delta(\mathbf{p}\text{-}\mathbf{p'})$. So wird dann
$F(x\text{-}y)= \int d^3\mathbf{p} \int d^3\mathbf{p'} * \exp(-iEx_0+i\mathbf{px}) * \exp(+iEy_0-i\mathbf{p'y}) * \langle \mathbf{p}|\mathbf{p'}\rangle * ... =$
$= \int d^3\mathbf{p} * \int d^3\mathbf{p'} * \exp(-iE(x_0-y_0)+i\mathbf{px}-i\mathbf{p'y}) * \delta(\mathbf{p}\text{-}\mathbf{p'}) * ... =$
$= \int d^3\mathbf{p} \exp(-iE(x_0-y_0)+i\mathbf{p}(x\text{-}y)) * ... = ...$ wie zuvor

----

Wenn wir je den **linken Term als Teilchen** identifiziert haben,
dann ist der rechte Term je das Komplex-Konjugierte eines Teilchens z.B.
$\langle 0|\chi(x)|N^+\rangle$ links, so ist rechts $\langle 0|\chi(y)|N^+\rangle^* = \langle N^+|\chi^+(y)|0\rangle$, für die Stelle y.
Analog $\langle 0|\chi(x)|G^-\rangle$ links, $\langle 0|\chi(y)|G^-\rangle^* = \langle G^-|\chi^+(y)|0\rangle$ rechts , also
$F = \langle 0|\chi(x)|N^+\rangle * 1 * \langle N^+|\chi^+(y)|0\rangle + ... + \langle 0|\chi(x)|G^-\rangle *(-1)* \langle G^-|\chi^+(y)|0\rangle +$
$+ \langle 0|\chi(x)|D^+\rangle * 1 * \langle G^+|\chi^+(y)|0\rangle + ...$ In der Mitte steht je der Metrik-Faktor.

Dabei ist g^{nl} in der Gesamtheit der Metrikfaktoren, die **Metrikmatrix**.
Das System enthält also auch Terme für Teilchen verschiedener Sorte
, z.B. $|D^+\rangle*1*\langle G^+|$.

Eine andere Ausrechnung des Zweipunktintegrals, ergibt N, G, D
Das erste **Integral** $\mathbf{I_1}$ ist integriert, nämlich, siehe oben,

$$\mathbf{I_1} = -2\pi i * \frac{(E+p)}{(2E)} * \sigma_0 \exp(-iE(x_0-y_0)) \quad \text{bzw} \quad \mathbf{I_1} = -2\pi i * \frac{(E-p)}{(2E)} * \sigma_0 \exp(-iE(x_0-y_0))$$

Dabei ist $E = E_{Pol} = +(\mathbf{p}^2 + \kappa^2)^{1/2}$, $p = |\mathbf{p}|$
Generell: Bei der p_0-Integration verschwindet gewissermassen der typische
Energie-Impuls-Nenner, es treten die konkreten Pole auf, die auch in exp das
freie px=**px**-Et ersetzen. Man erhält so die Darstellung für freie Teilchen.

Betrachten wir das dem ersten ähnliche zweite **Integral** $\mathbf{I_2}$, wir integrieren
hier in anderer Weise als in [2, 9.1]**Das** p_0-**Integral** hat Pole bei $p_0= +q$ und
$-q$, dabei ist $q = +(\mathbf{p}^2 + \mu^2)^{1/2}$. Gewünscht ist der positive Pol, also bei $+q$.
Analog zu $\mathbf{I_1}$ haben wir

$$\mathbf{I_2} = \int dp_0 * \frac{(p_0\sigma_0 + \mathbf{p}\sigma)*\exp(-ip_0(x_0-y_0))}{(p_0^2 - \mathbf{p}^2 - \mu^2)} = -2\pi i * \frac{(q\sigma_0 + \mathbf{p}\sigma)*\exp(-iq(x_0-y_0))}{2q}$$

q und $\mathbf{p}$ im exp erfüllen $q^2 - \mathbf{p}^2 c^2 - \mu^2 c^4 = 0$ wie freie Teilchen.

Je nachdem was $\mathbf{p}\sigma$ ist, haben wir **zwei Ergebnisse**.
 Zum einen, wenn $\mathbf{p}\sigma|u_+\rangle = p\sigma_0*|u_+\rangle$ haben wir das Ergebnis

$$-2\pi i * \frac{(q+p)}{(2q)} * \sigma_0 * \exp(-iq(x_0-y_0)) , \textbf{ parallel}$$

Zum anderen, wenn $\mathbf{p}\sigma|u_-\rangle = -p\sigma_0*|u_-\rangle$ haben wir das Ergebnis

$$-2\pi i * \frac{(q-p)}{(2q)} * \sigma_0 * \exp(-iq(x_0-y_0)) , \textbf{ antiparallel} , \text{ wie zuvor, aber } p \Rightarrow -p$$

Nun zum dritten **Integral** $\mathbf{I_3}$,wir können es auf $\mathbf{I_2}$ mittels Ableitung beziehen:

$$\mathbf{I_3} = \int d^4p \left\{ \frac{\kappa^2-\mu^2}{(p_0^2 - \mathbf{p}^2 - \mu^2)^2} \right\} *(p_0\sigma_0 + \mathbf{p}\sigma)*\exp(ip(x-y)) = (\kappa^2-\mu^2)* \frac{\partial \mathbf{I_2}}{\partial \mu^2} *(+1)$$

Somit können wir aus den Lösungen von I_2 die Lösungen von I_3 errechnen:

$\partial/\partial\mu^2[-2\pi i*(q+p)/(2q)*\sigma_0*\exp(-iq(x_0-y_0))] = -2\pi i*\sigma_0*$ $\qquad q = (\mathbf{p}^2+\mu^2)^{1/2}$

$*\{$ $(-1)/(2q^2)*(1/2q)*\{(q+p)*\exp(-iq(x_0-y_0))+$ $\qquad$ Bem.: $\partial q/\partial\mu^2 = 1/2q$

$+ 1/(2q)*(1/2q)*\exp(-iq(x_0-y_0))+$ $\qquad$ auch $\partial(q+p)/\partial\mu^2 = 1/2q$

$+1/(2q)*(q+p)*\exp(-iq(x_0-y_0))*(-i(x_0-y_0)*(1/2q)\}$

In der Zweitlösung ist zu tauschen p =>−p

Fassen die beiden Integrale zusammen, so haben wir, die Erstlösung

$I_2+I_3 = -2\pi i*\sigma_0*\exp(-iq(x_0-y_0))*$

$*\{$ $-1/(4q^3)*(\kappa^2-\mu^2)*(q+p) + 1/(4q^2)*2q*(q+p)+$

$+ 1/(4q^2)*(\kappa^2-\mu^2) + 1/(4q^2)*(\kappa^2-\mu^2)*(q+p)*(-i(x_0-y_0)\}$

In Übereinstimmung mit der Lösung in [2, 9.1, dort ABCD] benannt

In der Zweitlösung ist, wie gesagt, zu tauschen p =>-p

Die **Einzelwellenfunktionen** sind dann, siehe [2,9.1], da ist die Zerlegung in

$N^+*N^+ + N^-*N^- + G^+*D^+ + D^+*G^+ + G^-*D^+ + D^+*G^+ - G^-*G^-$ erläutert.

Folgendes sind freie Teilchen, also je auf der Massenschale.

Nukleonen, es ist gemeint $p=|\mathbf{p}|$, $E=E_{Pol1}=+(\mathbf{p}^2+\kappa^2)^{1/2}$, $q=E_{Pol2}=+\mathbf{p}^2+\mu^2)^{1/2}$

$$N^+ = \langle 0|\chi(x)|N^+\rangle = (1/2\pi)^{3/2}*\int d^3\mathbf{p}*\frac{[(E+p)]^{1/2}}{[2E]^{1/2}}*\mathbf{u}_+*\exp(+i\mathbf{px}-iEx_0)*|\mathbf{p}\rangle|N^+\rangle$$

$$N^- = \langle 0|\chi(x)|N^-\rangle = (1/2\pi)^{3/2}*\int d^3\mathbf{p}*\frac{[(E-p)]^{1/2}}{[2E]^{1/2}}*\mathbf{u}_-*\exp(+i\mathbf{px}-iEx_0)*|\mathbf{p}\rangle|N^-\rangle$$

N^+ gehört zu positiver Helzität, N^- gehört zu negativer Helizität.

Bei $\mathbf{E} = \mathbf{p}$, also bei $\kappa=0$ haben wir die Weyllösungen, die Neutrinos.

Dazu kommen die **Geisterzustände G**, sie rühren vom Einfachpol her.

Diese sind ähnlich aufgebaut wie N^+ und N^-, nämlich, $q = +(\mathbf{p}^2+\mu^2)^{1/2}$

$$G^+ = \langle 0|\chi(x)|G^+\rangle = (1/2\pi)^{3/2}\int d^3\mathbf{p}*\exp(+i\mathbf{px}-iqx_0)*\mathbf{u}_+*\frac{(\kappa^2-\mu^2)^{1/2}}{2q}*|\mathbf{p}\rangle|G^+\rangle$$

$$G^- = \langle 0|\chi(x)|G^-\rangle = (1/2\pi)^{3/2}\int d^3\mathbf{p}*\exp(+i\mathbf{px}-iqx_0)*\mathbf{u_-}*\frac{(\kappa^2-\mu^2)^{1/2}}{2q} * |\mathbf{p}\rangle|G^-\rangle$$

$G^+ \Rightarrow \kappa/(2p) * \exp(-ipx_0)$, $G^- \Rightarrow \kappa/(2p) * \exp(-ipx_0)$ bei $\mu \Rightarrow 0$

Wir haben also sechs Teilchenfunktionen N^+, N^- mit Masse κ,
sowie G^+, G^- und siehe nachfolgend D^+, D^- je mit Masse μ.
G und D haben eine ungewöhnliche Metrik untereinander und gelten nicht als physikalische Zustände, eben als Geisterzustände. G und D sind orthogonal zu N .
Sowie **Dipolgeisterzustände D,** anstelle von E tritt $q = (\mathbf{p^2}+\mu^2)^{1/2}$, $p=|\mathbf{p}|$
Dipolgeister D, sie rühren vom Doppelpol her:

$$\mathbf{D^+} = \langle 0|\chi(x)|\mathbf{D^+}\rangle = (1/2\pi)^{3/2}\int d^3\mathbf{p}*\exp(+i\mathbf{px}-iqx_0)*\mathbf{u_+}*$$

$$* \left[\frac{(\kappa^2-\mu^2)^{1/2}*p}{4q^2} - \tfrac{1}{2}*\frac{(q+p)}{(\kappa^2-\mu^2)^{1/2}} + i*\frac{(\kappa^2-\mu^2)^{1/2}*(q+p)}{2q} * x_0\right] *|\mathbf{p}\rangle|D^+\rangle$$

$\Rightarrow [+\kappa/(4p) - p/\kappa + i*\kappa*x_0]*\exp(-ipx_0)$ bei $\mu=0$, d.h. wenn $q=p$

$$\mathbf{D^-} = \langle 0|\chi(x)|\mathbf{D^-}\rangle = (1/2\pi)^{3/2}\int d^3\mathbf{p}*\exp(+i\mathbf{px}-iqx_0)*\mathbf{u_-}*$$

$$* \left[\frac{-(\kappa^2-\mu^2)^{1/2}*(q-p)}{4q^2} - \tfrac{1}{2}*\frac{(q-p)}{(\kappa^2-\mu^2)^{1/2}} + i*\frac{(\kappa^2-\mu^2)^{1/2}*(q-p)}{2q}*x_0\right] *|\mathbf{p}\rangle|D^-\rangle$$

$\Rightarrow 0$ bei $\mu=0$, weil dann $q=p$ ist.

Im Sinne der Produktdarstellung $|r\rangle|s\rangle*\exp(ipx)$ sind hier die Faktoren vor u*exp die Funktionen $|r\rangle$. Sie können sichtlich nur auf diesem Weg gewonnen werden, nicht über eine Gleichung.
$|s\rangle$ sind die bekannten u-Funktionen, die Helizitätsfunktionen.

Wir haben also je eine Linearkombination über die Impulsbasisvektoren $|\mathbf{p}\rangle$ mit $\langle\mathbf{p'}|\mathbf{p}\rangle = \delta(\mathbf{p'-p})$ und den Teilchenbasisvektoren, die in einfacher Weise für die Metrik sorgen, z.B. $|G^-\rangle$ mit $\langle G^-|G^-\rangle = -1$, $\langle G^-|D^-\rangle = 0$, usw, siehe folgende Matrix. So können die Zustände, die Integrale, skalar multipliziert werden und aus ihnen auch die Zweipunktfunktion wieder zusammengesetzt werden.

----

u_+ und u_- sind die Helizitätseigenfunktionen, siehe [1, 23.2 und 27.1.2]

$u_+ = [(p_3+p)/2p]^{1/2} *[1, (p_1+i*p_2)/(p_3+p)]$ Eigenwert $+p$

$u_- = [(p_3+p)/2p]^{1/2} *[-(p_1-i*p_2)/(p_3+p) , 1]$ Eigenwert $-p$

Aus ihnen geht mittels $[u_\alpha(p,s)*u_\beta^*(p,r)]$ die Projektionsmatrix $(p_0\sigma_0 + \mathbf{p}\sigma)_{\alpha\beta}$ hervor anläßlich der Bildung der Zweipunktfunktion.

Wir haben also insgesamt , in Kurzschrift ,

$\mathbf{F} = N^+*N^+ + N^-*N^- + G^+*D^+ + D^+*G^+ + G^-*D^+ + D^+*G^+ - G^-*G^-$

Bei G^-*G^- gelingt es nicht, das negative Vorzeichen auf das Teilchen zu verlegen, die Metrik ist -1, ansonsten +1 oder 0.

Fehlende Paare, nämlich D^+*D^+, D^+*G^-, G^+*G^+, G^+*G^-, G^-*D^+, G^-*G^+, usw besagen, dass hierfür die Metrikmatrixelemente gleich 0 sind.

Metrik-Matrix

$(g^{nl}) =$		D^+	D^-	G^+	G^-
	D^+	**0**	0	1	0
	D^-	0	**0**	1	0
	G^+	1	1	**0**	0
	G^-	0	0	0	**-1**

$(g^{nl}) =$	N^+	N^-
N^+	**1**	0
N^-	0	**1**

Ansonsten sind N^+ und N^- orthogonal zu allen anderen Zuständen

----

Bei **Vorgabe der vierdimensionalen vollständigen F-Funktion** werden also u.a. |r>-Wellenfunktionen, D-G-Funktionen abgeleitet, die seltsamer Weise Norm 0 haben oder in einem Fall sogar -1 und deren Skalarprodukte untereinander nicht immer 0, also nicht immer orthogonal zueinander sind. Die **indefinite Metrik** wird so automatisch herbeigeführt.

χ bzw χ^+ erzeugt also nicht nur Nukleonen, Teilchen mit positiver Metrik, sondern auch solche mit anderer Metrik, was bei der Entfaltung der F-Funktion besonders deutlich wird. Es entstehen aber stets **nur Fermionen**. Bosonen sind aus Fermionen zusammengesetzte Teilchen.

3.5 Die Wick-Entfaltung eines Feldoperatorstrangs

Da sie im Fogenden eine große Rolle spielt, sei sie kurz wiederholt, siehe auch [1, 24.5]. Jeder Feldoperator lässt sich, in der Impulsdarstellung ist es offensichtlich, in einen Erzeugerteil und einen Vernichterteil trennen, siehe Kapitel 3.3. Dieses nutzen wir. Wir betrachten nun Produkte von ihnen. Wickentfaltung heißt, wir entwicklen einen **Feldoperatorstrang** links, in eine **Linearkombination** von **Normalprodukten** rechts. Die Normalprodukte sind gewissermaßen wie **Basisvektoren**. Jedes Normalprodukt hat als Koeffizient eine **Einfachkontraktion** oder eine **Mehrfachkontraktion**. Jede Mehrfachkontraktion lässt sich in eine Summe von Produkten von Einfachkontraktionen auflösen.

Normalordung heisst, die Erzeuger (E) stehen links, die Vernichter (V) stehen rechts, die Vernichter wirken dann zuerst auf einen Zustand, die Erzeuger nachfolgend. Gegeben sei im Ortzeitraum ein Feldoperator ϕ .
Wir können ihn in einen Erzeugerteil und einen Vernichterteil zerlegen

$\phi(x_1) = E_1(x_1) + V_1(x_1)$ Erzeuger plus Vernichter, kurz $E_1 + V_1$

Diese ist bereits normalgeordnet, also $\phi(x_1) = {:}\phi(x_1){:} = E_1(x_1) + V_1(x_1)$,
denn pro Term ist kein V links von einem E. x_i bedeutet Ort und Zeit .

Bei zusätzlicher **Zeitordnung** in $\phi(x_1)\phi(x_2)$ gehört zu x_1 ein größerer Zeitwert als zu x_2 , also $t_1 > t_2$ oder $t_1 = t_2$. $\phi(x_1)$ wirkt also später als $\phi(x_2)$. Je größer der Index, desto kleiner, desto früher die Zeit. Dieses entspricht der allgemeinen Vorstellung, dass erst Früheres wirkt und dann Späteres.
Die Doppelpunkte $::$ grenzen ein Normalprodukt ab.

--- --------------------

Nun die nächste Stufe. Wir konzentrieren uns im Folgenden auf die **Anfügformel**: Einordnung, Anfügung bedeutet, beidseitiges, im allgemeinen rechtsseitiges Anfügen und Einfügen eines weiteren Feldoperators an ein Normalprodukt. Dabei wird das jeweilige Normalprodukt wiederum in Normalprodukte samt Koeffizienten aufgelöst. Zunächst für **Bosonen**

$\phi(x_1){*}\phi(x_2) = {:}\phi(x_1){:}\phi(x_2) = (E_1+V_1){*}(E_2+V_2) =$ grün kommt hinzu

$= \{E_1{*}E_2 + E_1{*}V_2 + V_1{*}E_2 + V_1{*}V_2 \} =$ blau wird normalgeordnet

$= E_1{*}E_2 + E_1{*}V_2 + (E_2{*}V_1 + d{*}1) + V_1{*}V_2 =$

$= [E_1{*}E_2 + E_1{*}V_2 + E_2{*}V_1 + V_1{*}V_2] + d{*}1 = {:}\phi(x_1){*}\phi(x_2){:} + d{*}1$

$=$ Normalprodukt $+$ Kontraktion

Denn bei **Bosonen** ist $V_1{*}E_2 - E_2{*}V_1 = d{*}$**Einheitsmatrix** Also darf man ersetzen jeweils $\mathbf{V_1 E_2 = E_2 V_1 + d}$ Normalgeordnetes plus Kontraktion Allgemein: Die lineare Vertauschungsregel gestattet je die Vertauschung in Richtung Normalprodukt. Die Kontraktion d sorgt für Wertgleichheit.

Wir haben links wie rechts eine Wertgleichheit, aber nun alle V's je rechtsstehend. Beidseitige Einrahmung mit $<0|$ und $|0>$ ergibt hier

$<0|\phi(x_1)*\phi(x_2)|0> = <0|:\phi(x_1)*\phi(x_2):|0> + <0|d*1|0> = \mathbf{d}$

weil stets ist $\mathbf{<0\ |normalprodukt\ |0> = 0}$ Siehe auch [1, 24.5]

d ist die **Kontraktion** $d = <0|\phi(x_1)*\phi(x_2)|0>$

Insgesamt: $\phi(x_1)*\phi(x_2) = :\phi(x_1):\phi(x_2) = :\phi(x_1)*\phi(x_2): + <0|\phi(x_1)*\phi(x_2)|0>*::$

:: ist eine Art Nullkontraktion, dem Wert nach gleich 1, also weglassbar.

Es ist $<0|\phi(x_1)*\phi(x_2)|0> = <0|(E_1+V_1)*(E_2+V_2)|0> =$

$= <0|\ E_1*E_2 + E_1*V_2 + V_1*E_2 + V_1*V_2\ |0> = \mathbf{<0|V_1*E_2\ |0>}$

Reduziert auf relevante Terme, alle anderen Terme ergeben gleich 0 .

Bei **Fermionen** ist es analog. Allerdings gilt da Antikommutation

$\mathbf{V_1*E_2 + E_2*V_1 = d*Einheitsmatrix}$ und so hinsichtlich der Ersetzung

$\mathbf{V_1E_2 = -E_2V_1 + d}$ Ansonsten folgt wie zuvor bezüglich des Auswurfs

$<0|\phi(x_1)*\phi(x_2)|0> = <0|:\phi(x_1)*\phi(x_2):|0> + <0|d*1|0> = \mathbf{d}$, also

---

$\phi(x_1)*\phi(x_2) = :\phi(x_1):\phi(x_2) = (E_1+V_1)*(E_2+V_2) = \qquad$ grün kommt hinzu

$= E_1*E_2 + E_1*V_2 + V_1*E_2 + V_1*V_2 = \qquad$ blau wird normalgeordnet

$= E_1*E_2 + E_1*V_2 + (-E_2*V_1 +d*1) + V_1*V_2 =$

$= [E_1*E_2 + E_1*V_2 - E_2*V_1 + V_1*V_2] + d*1 = :\phi(x_1)*\phi(x_2): + d*1$

$=$ Normalprodukt $+$ Kontraktion

Im Normalprodukt treten also Minuszeichen auf wegen der E-V-Vertauschung, bei Bosonen nicht, sonst gleich.

Insgesamt: $\phi(x_1)*\phi(x_2) = :\phi(x_1):\phi(x_2) = :\phi(x_1)*\phi(x_2): + <0|\phi(x_1)*\phi(x_2)|0>*::$

Intern hat $:\phi(x_1)*\phi(x_2):$ also auch negative Terme.

Nun die **Anfügung allgemein** für Fermionen

Es ist allgemein $:\phi(x_1)\phi(x_2)...\phi(x_n): = \Sigma_t\ (-1)^z * \Pi_i E_i * \Pi_j V_j$

Ein Normalprodukt der Stufe n , Bezeichnung $:\phi(x_1)...\phi(x_n):$,

besteht aus allen möglichen Termen t der Art $...E_i...*V_j...$. Also zuerst kommen je die E's, dann die V's, die V's stehen rechts, wirken zuerst.

Zudem: In jedem Term kommen alle Ziffern als Index $i,j \leq n$ genau einmal vor. Die i in sich und die j in sich sind aufsteigend. Die Anzahl der i's oder der j's darf auch null sein. **Die Zahl der Terme t ist 2^n** .

$(-1)^z$ ist das Vorzeichen je eine Terms, z ist gleich der Anzahl der E-V-Vertauschungen, um vom unnormalisierten Term zum normalisierten Term zu kommen. t zählt die einzelnen Terme durch.

Nun die Einordnung, das Anfügen von ϕ_{n+1}

$:\phi(x_1)\phi(x_2)...\phi(x_n): \phi(x_{n+1}) = \Sigma_t \ (-1)^z * \Pi_i E_i * \Pi_j V_j * (E_{n+1} + V_{n+1}) =$

$= \Sigma_t (-1)^z * \Pi_i E_i * \Pi_j V_j * V_{n+1} + \Sigma_t \ (-1)^z * \Pi_i E_i * \Pi_j V_j * E_{n+1}$

Das V_{n+1} kann problemlos angehängt werden, das E_{n+1} muss pro Term sukzessive an den k vielen V's von $\Pi_j V_j$ nach links bis zu den E's geschoben werden. Pro E-V-Vertauschen haben wir $V_j E_{n+1} = -E_{n+1}V_j + d_{j\ n+1}$

Es wird im Term je $V_j E_{n+1}$ ersetzt durch $-E_{n+1}V_j$ und eine Kontraktion $d_{j\ n+1}$ * Klein-normalprodukt ausgeworfen. Am Ende ist E_{n+1} ganz links vor den V's gerückt, nicht vor den E's, und es sind k viele Kontraktionen entstanden. Also insgesamt $\Pi_j V_j * E_{n+1} = E_{n+1}*\Pi V_j + \Sigma_k d_{j\ n+1}*\Pi_j V_j (j\#k)$

Der dem $d_{k\ n+1}$ folgende Term $\Pi_j V_j$ ist jeweils ohne V_k, dieses V_k steckt nun in der Kontraktion $d_{k\ n+1}$. Insgesamt $:\phi(x_1)\phi(x_2)...\phi(x_n):\phi(x_{n+1})$ =

$\Sigma_t \ (-1)^z * \Pi_i E_i * \Pi_j V_j * V_{n+1} + (-1)^z * \Pi_i E_i E_{n+1} * \Pi V_j +$ **Vollnormalprodukt**

$+ \Sigma_t \Sigma_k (-1)^{n-j} * d_{j\ n+1} * \Pi_j V_j (j\#k) =$ **Pro t,k Kontraktion*Kleinnormalprodukt**

$= :\phi_1\phi_2...\phi_n\phi_{n+1}:$ $+ \ \Sigma_j (-1)^{n-j} d_{j\ n+1} * :\phi_1\phi_2...\phi_n$ ohne $\phi_j:$ **j von n bis 1**

Dieses nach Quersummierung über die Terme t

Nun pro Term t normalgeordnet

Normalprodukt 1 bis n+1 + je Kontraktion mal reduziertes Normalprodukt

----

Zusammengefasst:

Anfügformel

$\phi_1\phi_2 \ = :\phi_1\phi_2: + \ d_{12}* ::$ für Bosonen und Fermionen **j = 1 bis n**

$:\phi_1\phi_2...\phi_n: \phi_{n+1} = :\phi_1\phi_2...\phi_n\phi_{n+1}: + \Sigma_j (-1)^{n-j}*d_{j\ n+1}*:\phi_1\phi_2...\phi_n$ ohne $\phi_j:$

Bei Bosonen ohne, bei Fermionen mit Vorzeichenwechsel

$d_{j\ n+1} = \langle 0|\phi(x_j)*\phi(x_{n+1})|0\rangle$ **Es treten nur einfache Kontraktionen auf.**

Jeder Term enthält bezüglich d und : ... : alle Ziffern.

Beispiel: $:\phi(x_1)\phi(x_2):\ \phi(x_3)$, also Anfügen von (E_3+V_3)

$E_1E_2V_3 + E_1V_2\,V_3 - E_2V_1\,V_3 + V_1V_2\,V_3 +$ entspr $\Sigma_t(-1)^z*\Pi_iE_i*\Pi_jV_j*V_{n+1}$

$+E_1E_2E_3$

$+E_1V_2E_3 \quad = \quad -E_1E_3V_2 + d_{23}*E_1$

$-E_2V_1E_3 \quad = \quad -\ [\ -E_2E_3V_1 +E_2*d_{13}] \ = E_2E_3V_1 \ - d_{13}*E_2$

$+V_1V_2\,E_3 \quad = \quad -V_1E_3V_2 + V_1*d_{23} = \ +E_3V_1V_2 - d_{13}*V_2 + d_{23}*V_1$

Sammeln: $:\phi(x_1)\phi(x_2)\ \phi(x_3):\ +\ d_{23}*(E_1+V_1)\ -d_{13}*(E_2+V_2)$

Gemäß Formel $(-1)^{n-j}\,d_{j\,n+1}$ haben wir $(-1)^{2-1}d_{13} = -d_{13}$, $(-1)^{2-2}d_{13} = +d_{23}$

Also $:\phi(x_1)\phi(x_2):\ \phi(x_3)\ =\ :\phi(x_1)\phi(x_2)\ \phi(x_3):\ +\ d_{23}*:\phi(x_1):\ - d_{13}*:\phi(x_2):$

Analog mittels Formel $:\phi(x_1)\phi(x_2):\phi(x_3)\ =\ :\phi(x_1)\phi(x_2)\phi(x_3):\ +$ **n=2**

$+ (-1)^{n-1}d_{1\,n+1}*:\phi(x_2):\ + (-1)^{n-2}d_{1\,n+1}*:\phi(x_1):\ =$ **j=1,2**

$=\ :\phi(x_1)\phi(x_2)\phi(x_3):\ +\ (-1)*d_{1\,3}*:\phi(x_2):\ + (-1)^0*d_{2\,3}*:\phi(x_1):$

Also $:\phi(x_1)\phi(x_2):\phi(x_3) = :\phi(x_1)\phi(x_2)\phi(x_3):\ -\ d_{1\,3}*:\phi(x_2):\ +\ d_{2\,3}*:\phi(x_1):$

Analog: $:\phi(x_1)\phi(x_2)\phi(x_3):\phi(x_4)\ =\ :\phi_1\phi_2\phi_3\phi_4:\ +$ **n=3**

$+ (-1)^{n-3}d_{3\,n+1}*:\phi_1\phi_2:\ +(-1)^{n-2}d_{2\,n+1}*:\phi_1\phi_3:\ + (-1)^{n-1}d_{1\,n+1}*:\phi_2\phi_3:$ j=3,2,1

Also $:\phi(x_1)\phi(x_2)\phi(x_3):\phi(x_4) = :\phi_1\phi_2\phi_3\phi_4:+d_{34}*:\phi_1\phi_2:-d_{24}*:\phi_1\phi_3:+d_{14}*:\phi_2\phi_3:$

Bem: Sind die Ziffern bei $:\phi_1\phi_2...\phi_n:\ \phi_{n+1}$ bereits lückenhaft, durch bereits ausgeworfene Kontraktionen zuvor, siehe später, so gilt:

Bezüglich der Formel $(-1)^{n-j}*d_{j\,n+1}$ kann man in n-j die **Anzahl der Vertauschungen** sehen, um das Objekt mit **Stellungsnummer** n+1 an das Objekt mit Stellungsnummer j heranzurücken. Das ist allgemeiner.

Beispiel: $:\phi_1\phi_3:\ \phi(x_5)$ Stellungsnummer für Objekt n+1 ist 3 bzw für Objekt 3 ist sie 1 Ergibt $-d_{15}$ wegen $(-1)^{2-1} = -1$ eine Vertauschung.

Damit haben wir eine Regel, um sukzessive Kontraktionen abzustoßen, indem wir die Kontraktionsziffern je aus dem Term ausrupfen.

Beispiel: Sei 12345 => 12*345=> 12*34*5

Nachtrag: Das Vorzeichen von $d_{j,n+1}$: Unterstellt nun, dass stets ist $d_{j,n+1}*$normalprodukt. , also dem $d_{j,n+1}$ folgt ein vollständiges Normalprodukt, dann lässt sich das Vorzeichen zu $d_{j\,n+1}$ an einem einfachen Term des Normalprodukts ermitteln, namlich am Term $+V_1...V_n$, also nur V′s , den es immer gibt, und der stets positiv ist, dem nun E_{n+1} angehängt wird.

Dieses wird nun sukzessive nach links gerückt. Pro Vertauschung entsteht der vertauschte Term und eine Kontraktion d, die das Vorzeichen v vom aktuellen Term bisher, übernimmt. Beim ersten Mal ist

$$+V_1 \ldots V_n * E_{n+1} = -V_1 \ldots V_{n-1} E_{n+1} V_n + d_{n,n+1} * (V_1 \ldots V_{n-1}) \qquad v = +1$$

$$-V_1 \ldots E_{n+1} V_n = +V_1 \ldots E_{n+1} V_{n-1} V_n - d_{n-1,n+1} * (V_1 \ldots V_{n-2} V_n) \qquad v = -1$$

Beim ersten Mal, j=n, ist das Vorzeichen von d positiv, dann negativ, da ist j=n-1, usw, alles alternierend, also haben wir als **Vorzeichen $(-1)^{n-j} * d_{j,n+1}$**
n und j sind Objektnummern, also Nummern, die fix mit den Objekten verbunden sind, auch bei Vertauschungen. $d_{j,n+1}$ selbst ist positiv gemeint.

Der um V_j verjüngte Term selber $+V_1 V_2 \ldots V_j \ldots V_n$, ohne V_j , der dann der Kontraktion $d_{j,n+1}$ **nachfolgt**, hat hier also immer positives Vorzeichen. Damit wird dann pro Term das Vorzeichen des Kleinnormalprodukts, Normalprodukt ohne j-Anteil, indirekt bestimmt, weil ja d für alle Terme dazu fix ist, siehe dieses Beispiel.

Nachtrag: Streichen von V_j : Wenn man in den Termen zu einem Normalprodukt ein fixes V_j streicht und die Terme ohne dieses V_j weglässt, verbleibt ein Normalprodukt nächst tieferer Stufe. Zunächst für **Bosonen**
Beispiele: Streichen von V_1

$$:\phi(x_1)\phi(x_2): = E_1 E_2 + E_1 V_2 + E_2 V_1 + V_1 V_2 \quad => \quad E_2 + V_2 \qquad V_1 \text{ weg}$$

$$:\phi(x_1)\phi(x_2)\phi(x_3): = E_1 E_2 E_3 + E_1 E_2 V_3 + E_1 E_3 V_2 + E_1 V_2 V_3 + E_2 E_3 V_1 +$$
$$+ E_2 V_1 V_3 + E_3 V_1 V_2 + V_1 V_2 V_3 \quad => \quad E_2 E_3 + E_2 V_3 + E_3 V_2 + V_2 V_3 \qquad V_1 \text{ weg}$$

Beim **Anfügen** eines neuen $(E_{n+1}+V_{n+1})$ gibt nur E_{n+1} je beim Vertauschen mit irgendeinem V_j , sei j fix, Anlass zu einer Kontraktion, nämlich zur Kontraktion $d_{j\,n+1}$, multipliziert mit dem Term ohne dieses V_j .
Das nun bei jedem Term, der ein V_j enthält. Terme, die V_j nicht enthalten, bleiben unbeachtet. Deren Summe ist, wie gesagt, wiederum ein Normalprodukt ohne j-Anteile. Deswegen steht nach jedem d_{jn+1} ein um j reduziertes **vollständiges** Normalprodukt.

Es bleibt zu **beweisen**, dass ein **Normalprodukt um V_j verjüngt**, auch im **Fermionenfall** ein vollständiges Normalprodukt nächst geringerer Stufe ist. Dieses sei an Beispielen demonstriert:

Beispiel: $V_1E_2V_3 \Rightarrow -E_2V_1V_3$ unnormalisiert $\Rightarrow$ normalisiert
Anhängen von E_4 : Es ist n=3
$-E_2V_1V_3*E_4 = -E_2V_1*(-E_4 V_3+d_{34}) = +E_2V_1E_4V_3 + d_{34}*(-E_2V_1)$ n=3, j=3
Das zunächst positive Vorzeichen bei $d_{34}*(-E_2V_1)$ wird wegen Regel
$(-1)^{n-j}*d_{j,\,n+1}$ verteilt zu $+d_{34}$ und $(-E_2V_1)$, also es bleibt alles gleich.

$+E_2V_1E_4V_3 = +E_2(-E_4V_1+d_{14})V_3 = -E_2E_4V_1V_3 + d_{14}*(E_2V_3) =$ n=3, j=1
$= -E_2E_4V_1V_3 + (-1)^{3-1}*d_{14}*(+E_2V_3)$
Das zunächst positive Vorzeichen bei $d_{14}*(E_2V_3)$ wird wegen Regel
$(-1)^{n-j}*d_{j,\,n+1}$ verteilt zu $+d_{14}$ und so auch zu $(+E_2V_3)$, alles bleibt.

Betrachten wir ein anderes **Beispiel**, einen unnormalisierten Term, der sich beim Ausmultiplizieren von $(E_1+V_1)(E_2+V_2)(E_3+V_3)(E_4+V_4)$ „zufällig" ergibt, also $E_1V_2E_3V_4$ unnormalisiert $\Rightarrow -E_1E_3V_2V_4$ normalisiert ,$v_0 = (-1)$.
Anhängen von E_5 : Es ist n=4
$-E_1E_3V_2V_4*E_5 = -E_1E_3V_2*(-E_5V_4+d_{45}) = +E_1E_3V_2E_5V_4 + d_{45}(-E_1E_3V_2) =$
$= +E_1E_3V_2E_5V_4 + (-1)^{4-4}*d_{45}(-E_1E_3V_2) = +E_1E_3V_2E_5V_4 + d_{45}*(-E_1E_3V_2)$
Die Vorzeichen bleiben. In der Tat, bei Weglassen von V_4 in $E_1V_2E_3V_4$
ist der normalisierte Term $E_1V_2E_3V_4 \Rightarrow E_1V_2E_3 \Rightarrow -E_1E_3V_2$

Das sich ergebende Vorzeichen bei d*Kleinnormalprodukt wird also so aufgeteilt, dass stets $(-1)^{n-j}*d_{j,\,n+1}$ gilt, das Kleinnormalprodukt passt sich dann im Vorzeichen an. Dieses ist aber, siehe Beispiele, dasselbe, als wäre das Kleinnormalprodukt unmittelbar ermittelt worden . Nun in Fortsetzung

----

$+E_1E_3V_2E_5V_4 = +E_1E_3(-E_5V_2+d_{25})V_4 = -E_1E_3E_5V_2 + d_{25}*(E_1E_3V_4) =$
$= -E_1E_3E_5V_2 + (-1)^{4-2}*d_{25}(E_1E_3V_4) = -E_1E_3E_5V_2 + d_{25}*(E_1E_3V_4)$
Die Vorzeichen bleiben. In der Tat, bei Weglassen von V_2 im unnormalisierten $E_1V_2E_3V_4$ ist der normalisierte Term unmittelbar $+E_1E_3V_4$

Allgemeine Bemerkung, das Vorzeichen eines normalisierten Terms:
Liegt in der Erstentwicklung ein unnormalisierter Term vor, somit Standardvorzeichen +, und seien n_{jE} je die Anzahl der E's, die rechts je von V_j, mit j=1,2,…,n-1 sind, so ist das Vorzeichen des normalisierten Terms
$(-1)^{n1E}*(-1)^{n2E}*… = (-1)^{n1E+n2E+…}$
Beispiel: $E_1V_2E_3V_4E_5$, dann ist $n_{2E}=2$, $n_{4E}=1$, sonstige $n_{jE}=0$, V_j nicht da
Vorzeichen $(-1)^{2+1} = (-1)^3 = (-1)$, also normalisiert $-E_1E_3E_5V_2V_4$

Die gesamte Normalprodukt-Darstellung zu $\phi_1\phi_2...\phi_n$ erhält man durch **sukzessives Anfügen je eines weiteren** ϕ_{n+1} mittels der Anfügformel.

Dabei entsteht jeweils ein volles Normalprodukt plus Summe Kontraktion mal verjüngtes Normalprodukt. Jedes (verjüngte) Normalprodukt wird je wiederum durch Anfügen eines weiteren weiteren ϕ_{n+1} entfaltet in ein vollständiges Normalprodukt plus Summe Kontraktion mal Verjüngung. Geht einem Normalprodukt bereits eine Kontraktion voraus, so ergibt sich dabei Kontraktion mal Vollnormalprodukt plus ein Produkt von Kontraktionen, mit reduziertem Normalprodukt, dessen Vorzeichen ist dann auch des Produkt der Einzelvorzeichen. Jedes Normalprodukt hat für sich das Vorzeichen plus, intern bei den Gliedern mögen die Vorzeichen wechseln.

Die Vorgehensweise erzwingt, dass $\phi_1\phi_2...\phi_n$ über alle möglichen Normalprodukte mt allen möglichen einfachen und mehrfachen Kontraktionen zerlegt wird, erzwingt also alle Verästelungen.

Die ersten Stufen der Entwicklung seien hier illustriert.

Zu beachten, es ist $:\phi_1: = \phi_1$ und $:\phi_1:\phi_2 = \phi_1\phi_2 =:\phi_1\phi_2: + d_{12}$

$\phi_1\phi_2 = :\phi_1\phi_2: + d_{12}$ Grundformel für Bosonenfall und Fermionenfall

----

Anhängen von ϕ_3 führt zu $\phi_1\phi_2\phi_3 = :\phi_1\phi_2:\phi_3 + d_{12}\phi_3$

Wir nutzen $:\phi_1\phi_2: \phi_3 = :\phi_1\phi_2\phi_3: + d_{23}*:\phi_1: - d_{13}*:\phi_2:$ Anfügformel

und erhalten so $\phi_1\phi_2\phi_3 = :\phi_1\phi_2\phi_3: + d_{23}*:\phi_1: - d_{13}*:\phi_2: + d_{12}*:\phi_3:$

Anhängen von ϕ_4 an die Entwicklung von $\phi_1\phi_2\phi_3$ führt zu

$\phi_1\phi_2\phi_3\phi_4 = :\phi_1\phi_2\phi_3:\phi_4 + d_{23}*:\phi_1:\phi_4 - d_{13}*:\phi_2:\phi_4 + d_{12}*:\phi_3:\phi_4$

Wir nutzen $:\phi_1\phi_2\phi_3:\phi_4 = :\phi_1\phi_2\phi_3\phi_4: + d_{34}*:\phi_1\phi_2: - d_{24}*:\phi_1\phi_3: + d_{14}*:\phi_2\phi_3:$

also $\phi_1\phi_2\phi_3\phi_4 = :\phi_1\phi_2\phi_3\phi_4: + d_{34}*:\phi_1\phi_2: - d_{24}*:\phi_1\phi_3: + d_{14}*:\phi_2\phi_3: +$

$+ d_{23}*(:\phi_1\phi_4:+d_{14}) - d_{13}*(:\phi_2\phi_4:+d_{24})+ d_{12}*(:\phi_3\phi_4:+ d_{34}) =$

$= :\phi_1\phi_2\phi_3\phi_4: + d_{34}*:\phi_1\phi_2: - d_{24}*:\phi_1\phi_3: + d_{14}*:\phi_2\phi_3: + d_{23}*:\phi_1\phi_4: - d_{13}*:\phi_2\phi_4: +$

$+ d_{12}*:\phi_3\phi_4: + (d_{23}*d_{14} - d_{13}*d_{24} + d_{12}*d_{34}) *::$

Es kommen also alle Normalprodukte als Basisvektoren vor und vorausgehend alle bildbaren Kontraktionen dazu.

An den Beispielen lesen wir die **Vorzeichenregel für die Kontraktionen** d ab: Es ist j2 > j1 . Wir rücken j2 an j1 heran. Die Anzahl der Vertauschungen hierfür bestimmt da Vorzeichen von d, also $(-1)^{s2-s1-1}*d_{j1\,j2}$.

s sind die aktuellen Stellungsnummern, gegfalls nach schon erfolgten Vertauschungen, j sind die Objektnummern. Pro d wird so verfahren.

Beispiel: 1234 , s2=3,s1=1,j2=3,j1=1,also $1324 = (-1)^1 * d_{13} *{:}24{:} = -d_{13}*{:}24{:}$

Beispiel: 24 , s2=2,s1=1,j2=4,j1=2, also $24 = (-1)^{2-1-1} * d_{24} *{:}{:} = +d_{24}*{:}{:}$

Allgemein:

$\phi_1\phi_2...\phi_n = {:}\phi_1\phi_2...\phi_n{:} +$ das volle Normalprodukt, ohne Kontraktion

$+ (-1)^{s2-s1-1}*d_{j1\ j2} * {:}\phi_1\phi_2...\phi_n{:}$ ohne j_1 und j_2 , alle Einfachkontraktionen

$+ (-1)^{s2-s1-1}*d_{j1\ j2}*(-1)^{s4-s3-1}d_{j3\,,j4} *{:}\phi_1\phi_2...\phi_n{:} * {:}\phi_1\phi_2...\phi_n{:}$ ohne j_1, j_2, j_3, j_4

alle Doppelkontraktionen , mit $j_1 < j_2$ und $j_2 < j_3$ + ... alle Mehrfach-Kontraktionen,

Ein Normalprodukt ist gegebenenfalls ein Nullnormalprodukt, also :: .

Zuerst also das volle Normalprodukt,

dann Summe von je Einfachkontraktion mal Normalprodukt,

dann Summe von je Zweifachkontraktion mal Normalprodukt, usw

Man kann die Vorzeichen zu einem zusammenfassen, indem man die Vertauschungen z zählt, die zur gewünschten Ziffernfolge führen

 Beispiel: $1234 => 1324 = 13*24$, also $(-1)^Z * d_{13} * d_{24} *{:}{:}$ z=1,eine Vertauschung

----

Die Beispiele nun in Kurzschrift: Hier gemäß der generativen Entwicklung

Es bedeutet z.B. $14*{:}23{:} = <0|\phi_1\phi_4|0> * {:}\phi_2\phi_3{:}$

:1:2 = :12: +12 oder 12 = :12: +12*:: ,**123** = :123: + 23*:1: −13*:2: + 12*:3:

1234 = :1234: + 34*:12: − 24*:13: + 14*:23: + 23*:14: + 23*:14: +

− 13*:24: −13*24 + 12*:34: +12*34 Das Farbige zeigt die generative Entstehung an.

Normalprodukt-Basisvektor orientiert, aufsteigend

Kontraktionen rot, Normalprodukte schwarz in Kurzschrift

1234 = :1234: + 34*:12: − 24*:13: + 23*:14: + 14*:23: − 13*:24: +12*:34: +

+ (12*34−13*24 + 14*23)*::

Es sind 2^{n-1} Basisvektoren, hier n=4 , inklusive das Nullnormalprodukt ::

Normalprodukt-Basisvektor orientiert, aufsteigend

12345 = :12345: + 45*:123: − 35*:124: + 34*:125: + 25*:134: − 24*:135: +

+ 23*:145: − 15*:234: +14*:235: − 13*:245: + 12*:345: +   Einfachkontr.

+ (23*45 − 24*35 + 25*34)*:1: + (13*45 − 14*35 − 15*:34)*:2: +

+ (12*45 − 14*25 + 15*24)*:3: + (12*35 − 13 *25 + 15*:23)*:4: +

+ (12*34 − 13*24 + 14*23)*:5:   Doppelkontraktionen

Ein **Operatorstrang** $\phi_1\phi_2\ldots\phi_n$ kann also über 2^{n-1} Basisvektoren dargestellt werden. Hier $2^{n-1} = 2^{5-1} = 16$ Basisvektoren.

Eine **Mehrpaarkontraktion** mit m Ziffern zerfällt in $m! / [2^{m/2} * (m/2)!]$ Paarkontraktionen, in soviele Terme, siehe [1, 24.5]

Beispiel hier $1234*{:}5{:} = (12*34 - 13*24 + 14*23)*{:}5{:}$ Es ist hier m=4,

also $m!/[2^{m/2}*(m/2)!] = 4!/[2^2*2!] = 3$ Terme in der Klammer

----

Bei der Auflistung wurde beachtet: Jede Ziffer darf in einem Term nur einmal vorkommen. Der Übersicht halber wurden die Normalprodukt-Basisvektoren lexographisch geordnet mit den längeren beginnend.

Das Vorzeichen pro d-Kontraktion ist gleich $(-1)^{j2-j1-1}$.

j1 und j2 sind die Ziffern, j2-j1-1 ist die Anzahl der Vertauschungen,

um j2 an j1 heranzurücken.

Alle bildbaren Normalprodukte kommen als „Basisvektoren" vor mit den Stufen n, n-2, n-4,…, die Ziffern je in sich aufsteigend.

Jede Stufe ist vollständig, das heißt: Pro Term kommen alle Ziffern vor. Innerhalb einer Kontraktion oder eines Normalprodukts sind sie je aufsteigend. Die Vertauschung von Kontraktionen ist kein neuer Fall.

Dieses gilt für jede Stufe, beginnend mit Stufe 1, besser mit Stufe 2, d.h.

$12 = {:}12{:} + 12*{:}{:}$. Das Anfügen einer volständigen neuen Stufe bewirkt wiederum eine vollständige Darstellung einer um eins höheren Stufe.

Für **Normalprodukte** und **Kontraktionen** gelten **allgemeine Aussagen**:

$\langle 0|{:}\phi_1\ldots\phi_n{:}|0\rangle = 0$ Kontraktion über ein Normalprodukt ist null

Denn Nur-Erzeuger ergeben 0 oder ein Vernichter voraus ergibt null.

$\langle 0|\phi_1\ldots\phi_n|0\rangle = 0$ **wenn n ungerade ist**

Ergibt sich durch Einrahmung einer Entfaltung mit $\langle 0|$ und $|0\rangle$.

Die Anzahl der Erzeuger oder Vernichter muss gerade sein, sonst gleich 0

Mehrfachkontraktion als Produkt von Zweierkontraktionen:

$\langle 0|\phi_1\ldots\phi_n|0\rangle = \Sigma\,(-1)^z * \langle 0|\phi_1\phi_2|0\rangle*\langle 0|\phi_1\phi_3|0\rangle*\ldots*\langle 0|\phi_{n-1}\phi_n|0\rangle$ **n gerade**

Alle Paare j1,j2 mit j1<j2 , z Anzahl der Vertauschungen jeweils

Pro Term kommen alle Ziffern vor. Siehe z.B. $\phi_1\phi\phi_3\phi_4$ siehe oben, also

$\langle 0|1234|0\rangle = 1234 = +12*34 - 13*24 + 14*23$ in Kurzschrift

Dieses ist eigentlich erstaunlich. Sei $\langle 0|1234|0\rangle$, **34** hebt $|0\rangle$ an auf das Doppelniveau $|43\rangle$, 12 senkt $|43\rangle$ wieder ab auf $|0\rangle$.

Bildlich 0-> **4**->**3** -> 2-> 1 und doch ist es so als wäre, Kontraktion **34** = 0 ,
−13*24+14*23 = −(0-> **3**->1)*(0-> **4**->2) + (0-> **4**->1)*(0-> **3**->2)

4.0 Die H-Gleichung
4.1 Die Heisenberg-Gleichung in Differentialform

Sie lautet $\sigma^v\tau_0 P_v\chi(x) - l^{2}*\sigma_v\tau_0 :\chi(x)*[\chi^{*}(x)\sigma^v\tau_0\chi(x)]: = \mathbf{0}$

oder $i\sigma^v\tau_0\partial_v\chi(x) + l^{2}*\sigma_v\tau_0 :\chi(x)*[\chi^{*}(x)\sigma^v\tau_0\chi(x)]: = \mathbf{0}$

----

l^2 ist eine fixe Längenkonstante, die letztlich aus dem Kontext ermittelt wird.

χ ist doppelt indiziert $\chi_{\alpha\beta}$, α ist der Spinindex, β ist der Isospinindex, je 1,2

Die dritte Komponente des Spins ist dann entsprechend $+1/2$ oder $-1/2$.

Die σ_v–Paulimatrizen sind für den Spin zuständig , wirken auf den Index α .

Die τ_v–Paulimatrizen sind für den Isospin zuständig, wirken auf den Index β .

Die dritte Komponente des Isospins ist dann entsprechend $+1/2$ oder $-1/2$.

Wir haben für den Isospin hier nur die Matrix τ_0, die Einheitsmatrix.

$\chi(x)$ besteht aus einem Vernichtungsoperator für Teilchen und aus einem Erzeugoperator für einen Antiteilchen(ersatz), einem Loch für Ort-Zeit x. Diese ist analog zu einem Diracspinor $\psi(x)$, der gleichfalls in einen Vernichtungs- und Erzeugteil zerfällt. In der Impulsdarstellung sind es da die Operatoren b und d^+.

b vernichtet ein Elektron (Teilchen), vernichtet ein $+E$ sowie ein $-e$,

d^+ erzeugt ein Loch im Diracsee, ein Loch mit den Eigenschaften $-E$ und $-e$,

d.h. $-E$ sowie $-e$ fehlt nun im See, was letztlich als Erzeugung eines Positrons (Antiteilchen. $+E,+e$) gedeutet wird. In beiden Fällen wird die Bilanz der Energie E abgesenkt und die Bilanz der Ladung e angehoben.

Bei $\chi^+(x)$ sind die Rollen vertauscht, er erzeugt ein Teilchen und vernichtet ein Antiteilchen. Im Diracfall sind es b^+ und d.

Ein „Teilchen", ein Spinor χ hat zunächst **nur** die Eigenschaften **Spin**, **Isospin** sowie **Ort** und **Zeit**. Über die Impulsdarstellung kommen Impuls, Energie und so auch indirekt Masse hinzu. Dabei ist die Masse die Energie des Teilchens, des Systems, bei äußerem Impuls null.

Man kann in der H-Gleichung eine Weiterentwicklung der Weyl-Gleichung sehen, die da lautet $\sigma^v P_v\chi(x) = 0$

Nun hängen wir da ein **Viererpotential** $\mathbf{A_v}$ an und haben dann

$\sigma^v P_v\chi(x) = l^{2}*\sigma^v\chi(x)*A_v(x)$ dabei ist $\sigma^v\chi^{*}A_v = \sigma_i\chi^{*}A_i - \sigma_0\chi^{*}A_0$

bei der so gewählten Metrik. l^2 wirkt wie eine Koppelungskonstante. Analoges tut man bei der Diracgleichung bei der Ankoppelung eines elektromagnetischen Potentials. Da ist dann $\alpha^v P_v \psi = e_e \alpha_v A^v \psi$ oder $P_v^* \alpha^v \psi = e_e \alpha_v \psi^* A^v$ bei gleicher Metrik Die vier Komponenten $\sigma^v \chi$ entsprechen also den vier $\alpha_\mu \psi$-Komponenten. Sie sind gewissermaßen die **Projektion des Spinors** χ bzw ψ auf die vier Achsen x, y, z und ct. Die Ähnlichkeit zur minimalen Substitution ist erkennbar.

Man kann auch so deuten: Wir betrachten den Spinor $\sigma_v \chi$, also die Projektion von χ auf die Raum-Zeit-Achse v . Sein Maß, die Projektion auf χ^*, also $\chi^{**}\sigma^v\chi$, ist der Faktor, mit dem $\sigma_v \chi$ aufmultipliziert wird und das pro Achse mit anschließender Summierung über die Achsen v.

Nun das **Besondere**, das Potential ist nicht von außen vorgegeben, sondern setzt sich aus dem Eigenfeld χ zusammen, nämlich $A_v(x) = \chi^+(x)\sigma_v\chi(x)$
Das ist ein Skalarprodukt, jede Komponente v ist ein Skalar.

Das entspricht auf der Diracseite $\psi^+(x)\alpha_v\psi(x)$. Das ist da der elektromagnetische Viererstrom, der bei der Maxwellgleichung bei der Ankopplung an das ψ-Feld auf der rechten Seite auftritt.

Die Gleichung enthält auch noch den **Isospin**. Dieser geht in einfacherer Weise in die Gleichung ein, nämlich nur über die Einheitsmatrix τ_0 .
Seien $u = (\chi_{11})$ die Komponenten zu Spin +-1/2 und zu Isospin +1/2
$\qquad (\chi_{21})$
$\qquad v = (\chi_{12})$ die Komponenten zu Spin +-1/2 und zu Isospin −1/2
$\qquad (\chi_{22})$
Wir haben dann zwei Gleichungen, eine zum Isospinindex 1 und eine zum Isospinindex 2 , die im Erstteil separieren, aber im WW-Teil miteinander verknüpft sind. Sie lauten
$$\sigma^v P_v u - l^2*[\,\sigma_i u^*(u^+\sigma_i u + v^+\sigma_i v) - \sigma_0 u^*(u^+\sigma_0 u + v^+\sigma_0 v)\,] = 0$$
$$\sigma^v P_v v - l^2*[\sigma_i v^*(u^+\sigma_i u + v^+\sigma_i v) - \sigma_0 v^*(u^+\sigma_0 u + v^+\sigma_0 v)\,] = 0$$
Die $u^+\sigma_v u$ und $v^+\sigma_v v$ sind reell, so ist z.B. $(u^+\sigma_v u)^+ = (\sigma_v u)^+ u = (u^+\sigma_v u)$
d.h. es ist auch $(u^+\sigma_v u)^* = (u^+\sigma_v u)$ und $(v^+\sigma_v v)^* = (v^+\sigma_v v)$

Bem.: Im Klassischen ist die H-Gleichung am ehesten dem **anharmonischen Oszillator** $m*d^2x/dt^2 + \alpha*x^3 = 0$ ähnlich, siehe dazu [2, 2.7]. Dieser hat eine Frequenz $\omega^2 = \alpha/m * u^2 * 0.7177699\ldots$, u abhängig, dabei ist **u** der frei wählbare Umkehrpunkt $u = (4E/\alpha)^{1/4}$ bzw $E = \frac{1}{4}*u^4*\alpha$
Seine Lösung ist eine Reihe $x(t) = b_1*\sin\omega t + b_3*\sin3\omega t + b_5*\sin5\omega t + \ldots$ mit stark abfallenden b_k, siehe ebenfalls [2, 2.7]. ω ist dabei die Frequenz des anharmonischen Oszillators. Im Vergleich: Beim **harmonischen Oszillator** $m*d^2x/dt^2 + \alpha*x = 0$ ist $\omega^2 = \alpha/m$ und unabhängig von u, der Auslenkung. Wie man sieht, hat bei kleiner Auslenkung (Umkehrpunkt u) der harmonische Oszillator höhere Frequenz ω, bei großer Auslenkung aber der anharmonische Oszillator, sogar wachsend.

4.2 Die H-Gleichung in anderer Form bezüglich des Isospins

Der Isospin kann auch in anderer Weise in die Gleichung eingebracht werden. Wir betrachten den WW-Term, dabei nur den Isospin, mit $\chi = (\alpha\ \beta)$
Seien also $\alpha = \chi_{\alpha 1}(x)$, $\beta = \chi_{\alpha 2}(x)$ Spinindex α gleich, Isospinindex 1 und 2
$\gamma = \chi_{\gamma 1}(x+\delta)$, $\delta = \chi_{\delta 2}(x+\delta)$ Spinindex γ,δ 1 oder 2, Isospin-Index 1 und 2
Die Spinindizes seien fix, wie eingefroren
Es sei $x' = x +(\delta,0)$. x und x' unterscheiden sich also nur durch δ , durch einen kleinen raumartigen Abstand, dieses, damit α und β daran antikommutieren, siehe folgend.

Betrachten wir nun $\sigma_v\tau_0\chi(x)*[\chi^*(x+\delta)*\sigma^v\tau_0\chi(x)]$, einerseits
$\tau_0\chi^*(\chi^+*\tau_0\chi)$, den WW-Teil bzl des **Isospin**s, also
$$\tau_0(\alpha)*[(\gamma^*\ \delta^*)*\tau_0(\alpha)] = (\alpha) * [\gamma^*\alpha+\delta^*\beta] = (\alpha\gamma^*\alpha+\alpha\delta^*\beta) \quad \text{Ergebnis-}$$
$$(\beta)(\beta) (\beta) \quad\quad (\beta\gamma^*\alpha+\beta\delta^*\beta) \quad \text{vektor}$$

Betrachten wir nun $\Sigma_k\ \sigma_v\tau_k\chi(x)*[\chi^*(x+\delta)*\sigma^v\tau_k\chi(x)]$, andererseits
$$\tau_1(\alpha)*[(\gamma^*\ \delta^*)*\tau_1(\alpha)] = (\beta)\ *[\gamma^*\beta+\delta^*\alpha] = (\beta\gamma^*\beta+\beta\delta^*\alpha)$$
$$(\beta)(\beta)\quad(\alpha) (\alpha\gamma^*\beta+\alpha\delta^*\alpha)$$
$$\tau_2(\alpha)*[(\gamma^*\ \delta^*)*\tau_2(\alpha)] = (-i\beta) * i*[-\gamma^*\beta+\delta^*\alpha] = (-\beta\gamma^*\beta+\beta\delta^*\alpha)$$
$$(\beta)(\beta)\quad(i\alpha) (\alpha\gamma^*\beta-\alpha\delta^*\alpha)$$
$$\tau_3(\alpha)*[(\gamma^*\ \delta^*)*\tau_3(\alpha)] = (\alpha)\ *[\gamma^*\alpha-\delta^*\beta] = (\alpha\gamma^*\alpha-\alpha\delta^*\beta)$$
$$(\beta)(\beta)\quad(-\beta) (-\beta\gamma^*\alpha+\beta\delta^*\beta)$$

Summe $\quad(\alpha\gamma^*\alpha +2\beta\delta^*\alpha -\alpha\delta^*\beta) = (\alpha\gamma^*\alpha+\alpha\delta^*\beta) \quad$ Ergebnisvektor
$\phantom{\textbf{Summe} \quad}(2\alpha\gamma^*\beta-\beta\gamma^*\alpha + \beta\delta^*\beta) \quad (\beta\gamma^*\alpha+\beta\delta^*\beta) \quad$ wie oben

Denn:

α,β kommutieren miteinander, gleicher Spinindex, gleiche x-Position, nur verschiedener Isospinindex,

α,β antikommutieren mit γ bzw δ , Spinindex offen, andere x- δ-Position

Also: $\quad 2\beta\delta^*\alpha = -2\beta\alpha\delta^* = -2\alpha\beta\delta^* = +2\alpha\delta^*\beta$

Sowie $\quad 2\alpha\gamma^*\beta = -2\alpha\beta\gamma^* = -2\beta\alpha\gamma^* = +2\beta\gamma^*\alpha$

Also: $\quad \tau_0(\alpha)^* \, [(\gamma^*\delta^*)^*\tau_0(\alpha)] = \Sigma_k \, \tau_k(\alpha)^* \, [(\gamma^*\delta^*)^*\tau_k(\alpha)] \quad$ k=1,2,3
$\qquad\qquad (\beta) \qquad\qquad\quad (\beta) \qquad\quad (\beta) \qquad\qquad\quad (\beta)$

Oder kurz $\quad \tau_0\chi * (\chi^{+*}\tau_0\chi) = \Sigma_k \, \tau_k\chi * (\chi^{+*}\tau_k\chi)$ Summierung über k=1,2,3

Der WW-Term der H-Gleichung, in der Differentialform oder Integralform, kann also so ersetzt werden oder somit auch durch eine **Linearkombination aus Beiden**. Also man kann auch schreiben

$\tau_0\chi*(\chi^{+*}\tau_0\chi) = a*\tau_0\chi * (\chi^{+*}\tau_0\chi) + b*\Sigma_k \, \tau_k\chi * (\chi^{+*}\tau_k\chi)$

a und b reell und es muss sein a+b=1 , ansonsten sind a,b zunächst beliebig
Dies wird später genutzt, um die Lösungen bzw die entstandene Gleichung im Hinblick auf den (Gesamt)isospin zu separieren.

Die H-Gleichung kann man so auch in folgender Form schreiben, wo die Isospinmatrizen im WW-Teil ausgetauscht sind.

$i\sigma^v\tau_0 P_v\chi(x) + l^{2}*\sigma^v\tau_k :\chi(x)^*[\chi^*(x)\sigma_v\tau_k\chi(x)]: = 0 \qquad$ **H-Gleichung**

Dabei wird über k=1,2,3 summiert. $\qquad\qquad\qquad$ isospin-modifiziert

Indexmäßig ist also eine τ-Matrix genauso mit einem χ oder χ^+ verknüpft wie eine σ-Matrix, aber mit einem eigenem Index, dem zweiten Index. Sie bilden diesbezüglich, bezüglich des Isospins, genauso Skalare oder Vektoren. Sie verknüpfen nicht mit G-Funktionen, die σ-Matrizen dagegen schon.

Indem man nun die erste Form mit a, die zweite Form mit b multipliziert und beide addiert, mit a+b=1, erhalten wir eine **Summenform**, nämlich

$i\sigma^v\tau_0 P_v\chi(x) + l^{2}*\sigma^v k_\rho\tau_\rho :\chi(x)^*[\chi^*(x)\sigma_v\tau_\rho\chi(x)]: = 0$

Dabei ist $k_0 = a$, $k_1 = k_2 = k_3 = b$, über ρ =0,1,2,3 wird normal summiert.
σ_v oder τ_ρ kommen so weitgehend analog in der Gleichung vor,
die Konstanten a und b wurden auf k_ρ verlagert, um die Schreibweise zu vereinfachen. Dieses kann man in gleicher Weise auf die nachfolgende Integralform, siehe Kapitel 6.3, übertragen.

Es mag von Interesse sein, den Term $\chi^*(x)\sigma_\nu\tau_\rho\chi(x)$ auszubreiten:

$\chi^*(x)\,\sigma_\nu\tau_\rho\,\chi(x) = \Sigma_{\alpha\beta\gamma\delta}\,\chi^*_{\alpha\beta}\,\sigma_{\nu,\alpha\gamma}\,\tau_{\rho,\beta\delta}\,\chi_{\gamma\delta} = \Sigma_{\alpha\gamma}\,\Sigma_{\beta\delta}\chi^*_{\alpha\beta}\,\sigma_{\nu,\alpha\gamma}\,\tau_{\rho,\beta\delta}\,\chi_{\gamma\delta}$

Summation über $\alpha,\beta,\gamma,\delta$, Spinindizes: α,γ , Isospinindizes: β,δ

Wenn man will, kann man zuerst τ ausführen lassen und dann erst σ

Die Spinindizes α,γ sind dann zunächst fix

Beispiel: $\nu=1$, $\rho=3$ $\quad \chi^*(x)\sigma_1\tau_3\chi(x) = \Sigma_{\alpha\beta\gamma\delta}\,\chi^*_{\alpha\beta}\,\sigma_{1,\alpha\gamma}\,\tau_{3,\beta\delta}\,\chi_{\gamma\delta} =$

$= \chi^*_{11}\,\sigma_{1,1\gamma}\,\tau_{3,1\delta}\,\chi_{\gamma\delta} \qquad = \chi^*_{11}\,\sigma_{1,12}\,\tau_{3,11}\,\chi_{21} = \quad \chi^*_{11}\chi_{21}$

$+ \chi^*_{12}\,\sigma_{1,1\gamma}\,\tau_{3,2\delta}\,\chi_{\gamma\delta} \qquad = \chi^*_{12}\,\sigma_{1,12}\,\tau_{3,22}\,\chi_{22} = -\chi^*_{12}\chi_{22}$

$+ \chi^*_{21}\,\sigma_{1,2\gamma}\,\tau_{3,1\delta}\,\chi_{\gamma\delta} \qquad = \chi^*_{21}\,\sigma_{1,21}\,\tau_{3,11}\,\chi_{11} = \quad \chi^*_{21}\chi_{11}$

$+ \chi^*_{22}\,\sigma_{1,2\gamma}\,\tau_{3,2\delta}\,\chi_{\gamma\delta} \qquad = \chi^*_{22}\,\sigma_{1,21}\,\tau_{3,22}\,\chi_{12} = -\chi^*_{22}\chi_{12}$

Also $\chi^*\,\sigma_1\tau_3\,\chi = \chi^*_{11}\chi_{21} - \chi^*_{12}\chi_{22} + \chi^*_{21}\chi_{11} - \chi^*_{22}\chi_{12}$

Glücklicherweise sind in den σ- oder τ-Matrizen je nur zwei Elemente besetzt, z.B. $\sigma_{1,12}= 1$ und $\sigma_{1,21}= 1$, die anderen sind 0, so dass man insgesamt mit vier Termen hinkommt.

Bem.:Für sich allein ist $\sigma_\nu\tau_\rho\,\chi(x) = \Sigma_{\gamma\delta}\,\sigma_{\nu,\alpha\gamma}\,\tau_{\rho,\beta\delta}\,\chi_{\gamma\delta} = \phi_{\alpha\beta}$ für fixes ν,ρ

Ähnlich wie im Diracfall wollen wir **anschaulich** die doppeltindizierten Spinoren als Viererspinoren und die Matrizen gewisserweise als ineinander geschachtelte Kästchen darstellen.

Das Beispiel wird so $\chi^*(x)*\sigma_1\tau_3\chi(x) =$

$$= (\chi^*_{11}\ \chi^*_{12}\ |\ \chi^*_{21}\ \chi^*_{22}) * \left(\begin{array}{cc} 0 & \tau_3 \\ \tau_3 & 0 \end{array}\right) \begin{pmatrix}\chi_{11}\\ \chi_{12}\\ \chi_{21}\\ \chi_{22}\end{pmatrix} = (\chi^*_{11}\ \chi^*_{12}\ |\ \chi^*_{21}\ \chi^*_{22})*\begin{pmatrix}\chi_{21}\\ -\chi_{22}\\ \chi_{11}\\ -\chi_{12}\end{pmatrix} =$$

$= \chi^*_{11}\chi_{21} - \chi^*_{12}\chi_{22} + \chi^*_{21}\chi_{11} - \chi^*_{22}\chi_{12}$

Senkrecht (bzw waagrecht) kommen also der Reihe nach zuerst die Komponenten zum Isospin, bei gleichem Spin, dann wiederum die Komponenten zum Isospin, bei nun anderem Spin. Die τ–Matrizen sind gemäß der σ-Matrix angeordnet. Eine von einer τ–Matrix angefasste Isospin-Komponentengruppe geht wieder in eine Isospinkomponentengruppe über, siehe Beispiel, kein Spinindex wird verändert. Eine σ–Matrix wirkt auf Isospinkomponenten-gruppen als Ganzes.

4.3 Die Vertauschungsregeln:

Der Kommutator, genau der **Antikommutator**, ist ein großes Geheimnis. Jedenfalls ist er null für raumartige Abstände:

$\{\chi_\alpha(x), \chi_\beta{}^*(y)\} = 0$, $\{\chi_\alpha(x), \chi_\beta(y)\} = 0$ und $\{\chi_\alpha{}^*(x), \chi_\beta{}^*(y)\} = 0$,

für x, y raumartig, also für $(\mathbf{x\text{-}y})^2 > (ct_x\text{-}ct_y)^2$,d.h. wenn x und y hinsichtlich Ursache und Wirkung nichts voneinander wissen können. Wir haben also da reines Antikommutieren, die rechte Seite ist gleich 0. Das ist genauso wie beim Klein-Gordon-Fall oder Diracfall.

Das gilt dann auch für den Fall der **Gleichzeitigkeit**, also wo ist $t_x = t_y$, also
$\{\chi_\alpha(x), \chi_\beta{}^*(x+\delta)\} = 0,$ usw, wobei δ ein (kleiner) **raumartiger** Vektor ist.

Somit ist dann für die **Zweipunktfunktion**

$F_{\alpha\beta}(x,y) = <0|\chi_\alpha(x)\chi_\beta{}^*(x+\delta)|0> = - <0|)\chi_\beta{}^*(x+\delta)\chi_\alpha(x|0> =$

$= -F^a{}_{\beta\alpha}(y,x) = -F_{\alpha\beta}(x,y)$, also $F_{\alpha\beta}(x,y) = 0$,   weil raumartiger Abstand

----

Bem.: Wie im Diracfall ist alles indiziert, d.h. nur χ-Komponenten werden bei den Vertauschungsregeln zueinander gebracht.

Weiterhin soll sein, dass der **Teilchenteil** B und der **Antiteilchenteil** D in χ einander fremd sind, also stets miteinander antikommutieren, also
$\{B, D\} = \{B^+, D\} = \{B, D^+\} = \{B^+, D^+\} = 0$ wie im Diracfall.
Die Teile A und D in sich unterliegen im H-Fall je einer Metrikmatrix.

Isospinindizes haben keinen Einfluss auf die Vertauschungsregeln,
es gelten also auch für beliebige Komponenten γ,δ
$\{\chi_{\alpha\gamma}(x), \chi_{\beta\delta}{}^*(y)\} = 0$, $\{\chi_{\alpha\gamma}(x), \chi_{\beta\delta}(y)\} = 0$ und $\{\chi_{\alpha\gamma}{}^*(x), \chi_{\beta\delta}{}^*(y)\} = 0$,
aber $[\chi_{\alpha\gamma}(x), \chi_{\alpha\delta}(x)] = 0$ Kommutieren bei x=y und $\alpha=\beta$

Diracsee: Vereinfacht kann man für die Entfaltung von χ und χ^* schreiben

$\chi(x,s,t) = B*\exp(ipx)\quad + \quad D^+*\exp(-ipx)$ wie im Diracfall
     vernichtet +E,+p,+s,e   erzeugt -E,-p,-s,-e   Beachte: gleiches s,e
     Teilchenvernichtung   „Antiteilchen"erzeugung, erzeugt ein Loch

----

B vernichtet ein Teilchen (+E,+p,s h,t), B^+ erzeugt ein Teilchen (E,p,s,h,t).
Bei D^+ wird ein **Teilchen im See** mit diesen Eigenwerten (-E,-p,-s, -h,-e) gewissermaßen entfernt und zu einem Loch gemacht, ettikettiert mit diesen Eigenwerten, wie allgemein bei einem Diracteilchen. Nachträglich kann man

per Transformation beim Übergang vom See zum Antiteilchenraum aus dem Loch ein Antiteilchen mit den Eigenwerten +E,+p,+s, +h,+e bilden, also mit je umgedrehten Vorzeichen, auch bei Spin, Helizität und Ladung bzw allgemein Isospin.

Muster: Elektron im See (-E,-p,-s, -h,-e) => Loch (-E,-p,-s, -h,-e) =>
C-Transforrmation => Positron (+E,+p,+s,+h,+e)

$\chi^*(x,s,t) = B^+*\exp(ipx)$ $\quad + \quad D*\exp(-ipx)$ $\qquad$ wie im Diracfall

$\qquad$ erzeugt +E,+p,s,-e $\qquad$ vernichtet -E,-p,-s,-e $\qquad$ Beachte: gleiches s,e

$\quad$ Elektron,Teilchenerzeugung $\qquad$ „Antiteilchen"vernichtung, füllt ein Loch auf

----

Bei D wird zunächst ein Loch im See vernichtet, also wieder aufgefüllt, ein Loch mit diesen Eigenwerten -E,-p,-s, -h,-e , wie allgemein bei einem Diracteilchen. Dieses kann man interpretieren, gemäß Transformation, als Vernichtung eines Antiteilchen mit den Eigenwerten +E,+p,+s,+h,+e , im Antiteilchenraum. Hat z.B. ein Positron Spin ½, so hat das dazugehörige Loch den Spin −½ und umgekehrt. **Sinnlich**, experimentell ist uns simultan Teilchenraum und Antiteilchenraum zugänglich, z.B. Elektron und Positron fliegen gleichzeitig durch die Gegend. **Mathematisch**, in einem Spinor samt Gleichung, ist simultan immer nur der eine oder der andere Raum zugänglich. Statt Isospin t steht im Diracfall Ladung e wie hier anschaulich verwendet. Erst eine explizite C-Transfomation dreht das Vorzeichen bei s, h, e bzw t um. Siehe dazu auch [1,24.4] sowie [1, 16.4] und auch [1, 17.4]

Die einfachste C-Tranformation, sie ist für einen Zweierspinor ϕ, ist:
Sei ein Teilchen ϕ(+E,+p,+s, +h,-e) im gewöhnlichen Teilchenraum,
als Loch im See ist ϕ(-E,-p,-s, +h,-e), so geht es in die Rechnungen ein.
Man rechnet mit den Eigenwerten des Lochs, mit den Falsch-Eigenwerten gegenüber den echten des Antiteilchens. Nun Transformation C eines
Loch zu einem Antiteilchen $i\sigma_2\phi^*$(-E,-p,-s,-h,-e) = ϕ(+E,+p,+s,+h,+e)
Beispiel: An den Diracverhältnissen demonstriert:
u-Teilchen (1,0)*exp[i(px-Et)] , u-Teilchen im See: (1,0)*exp[i(-px-(-E)t),
als Loch (v) im See (1,0)*exp[i(-px-(-E)t)] , also formal genauso
Transformation C Loch-Antiteilchen $i\sigma_2$*(1,0)*exp[i(-px-(-E)t)]* =
= (0 1) * (1)*exp[i(-px-(-E)t)]* = (0)*exp[i(px-E)t)] nun Antiteilchen
$\quad$ (-1 0) (0) $\qquad\qquad\qquad\qquad$ (-1)

4.4 Die H-Gleichung in Integralform

Sie lautet

$$\sigma_0\tau_0\chi(x) = l^2\!\int\! d^4x'\, G(x-x')\sigma_\nu\tau_0^*{:}\chi(x')[\chi^*(x')\sigma^\nu\tau_0\chi(x'){:}]$$

Vektor $\qquad\qquad$ G-Funktion $\quad$ Vektor ψ^ν $\quad$ entspricht $A_\nu(x')$

Interpretation: $A_\nu(x') = \chi^+(x')\sigma_\nu\chi(x')$ wirkt vor Ort je auf den Vektor ν, also auf $\psi^\nu(x') = \sigma^\nu\chi(x')$ ein, also $\psi^\nu*A_\nu$. Über ν wird vierersummiert. Alle Beiträge werden gesammelt (Integral), und dabei mittels der G-Funktion je geschwächt und verzögert, an den Aufpunkt x, an $\chi(x)$ geliefert, das sich dann so zusammensetzt. Zudem kann eine Lösung $\chi_0(x)$ der homogenen Gleichung $i\sigma^\nu P_\nu\chi_0(x) = 0$ additiv hinzukommen.

Die **Herleitung der Integralform** geschieht nach dem üblichem Schema, siehe [1, 27.4]:

Sei $H*G(x-x') = \delta(x-x')$ $\quad$ mit $\quad$ $H = \sigma^\nu\tau_0 P_\nu = \tau_0(1/i*\sigma_i\partial_i - i\sigma_0\partial_0)$

∂_ν bedeutet Differenzierung nach x , nicht nach x', G ist die Greenfunktion.

Sodann skalare Rechts-Aufmultiplikation beider Seiten mit $\sigma_\nu\chi(x')*W^\nu(x')$,

dabei ist $W^\nu(x') = l^2*\chi^*(x')\sigma^\nu\tau_0\chi(x')$, $\quad$ W ist der Wechselwirkungsterm

also ist dann $H*G(x-x')*\sigma_\nu\chi(x')*W^\nu(x') = \delta(x-x')*\sigma_\nu\chi(x')*W^\nu(x')$

Nun beidseitige Integration über x' , nicht über x, also ist dann

$$H*\!\int\! G(x-x')*\sigma_\nu\chi(x')*W^\nu(x')dx' = \int\!\delta(x-x')\sigma_\nu\chi(x')W^\nu(x')dx' = \sigma_\nu\chi(x)*W^\nu(x)$$

Nun identifizieren wir die Teile beidseitig $H*\chi(x) = \sigma_\nu\chi(x)*W^\nu(x)$ und kommen so zur Ausgangsgleichung, also ist, die homogene Lösung kann hinzukommen $\chi(x) = \chi_0(x) + l^2*\!\int\! G(x-x')\sigma_\nu\chi(x')*\chi^*(x)\sigma^\nu\tau_0\chi(x')dx'$

4.5 Die Greenfunktion

Die **Greenfunktion** , die zur homogenen Teil der H-Gleichung gehört ist
die Lösung von $i\sigma^v P_v G(x-x') = \delta(x-x')$, es ist $p^2 = p_i^2 - p_0^2$ Die Metrik ist
hier also so, dass zuerst der Impulsteil dann der Energieteil kommt. Im
Impulsraum erhalten wir dann

$$G(x-x') = (2\pi)^{-4} \int d^4 p \; \frac{\Sigma_v p_v \sigma_v}{p^2} * \exp[+ip(x-x')] \quad \textbf{Metrik } px = \mathbf{px} - p_0 ct$$

Dabei ist $\Sigma_v p_v \sigma_v = p_i \sigma_i + p_0 \sigma_0$, über i=1,2,3 summiert,
also nicht die Vierervektorsummierung, es ist $p^2 = (p_i^2 - p_0^2)$
Wegen der σ-Matrizen ist also G eine Matrix, eine 2x2-Matrix.
Das ist auch die Greenfunktion, die zur Weylgleichung gehört.
Bem.: Bei der anderen Metrik, die in [3] generell verwendet wird, steht
$-\delta(x-x')$ und im Nenner der G-Funktion $p_0^2 - p_i^2 = -(p_i^2 - p_0^2)$.

Bem.: p_0 ist nicht identisch mit $|\mathbf{p}|$, sondern ein freier Parameter wie ein p_i .
Bei der homogenen Gleichung ist er gebunden, nämlich $p_i^2 - p_0^2 = 0$, bei der
Greenfunktion hier nicht. Er kann z.B. die Werte eines Pols $p_0 = E = (\mathbf{p}^2 + \kappa^2)^{1/2}$
annehmen oder auch nicht. Die G-Funktion entspricht der Greenfunktion
der Weylgleichung. Deren Herleitung siehe [1, 27.4]
Wie wir gesehen haben, geht die G.Funktion aus der homogenen Gleichung
ergänzt durch die Deltafunktion hervor, nicht über Erzeuger und Vernichter
wie die F-Funktion nachfolgend. Formal hat sie aber Ähnlichkeit mit einer
einfachen F-Funktion, so als würde an x´ ein Teilchen der Masse $\kappa=0$
erzeugt werden, das an x wieder vernichtet wird, so als wäre es selbst ein
Potential.

4.6 Die volle Zweipunktfunktion

Wir brauchen auch die **Zweipunktfunktion** $F(x,y) = <0|\chi(x)\chi^*(y)|0>$

$$F(x-y) = i*(2\pi)^{-4}*\int\rho(\kappa^2)d\kappa^2 d^4p\left\{\frac{(\kappa^2-\mu^2)^2}{(p^2+\kappa^2)(p^2+\mu^2)^2}\right\}*\Sigma_v p_v\sigma_v*\exp(+ip(x-y))$$

Im Folgenden nehmen wir die einfache **Gewichtsfunktion** $\rho(\kappa^2) = \delta(\kappa^2-\kappa_0^2)$, die nur **ein** Fermion im Blick hat, mit nachträglicher Umbenennung von κ_0 in κ. Auch hier ist $\Sigma_v p_v\sigma_v = p_i\sigma_i + p_0\sigma_0$ Siehe dazu auch [2, 9.1]
Bem.: $(p^2+\kappa^2) = p_i^2+\kappa^2 - p_0^2 = (\mathbf{p}^2+\kappa^2) - p_0^2$, über i=1,2,3 summiert.

Bem.: Das **elementare Austauschteilchen** im Sinne von Feynman-diagrammen bei der Selbst-WW bzw bei der Streuung, wo F-Funktionen verwendet werden, ist also nicht ein Meson, sondern eine Baryonenmasse κ sowie eine begleitende Leptonenmasse μ , beides Fermionen. Das ist anders als in der gängigen Quantenfeldtheorie, wo für virtuelle Teilchen, für Austauschteilchen nur Bosonen in Frage kommen, wohl weil diese hiesige F-Funktion eine Stufe tiefer angelegt ist. Die Zweipunktfunktion legt auch das Spektrum von Elementarteilchen offen, die χ und χ^* unmittelbar erzeugen können. Sie können unmittelbar nur Fermionen erzeugen, keine Bosonen, aber auch solche Fermionen mit nicht positiver Norm.

Bem.: Die Begriffe Zweipunktfunktion und Kontraktion meinen dasselbe.
Die Gewichtsfunktion $\rho(\kappa^2)$ ist also hier nur durch eine Masse, sagen wir durch die **mittlere Baryonenmasse** vertreten. Diese wird bei 1000MeV oder 1100MeV angesetzt. μ ist zunächst eine mittlere Leptonenmasse.

Bem.: Auch hier ist p_0 nicht identisch mit $|\mathbf{p}|$, sondern ein freier Parameter mit Polen z.B. $p_0^2 = E^2 = (\mathbf{p}^2+\kappa^2)^2$. Im Extremfall liegt p_0 auf dem Pol , ist also $p_0^2 = \mathbf{p}^2+\kappa^2$, im allgemeinen ist p_0^2 als Energiequadrat des virtuellen Austauschteilchens ungleich $\mathbf{p}^2+\kappa^2$. Von den regularisierenden Teilen abgesehen entspricht die F-Funktion die der Diracgleichung (in der Diagonalform, wo ist $\alpha= (+\sigma, -\sigma)$, wobei nur die ersten beiden Zeilen für +E, also $+\sigma$ genommen werden und m=0 gesetzt ist. Siehe auch [1, 27.7] .

Die Elemente der **F-Matrix**, was den **Spin** anbetrifft, sind dann
$$\mathbf{F}_{\alpha\beta}(x-y) = <0|\chi_\alpha(x)\chi_\beta^*(y)|0> = ...\int...*[\Sigma_v p_v\sigma_v]_{\alpha\beta}*\exp(ip(x-y))$$

$[\Sigma_\nu p_\nu \sigma_\nu]_{\alpha\beta}$ macht also F zu einer Matrix, der restliche Teil von F ist indexunabhängig. Die Spin-Indizes sind $\alpha,\beta = 1,2$, unabhängig voneinander

---

Was zusätzlich den **Isospin** anbetrifft, Indizes γ,δ, ist

$\mathbf{F}_{\alpha\beta,\gamma\delta}(x\text{-}y) = \langle 0|\chi_{\alpha\gamma}(x)\chi_{\beta\delta}^+(y)|0\rangle = \delta_{\gamma\delta} * \mathbf{F}_{\alpha\beta}(x\text{-}y)$

d.h. die Indizes γ,δ müssen übereinstimmen, also $\gamma\delta=11$ oder $\gamma\delta=22$, andernfalls ist $\mathbf{F}_{\alpha\beta,\gamma\delta} = 0$. Einleuchtend wegen fehlender zusätzlicher Dynamik,

im Gegensatz zum Spin, reduziert sich das auf:

Wenn χ^+ ein „δ-(Isospin) Teilchen" erzeugt, so muss χ dasselbe auch vernichten, andernfalls ist $\langle 0|...|0\rangle = 0$.

Betrachten wir das **Komplex-Konjugierte**, Sternung, so folgt

$\mathbf{F}_{\alpha\beta}^*(x\text{-}y) = \langle 0|\chi_\alpha(x)^*\chi_\beta^+(y)|0\rangle^* = \langle 0|\chi_\beta(y)^*\chi_\alpha^+(x)|0\rangle = \mathbf{F}_{\beta\alpha}(y\text{-}x)$

Denn für komplexe Skalarprodukte gilt $\langle a|C|b\rangle^* = \langle b|C^+|a\rangle$,

es gilt auch $(AB)^+ = B^+ A^+$, somit

$\langle a|A^+*B|b\rangle^* = \langle b|B^+*A|a\rangle$ und so auch $\langle a|A*B^+|b\rangle^* = \langle b|B*A^+|a\rangle$

Auf der Seite des Integrals bewirkt die Sternung

$\mathbf{F}_{\alpha\beta}^*(x\text{-}y) = ...\int...[\Sigma_\nu p_\nu \sigma_\nu]_{\beta\alpha} * \exp(ip(y\text{-}x))] = \mathbf{F}_{\beta\alpha}(y\text{-}x)$

Denn allgemein ist $\sigma_\nu^* = \sigma_\nu^\tau$ transponierte Matrix, speziell $\sigma_2^* = -\sigma_2 = \sigma_2^\tau$

So ist $[\Sigma_\nu p_\nu \sigma_\nu]_{\alpha\beta}^* = [\Sigma_\nu p_\nu \sigma_\nu]_{\beta\alpha}$ weil diese Matrix hermitesch ist, und $[\exp(ip(x\text{-}y))]^* = \exp(-ip(x\text{-}y)) = \exp(ip(y\text{-}x))$ Wir haben also Vertauschung der Indizes α,β und Vertauschung der Koordinaten x,y

---

Betrachten wir die **Anti-Zweipunktfunktion $\mathbf{F}^a_{\alpha\beta}(x\text{-}y)=\langle 0|\chi^*_\alpha(x)\chi_\beta(y)|0\rangle$** Der **erste** Operator ist hier also gesternt. Der Vergleich mit der entsprechenden Zweipunktfunktion bei der Diracgleichung, für Positronen, für **Antiteilchen** zeigt, siehe [1, 27.7.3] oder Kapitel 3.3, nur die Operatoren d und d^+ kommen da zum Zug, nicht b und b^+, und zeigt auch, dass gilt

$\langle 0|\chi^*_\alpha(x)\chi_\beta(y)|0\rangle = \mathbf{F}^a_{\alpha\beta}(x\text{-}y) = \mathbf{F}_{\beta\alpha}(y\text{-}x) = \langle 0|\chi_\beta(y)\chi^*_\alpha(x)|0\rangle$ an

Bem.:Man bewegt also von links χ^*_α an χ_β heran, gegfalls mit Vertauschungen und „überhüpft" es, welches dann keine Vertauschung ist.

$\chi_\beta(y)$ erzeugt einen Antiteilchen(ersatz),ein Loch, $\chi^*_\alpha(x)$ vernichtet es.

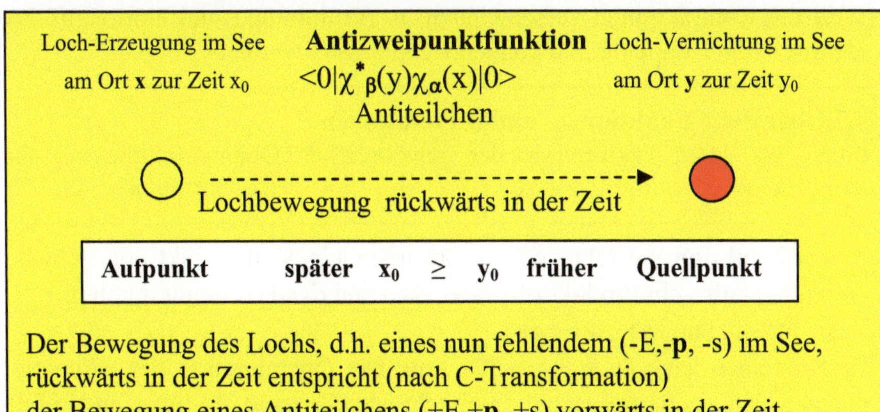

Bem.: Die Tauschung $\alpha\beta$ in $\beta\alpha$ kommt zustande, weil da zunächst $v^{*\alpha}v^\beta$ auftritt, aber für den Projektionoperator $v^\beta v^{*\alpha}$ benötigt wird, der Vorzeichenwechsel in der exp-Funktion kommt zustande, weil da ist $v*d^+*\exp(ipx)$ sowie $v^{**}d*\exp(-ipx)$, im Gegensatz zu den u-Funktionen, wo ist $u^{**}b^+*\exp(-ipx)$ sowie $u*b*\exp(ipx)$.

Die **Antiteilchen-Zweipunktfunktion F^a** kann also durch die Teilchen-Zweipunktfunktion **F** ausgedrückt werden, wenn dabei die Indizes und die Koordinaten vertauscht werden, daselbe wie bei der Komplex-Konjugation von F, siehe zuvor.

Über den **WW-Teil** in der Grundgleichung:

Die x' untereinander im WW-Term $:\chi(x') [\chi^*(x')\sigma_v\chi(x'):]$ unterscheiden sich je nur durch einen kleinen **raumartigen Abstand ε** und δ. So versteht sich das Normalprodukt $:\chi(x)\chi^*(x)\chi(x): = \chi(x)\chi^*(x+\delta)\chi(x+\varepsilon+\delta) -$
$- <0|\chi(x)\chi^*(x+\delta)|0>\chi(x+\varepsilon+\delta) \; - \; \chi(x) <0|\chi^*(x+\delta)\chi(x+\varepsilon+\delta))|0>$

Die Kontraktion $<0|\chi(x)\chi(x+\varepsilon+\delta))|0>$ ist 0, weil kein χ^* vorkommt.

Also Vollprodukt minus Kontraktionen

Folgen des Nur-Raumabstands: Die $\chi(x)$ wie $\chi^*(x+\delta)$ antikommutieren untereinander auf 0, also $\{\chi_\alpha(x), \chi_\beta^*(x+\delta)\} = 0$ siehe zuvor

Auch die Kontraktion $<0|\chi(x)\chi^*(x+\delta)|0>$ ist wegen des Nur-Raumabstands gleich null, siehe [1, 24.5] .

Die raumartigen ε, δ sollen im Limes gegen 0 gehen, die Zeit t ist dieselbe.

Weil die Kontraktionen verschwinden, ist Vollprodukt und Normalprodukt identisch, die Doppelpunkte können weggelassen werden.

4.7 Über die τ-Funktionen und ϕ-Funktionen
tionen als deren Faktoren in der gewöhnlichen Quantenfeldtheorie, also
Vollprodukt = Vollnormalprodukt + Kontraktionen*Teilnormalprodukte

----

Eine τ-**Funktion** entsteht, indem man irgendein Vollprodukt von Schiebe-operatoren, also ein Produktfolge von $\chi(x_j)$ und $\chi^*(x_i)$ einrahmt durch die Zustände $\langle 0|$ und $|\psi\rangle$, also $\boxed{\tau(\ldots x_i \ldots x_j \ldots) = \langle 0| \ldots \chi^*(x_i) \ldots \chi(x_j) \ldots |\psi\rangle}$
Im Speziellen kann auch $|\psi\rangle = |0\rangle$ sein. Der Operatoren in der τ-Funktion machen also aus dem Zustand $|\psi\rangle$ rechts den Zustand $|0\rangle$ links, andernfalls ist die τ-Funktion gleich 0. Dabei können Vernichtungen und Erzeugungen stattfinden, letztlich muss aber links $|0\rangle$ entstehen. Durch die Einrahmung wird also aus den Feldoperatoren eine **Funktion**, eine Wellenfunktion.
Die Faktoren (Exp-Funktion, Spinoren) , die man von den Spektraldarstel-lungen her kennt, gehen dann in die Wellenfunktion über, so dass zwischen beiden, Funktion und Operatoren, mehr ein ordnungs-technischer Unter-schied ist, weniger ein wertmäßiger.
Man kann eine τ-**Funktion** als eine **Linearkombination** über andere Funktionen entwickeln. Das geht praktisch analog zur **Wickdarstellung** eines Vollprodukts von Feldoperatoren über Normalprodukte und Kontrak-
Vollprodukt   =   Vollnormalprodukt +

$\ldots\chi^*(x_i)\ldots\chi(x_j)\ldots = \; :\ldots\chi^*(x_i)\ldots\chi(x_j)\ldots: \; +$

$+ \langle 0|\chi(x_j)\chi^*(x_i)|0\rangle \; * \; :\ldots \text{ohne } \chi^*(x_i)\ldots\text{ohne } \chi(x_j)\ldots: \; +\ldots \;$ usw
  + **Kontraktion**   mal   **Normalprodukt**   + ...
rechts die Normalprodukte mit ihren Kontraktion(en)   siehe 3.5

Bem.: **Die** $\chi(x_j)$, $\chi^*(x_i)$, die in den Kontraktionen stecken, fehlen in dem jeweiligen zugehörigen Normalprodukt.
Bem.: Dem Vollnormalprodukt kann man auch formal die Kontraktion $\langle 0|0\rangle = 1$ zu ordnen, also eine Kontraktion ohne Operatoren in der Mitte.

Die Vorgehensweise ist hier dieselbe. Beidseitig werden dann die Teile mit $\langle 0|$ und $|\psi\rangle$ eingerahmt. Dass diese übernommene Vorgehensweise auch für diese Art von Operatoren, für die H-Feldoperatoren χ und χ^* erlaubt ist, bedarf eines Beweises. Vorläufig, hier sei es so hingenommen.

Wir rahmen also die Vollproduktentfaltung in Teilnormalprodukte links wie rechts mit $<0|$ und $|\psi>$ ein und erhalten so als entfaltete τ-Funktion

$$\tau(\ldots x_i \ldots x_j \ldots) = <0|\ldots\chi^*(x_i)\ldots\chi(x_j)\ldots|\psi> = <0|:\ldots\chi^*(x_i)\ldots\chi(x_j)\ldots:|\psi> +$$
$$+ <0|\chi(x_j)\chi^*(x_i)|0> \, {}^*<0|:\ldots\text{ohne }\chi^*(x_i)\ldots\text{ohne }\chi(x_j)\ldots:|\psi> + \ldots$$

Beispiel: $<0|\chi(x)|\psi> = <0|0><0|:\chi(x_i:|\psi>$ die einfachste τ-Funktion
$|\psi>$ wird mittels χ auf $<0|$ heruntergedrückt, beschreibt ein Fermion.

Beispiel: $<0|\chi(x_1)\chi^*(x_2)\chi(x_3)|\psi> = \qquad\qquad \tau$-Funktion
$= <0|:\chi(x_1):|\psi> \, {}^*<0|\chi^*(x_2)\chi(x_3)|\psi> + <0|:\chi(x_3):|\psi>{}^*<0|\chi(x_1)\chi^*(x_2)|0> + \ldots$
Bem.: $<0|\chi(x_1)\chi(x_3)|\,0> = 0$, deswegen nur zwei Terme.
Beschreibt ebenfalls ein Fermion.

Wir definieren als ϕ-**Funktionen** die **eingerahmten Normalprodukte**, also
$$\phi(\ldots x_i \ldots x_j \ldots) = <0|:\ldots\chi^*(x_i)\ldots\chi(x_j)\ldots:|\psi>$$

also mit derselben Einrahmung wie bei den τ-Funktionen, aber die Operatoren sind normalgeordnet

----

Beispiel: $\tau(x) = <0|\chi(x)|\psi> = \phi(x) = <0|:\chi(x):|\psi>$

Beispiel: $\tau(x_1,x_2) = <0|\chi^*(x_1)\chi(x_2)|\psi> = \phi(x_1,x_2) + <0|\chi(x_1)\chi^*(x_2)|0>$
Dabei $\phi(x_1,x_2) = <0|:\chi^*(x_1)\chi(x_2):|\psi>$

Beispiel: $\tau(x_1, x_2, x_3) = <0|\chi(x_1)\chi^*(x_2)\chi(x_3)|\psi> =$
$= \phi(x_1, x_2, x_3) + <0|\chi(x_1)\chi^*(x_2)|0>{}^*\phi(x_3) +$
$+ \phi(x_1){}^*<0|\chi^*(x_2)\chi(x_3)|0> - <0|\chi(x_1)\chi(x_3)|0>{}^*\phi(x_2)$ Letzter Term = 0
Eine entfaltete τ-Funktion ist also eine Linearkombination über ϕ-Funktionen mit Kontraktionen als Koeffizienzen.

Siehe Kapitel 3.5.Dieses Beispiel nun in **Kurzschrift**:
123 = 123 + 123 +123 +123 hier ist 123 = 0, weil die Kontraktion keinen gesternten Operator enthält . Rot steht zur Kontraktion an,
also 123 = 123 + 12*3 +1*23 − 13*2

Es ist die **Vorzeichenregel für Fermionen** zu beachten, siehe auch 3.5
Pro Transposition,um die Kontraktionsziffern zusammen zubringen,in Nachbarschaft zu bringen, wechselt das Vorzeichen, z.B. $123 = -13*2$ eine Transposition,ein Ziffernüberspringen,also ein Vorzeichenwechsel von + zu −
Das gilt auch für Mehrfachkontraktionen, z.B. $12345 = +15*24*3 + \ldots$
Um die 5 zur 1 zu bringen, braucht man drei Überhüpfungen, also zunächst
minus, man erhält 15234 , um die 4 nun zur 2 zu bringen, braucht man eine
Überhüpfung, also wieder minus. In der Summe sind es 4 Transpositionen,
eine gerade Zahl, also ist das Gesamtvorzeichen plus.
Die Zahl der Überhüpfungen bezieht sich also je auf das aktuell vorliegende
Zahlenbild. Beispiel:$12345 => 13245 = -13*24*5$, weil nur eine Überhüpfung , nämlich $123 => 132$ notwendig war

---

Betrachte nun die**Vertauschung** χ, χ^* in einer ϕ-**Funktion**
Es ist $<0|:\chi(x)\chi^*(x):|\psi> = <0|:\chi^*(x)\chi(x):|\psi>$
Denn.: Sei $\chi(x) = B + D^+$ und so auch $\chi^*(x) = B^+ + D$
Dann ist $\chi(x)\chi^*(x) = (B + D^+)(B^+ + D) = BB^+ + D^+B^+ + BD + D^+D$
Sowie $\chi^*(x)\,\chi(x) = (B^+ + D)(B + D^+) = B^+B + DB + B^+D^+ + DD^+$
Normalodnung: $B^+B + D^+B^+ + BD + D^+D$ bzw $B^+B + DB + B^+D^+ + D^+D$
Eingerahmt von $<0|$ und $|\psi>$ liefert nur $<0|DB|\psi> = <0|BD|\psi>$ einen
Beitrag verschieden von null. Denn, sei $|\psi> = |bd> = |$Teilchen,Antiteilchen$>$
$<0|DB|bd> = b<0|D|d> = bd<0|0>$ bzw $<0|BD|bd> = d<0|B|b> = bd<0|0>$
Da nun alle $\chi(x)$ oder $\chi^*(y)$ zumindest einen raumartigen Abstand haben,
und so je einen eigenen Raum aufmachen, ist die Reihenfolge ihrer Wirkung
auf $|\psi>$ mit anschließender Projektion auf $|0>$ gleichgültig, sie sind also im
Rahmen vertauschbar.

Anschaulich: Haben wir eine Feldoperatorstrang von z.B. fünf χ oder χ^*,
so kann er ein $|\psi>$ mit 5 Teilchen Schritt für Schritt auf $|0>$ runterdrücken,
oder, er kann ein $|\psi>$ mit 3 Teilchen in drei Schritten auf $|0>$ runterdrücken ,
die verbleibenden χ, und χ^* können einen Nullzustand $|0>$ auf ein Teilchen
anheben und wieder absenken, eine Kontraktion, oder, er kann ein $|\psi>$ mit
einem Teilchen in einem Schritt auf $|0>$ runterdrücken , die verbleibenden χ,
und χ^* können einen Nullzustand $|0>$ auf ein Teilchen anheben und wieder
absenken, eine Kontraktion, und das nochmals, also zwei Kontraktionen.
Zweimaliges Anheben gefolgt von zweimaligem Absenken, ein Mehrfachkontraktion, kann gemäß Theorie in Einfachkontraktionen aufgelöst werden.

5.0 Ableitung von Wellen-Gleichungen aus der Integral-Grundgleichung

---

5.1 Kurzschrift und bildliche Darstellung für die Integralgleichung

Um die Schreibmenge zu verringern, führen wir eine **Kurzschrift** ein:

Ziffern numerieren die Objekte χ bzw χ^* durch, **Fett**druck bedeutet dabei Komplexkonjugation.

Die Ziffern sind **rot**, wenn χ oder χ^* in einer Kontraktion sind bzw dazu vorgesehen sind, z.B. $<0|\chi(x)\chi^*(x')|0> = 01 = F_{01}(x-x')$,

die Indizes bei F bedeuten die x-Variablennummern.

Die Ziffern sind **schwarz**, wenn χ oder χ^* zu einem Normalprodukt bzw zu einer ϕ-Funktion gehören bzw dazu vorgesehen sind, z.B $01*11$ bedeutet Kontraktion von 0 mit 1 und Normalprodukt bzw ϕ-Funktion von 1 mit 1, also $:\chi^*(x')\chi(x'):$ bzw $\phi = <0|:\chi^*(x')\chi(x'):|\psi>$

Objekte in gleichem x-Niveau haben, wo möglich, bildlich gleiche Farbe.

Greenfunktionen: $G_{01} = G(x-x')$ usw , $G_{10} = G(x'-x)$ Die Ziffern sind die Nummern der x-Niveaus, die durch sie verbunden werden.

Die Integralzeichen werden weggelassen sowie auch der Vorfaktor l^2

Für σ-Matrizen werden kleine Buchstaben geschrieben:

$a = \sigma^\mu$ oder σ_μ, analog $b = \sigma^\nu$ oder σ_ν Treten sie zweimal auf, so handelt es sich um ein σ^ν-σ_ν-Paar, Indizes sind z.B. auch μ oder ρ, … .

Wegen $\nu=1,2,3,0$ bilden sie gern Vierervektoren, nennen wir sie deshalb ν-Vektoren zur Unterscheidung von den α-Vektoren, nachfolgend.

χ ist ein vertikaler Zweiervektor, betrifft Spin, also ein Spaltenvekor,

χ^* ist ein waagrechter Zweiervektor, also ein Zeilenvektor

Wegen der Komponentenbenennung meist mit $\alpha,\beta,\gamma\ldots = 1,2$ nennen wir sie α-Vektoren im Unterschied zu den ν-Vektoren.

Im Folgenden setzen wir die Lösung der homogenen Gleichung gleich 0, also $\chi_0(x) = 0$, siehe dazu [3, 4.3]

Wir entwickeln ein eingerahmtes Vollprodukt, eine τ-Funktion, in eine Linearkombination von ϕ-Funktionen wie bei der Wick-Entwicklung eines Vollprodukts in eine Linearkombination von Normalprodukten. Da fällt an zunächst das volle Normalprodukt, dann die Normalprodukte mit einer Kontraktion , sodann die Normalprodukte mit zwei Kontraktionen, usw, siehe vorausgehend und nachfolgend. Zu beachten: Kontraktionen mit gleichen Ziffern oder solche ohne gesternte Größen (fett) sind gleich null, und werden nicht aufgeführt.

Korrespondierend zur **Kurzschrift** wollen wir eine **bildliche Darstellung** bringen: Zunächst für die **Grundgleichung**

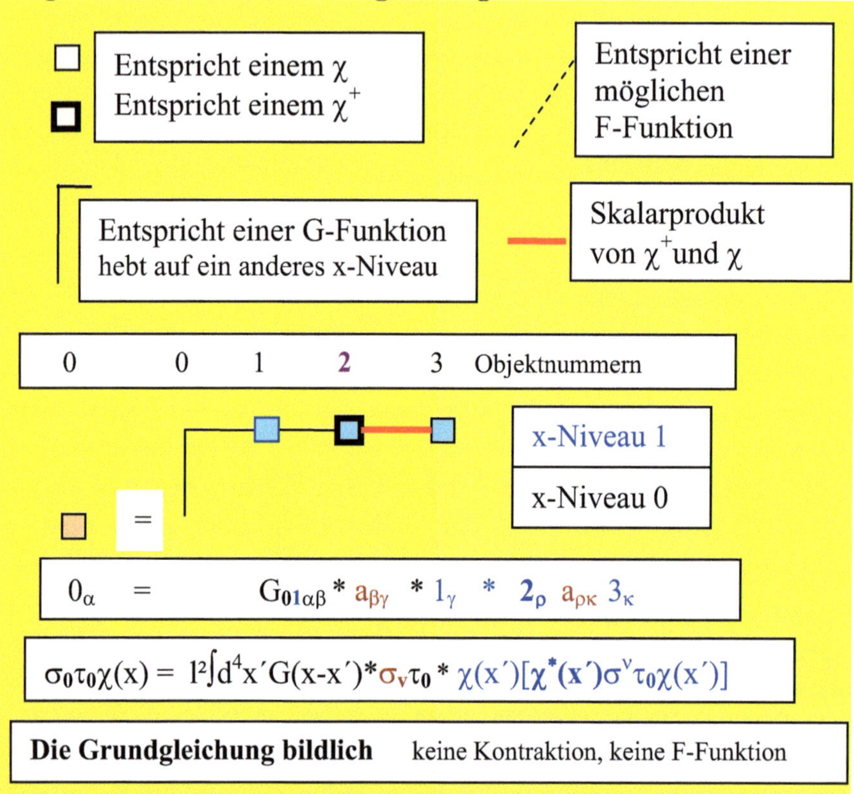

Die Stufe auf der rechen Seite sagt, dass ein (neues) Integral beginnt mit eigener x-Variablen, also neues x-Niveau, an dessen Anfang eine G-Funktion (senkrechte Linie) steht,die zwischen Niveau 0 und 1,zwischen x und x´, vermittelt. Sodann folgen das gemäß Grundgleichung aufgelöste Objekt 0 mit den neuen Objekten 1, **2** und 3. Vor dem Objekt 1, nach der G-Matrix, steht eine σ-Matrix, im Skalarprodukt, nach Objekt 2 und vor Objekt 3 steht ebenfalls eine gleichlautende σ-Matrix gemäß Grundintegralgleichung.
Pauschal,das Objekt das rechts entfaltet wird, hat links die Objektnummer 0 Die Spinindizes wurden hingeschrieben.

5.2 Bosonengleichung

Es besteht allgemein das Problem, wie Teilchen mittels χ und χ^* generiert werden sollen. Die allgemeine Form dazu ist $\langle 0|...\chi^*(x)...\chi(y)...|\psi\rangle$, also eine τ-Funktion, links der **Vakuumzustand**, rechts der **Teilchenzustand**, dazwischen die Vernichter und Erzeuger, die letztlich den Zustand $|\psi\rangle$ auf den Zustand $|0\rangle$ runterdrücken. Da mag es viele τ-Funktionen geben, die letztlich das gleiche Teilchen beschreiben, die z.B. letztlich denselben Spin produzieren. Auch wenn ein χ entwickelt, entfaltet wurde gemäß Integralgleichung, z.B. für die rechte Seite der Bosonengleichung, so bleibt doch diese Form, die Einrahmung durch $\langle 0|$ und $[\psi\rangle$.

Der **einfachste Teilchzustand** ist $\langle 0|\chi(x)|\psi\rangle$. Er beschreibt ein Spin-1/2-Teilchen , ein **Fermion**. $\chi(x)$ vernichtet $|\psi\rangle$ zu $|0\rangle$.

Bei **Bosonen** besteht $|\psi\rangle$ aus wenigstens zwei Spin-1/2-Teilchen, Teilchen oder Antiteilchen, um den Spin 0 oder 1 darzustellen. Entsprechend brauchen wir auch wenigstens zwei Vernichter, um vom Zustand $|\psi\rangle$ zum Zustand $|0\rangle$ herabzusteigen. Jedenfalls brachen wir hierfür eine gerade Zahl von χ und χ^* , um $|0\rangle$ zu erreichen.

Verbleiben wir im Allgemeinen und setzen so für ein Boson eine Linearkombination $\Sigma_{\alpha\beta} A_{\alpha\beta}^*\langle 0|\chi_\alpha^*(x)\chi_\beta(x)|\psi\rangle$ an, also mit einem χ und χ^*, einem Vernichter für ein Teilchen und einem Vernichter für ein Antiteilchen, ohne zunächst zu wissen, wie die Koeffizienten lauten sollen. So bietet sich an, zunächst die Wellengleichung gemäß den Koeffizienten indiziert mit $\alpha,\beta,..$ aufzustellen.

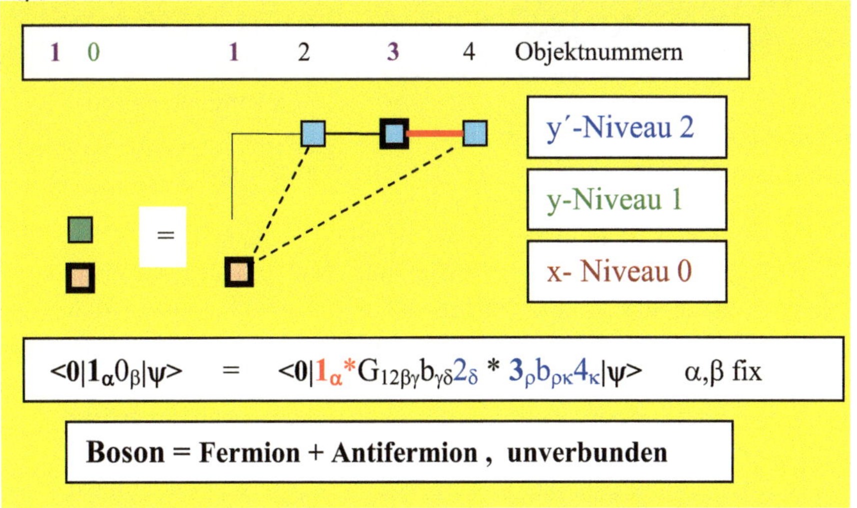

Rechts ist dasselbe wie links, nur das Objekt 0 links wurde rechts entfaltet.
Die letztlich volle Teilchengleichung entsteht dann durch
Addition der Einzelgleichungen mittels $\Sigma_{\alpha\beta}A_{\alpha\beta}{}^*$... .

Betrachten wir so ein Boson bestehend aus einem Antifermion und einem
Fermion **unverbunden**, also $<0|\chi_\alpha{}^*(x)\chi_\beta(x)|\psi>$ mit freien, fixen Indizes α,β
Bem.: $\chi_\alpha(x)$ vernichtet das Spin-1/2-Teilchen, $\chi_\alpha{}^*(x)$ vernichtet das Anti-
Spin-1/2-Teilchen. Die anderen Bestandteile von $\chi_\alpha(x)$ bzw $\chi_\alpha{}^*(x)$ greifen
gewissermaßen ins Leere, weil sie nicht zu $|0>$ führen.

Bem.: Die Objektziffern sind rechts angehoben, um eine durchgehende
Zählung zu bekommen, also hier $0 => 2,\mathbf{3},4$. Objekt **1** ist links wie rechts
dasselbe mit derselben Koordinate.

Durch die Integralgrundgleichung wurde Objekt 0 links aufgelöst in die
Objekte 2, 3, 4 auf der Gleichungsseite rechts. Das isolierte Objekt **1** rechts
gibt Anlass zu möglichen Kontraktionen, gestrichelte Linien. Die verschiedenen x-Niveaus haben je eine eigene Farbe.
Die Indizes α,β sind fix, über γ,δ,μ,ν wird summiert, je laufend von 1 bis 2.
b steht für eine σ-Matrix

Die Bosonengleichung mit ihren Termen ist so, je $<0|$ und $|\psi>$ hinzugedacht

$$\mathbf{1}_\alpha 0_\beta \;=\; \mathbf{1}_\alpha{}^* G_{12\beta\gamma} b_{\gamma\delta} 2_\delta \;*\; \mathbf{3}_\rho b_{\rho\kappa} 4_\kappa \qquad \text{1234 Standardanordnung}$$
$$+\; \mathbf{1}_\alpha{}^* G_{12\beta\gamma} b_{\gamma\delta} 2_\delta \;*\; \mathbf{3}_\rho b_{\rho\kappa} 4_\kappa \qquad \text{1234} => \text{12*34}$$
$$+\; \mathbf{1}_\alpha{}^* G_{12\beta\gamma} b_{\gamma\delta} 2_\delta \;*\; \mathbf{3}_\rho b_{\rho\kappa} 4_\kappa \qquad \text{1234} => \text{14*23}$$
$$\qquad\quad x \qquad\qquad y' \quad y' \quad y' \qquad \text{Koordinaten dazu}$$

Die zur Kontraktion anstehenden Objekte sind rot gefärbt.
Die Standardanordnung enthält generell keine Kontraktion.
Die G-Funktion verbindet Niveau 1 mit Niveau 2.
Pro Kombination α,β , je fix, haben wir so eine Gleichung.
Blau sind die verbleibenden Teile, die nicht in Kontraktionen aufgehen,
die je pro Zeile eine ϕ-Funktion bilden.
Die Einrahmung mit $<0|$ und $|\psi>$ links wie rechts kommt für jede Zeile
hinzu. Jede Zeile gibt Anlass für ein Bild, für ein Diagramm.

In Praxis ist man interessiert, rechts vor $|\psi>$ die Vernichter anzusiedeln, die
zum Teilchenzustand gehören, hier zu $<0|3_\rho b_{\rho\kappa} 4_\kappa|\psi>$ und die übrigen Teile

mittels Kontraktionen zu entwickeln. Allgemein, man zerlegt den Strang zwischen $\langle 0|$ und $|\psi\rangle$ in eine Art **Rumpf**teil (Kern mit Kontraktionen) und eine Art **Kopf**teil (Lösung), also $\langle 0| \ldots |\psi\rangle = \langle 0|$ Kern $|0\rangle * \langle 0|$ Lösung $|\psi\rangle$, dieses pro Zeile. Man versucht letztlich, beim verbundenen Zustand, im Kern eine zusammenhängende Indexkette zu haben, wo erster und letzter Index übereinstimmen, sodass man die **Spur**, einen Skalar, bilden kann.

Wenn man zu Kontraktionen zusammenbindet, dann heißt das zunächst, allgemein, die Objekte **nebeneinander** zu bringen, ohne zusätzliche Überhüpfung. Will man z.B. $\chi_\gamma^*(x)$ von links an $A_{\alpha\beta}{}^*\chi_\beta$ **andocken**, so hat man zunächst $A_{\alpha\beta}{}^*\chi_\gamma^*\chi_\beta$ d.h. in Nachbarschaft gebracht, keine Überhüpfung Sodann $A_{\alpha\beta}{}^*\chi_\beta\chi_\gamma^*$, die Vertauschung anläßlich der Kontraktion $A_{\alpha\beta}{}^*\chi_\gamma^*\chi_\beta$ die letzte Überhüpfung geschieht also erst bei der Kontraktion, die Matrix-Vektor-Struktur $A_{\alpha\beta}{}^*\chi_\beta$ bleibt so ungestört.

Will man z.B. $\chi_\gamma(x)$ an $\chi_\alpha^{**}A_{\alpha\beta}$ andocken, so geschieht das von links, um die Matrix-Vektor-Struktur $\chi_\alpha^{**}A_{\alpha\beta}$ nicht zu stören, also $\chi_\gamma\chi_\alpha^{**}A_{\alpha\beta}$

Im Beispiel, da haben wir also je Linkssandockung mit Überhüpfung

$$
\begin{aligned}
\mathbf{1}_\alpha 0_\beta \quad &= \quad \mathbf{1}_\alpha{}^*G_{12\beta\gamma}b_{\gamma\delta}2_\delta * \mathbf{3}_\rho b_{\rho\kappa}4_\kappa \qquad && 1234 \text{ Standardanordnung} \\
&\quad + \quad G_{12\beta\gamma}b_{\gamma\delta}\mathbf{1}_\alpha 2_\delta * \mathbf{3}_\rho b_{\rho\kappa}4_\kappa \qquad && 1234 \Rightarrow 12{*}34 \\
&\quad + \quad G_{12\beta\gamma}b_{\gamma\delta}2_\delta * \mathbf{3}_\rho b_{\rho\kappa}\mathbf{1}_\alpha 4_\kappa \qquad && 1234 \Rightarrow 14{*}23
\end{aligned}
$$

Der Matrix A entspricht hier dem Matrizenprodukt $G_{12\beta\gamma}{}^*b_{\gamma\delta}$,

χ_β entspricht hier 2_δ , χ_γ^* entspricht hier $\mathbf{1}_\alpha$ im Sinn des zuvor Gesagtem. Erst bei der Kontraktion findet die Überhüpfung statt, nämlich Überhüpfung $\mathbf{1}_\alpha 2_\delta \Rightarrow 2_\delta \mathbf{1}_\alpha$ sowie $\mathbf{1}_\alpha 4_\kappa \Rightarrow 4_\kappa \mathbf{1}_\alpha$

Wir haben zusammenhängende **Indexstrecken**, hier β,γ,δ, das Ganze ist ein **Vektor,** sowie die Indexstrecke ρ,κ, dessen Ganzes ist ein **Skalar**.

Nun die **Wickentfaltung** für die Operatoren, die **zwischen** $\langle 0|$ und $|\psi\rangle$ liegen. Jeder wird wie ein Fermionoperator angesehen, siehe auch [1,24.5 Ende] . Die Ziffern sind die Objektnummern der indizierten Objekte.
Allgemein: $1234 = 1234 + 1234 + 1234 + 1234 + 1234 + 1234 + 1234 + 1234 =$
$= 1234 + 12{*}34 - 13{*}24 + 14{*}23 + 23{*}14 - 24{*}13 + 12{*}34 + 12{*}34 - 13{*}24 + 14{*}23$

Konkret hier: $1234 = 1234 + 12{*}34 + 14{*}23$ Alle anderen Kombinationen sind gleich null, siehe Auswahlkriterien nachfolgend.

Die **Auswahlkriterien für die Kontraktionen** sind :
Bei einer Kontraktion müssen die Partner
a) zu verschiedenen x bzw x-Niveaus gehören, andernfalls ist sie gleich null.
So kann es in unserem Bild keine waagrechte Kontraktionslinien geben.
b) Genau **eine** gesternte Größe ist bei einer Kontraktion nötig und erlaubt,
andernfalls ist sie gleich null.

Und so ist in unserem Fall 12 # 0, 14 # 0, alles erfüllt , aber
13 = 0, weil zwei gesternte Objekte vorliegen und
23 = 0, 24 = 0, 34 = 0 , weil sie gleiches x-Niveau haben.
Zudem bei 24 haben wir kein gesterntes Objekt.

Bem.: Bei gleichfarbigen Ziffern, gleiche Zeit t und Ort **x** , also auf gleichem
Niveau, wird generell angenommen, dass sich die Koordinaten **x** doch um
einen kleinen raumartigen Abstand unterscheiden, siehe auch oben. Bei
raumartigen Abständen ist aber jede Zweipunktfunktion, jede Kontraktion
prinzipiell gleich 0, weil ein Signal, eine Wirkung von einem Punkt
ausgehend den Nachbarpunkt innerhalb der gesteckten Zeit (hier sogar 0)
wegen der endlichen Lichtgeschwindigkeit nicht erreichen kann.

Bei einer **Vierpunktfunktio**n, sind zwei gesternte Größen notwendig, um je
das Produkt zweier Kontraktionen bilden zu können. In unserem Fall ist
1234 = 12*34 − 13*24 + 14*23 = 0 , weil jeder Term gleich 0 ist.
Bem.: Vierpunktfunktionen wie allgemein **Mehrpunktfunktionen** können
immer in Produkte von Zweipunktfunktionen aufgefächert werden.

Ein **Boson B** sei nun , zunächst ohne Isospin, durch vier Komponenten
beschrieben, durch vier Wellenfunktionen, nämlich $\mathbf{B_\mu} = \langle 0|\chi^*(x)\sigma_\mu\chi(x)|\psi\rangle$
$\mu=0,1,2,3$. $|\psi\rangle = |B\rangle$ besteht aus einem Teilchenzustand und einem Anti-
teilchenzustand, genau aus einem Teilchen und einem Loch im See, als
Ersatz für das Antiteilchen. χ vernichtet das Teilchen, χ^* vernichtet das
Antiteilchen-Loch. So gehören z.B. zu $\langle 0|\chi^*(x)\sigma_0\chi(x)|\psi\rangle$ die Spins Loch-
Teilchen 11+22 , was den Spins Antiteilchen-Teilchen nach Transformation
$i\sigma_2(11+22)=(21-12)$ in der realen Welt entspricht.
Man rechnet gewissermaßen, was Antiteilchen-Löcher anbetrifft, mit Falsch-
Spins, genauer mit Falschhelizitäten. Siehe auch Kapitel 4.3
Die Komponenten B_μ sind analog den vier Komponenten A_μ des elektro-
magnetischen Potentials. In unserer Kurschrift lauten sie $B_\mu = \mathbf{0}a\mathbf{0}$,

wobei a die Matrix σ_μ vertritt mit $\mu = 0,1,2$ oder 3.

Nun **verbunden** und ausführlich, beidseitig

Der **Zustand** B_μ ist also eine Linearkombination der freiindizierten Größen,

also $B_\mu = \Sigma_{\alpha\beta} A_{\alpha\beta} <0|\chi_\alpha^*(x)\chi_\beta(x)|\psi> =$

$\quad = \Sigma_{\alpha\beta} \sigma_{\mu,\alpha\beta}^* <0|\chi_\alpha^*(x)\chi_\beta(x)|\psi> = <0|\chi^*(x)\sigma_\mu\chi(x)|\psi>$ $\quad \mu$ je fix

Die **Gleichung** hierfür entsteht, indem jede Gleichung zu fixem μ und α,β

mit $A_{\alpha\beta} = \sigma_{\mu,\alpha\beta}$ links wie rechts aufmultipliziert wird und alle diese

Gleichungen summiert werden: Dasselbe gilt für die Lösung.

Es ist $\Sigma_{\alpha\beta} a_{\alpha\beta}^* 1_\alpha 0_\beta = \Sigma_{\alpha\beta} 1_\alpha a_{\alpha\beta} 0_\beta$ $\quad a_{\alpha\beta}$ vertritt die Matrix σ_μ

Die Matrixkoeffizienten können in die Mitte genommen werden.

Somit $\Sigma_{\alpha\beta} 1_\alpha a_{\alpha\beta} 0_\beta = \Sigma_{\alpha\beta} 1_\alpha a_{\alpha\beta} G_{\beta\gamma} b_{\gamma\delta} 2_\delta * 3_\rho b_{\rho\kappa} 4_\kappa$

Zudem seien die x-Positionen links mit Folgen auch für rechts alle dieselben.

Links haben wir also nur ein x.Niveau. Dieses nun bildlich

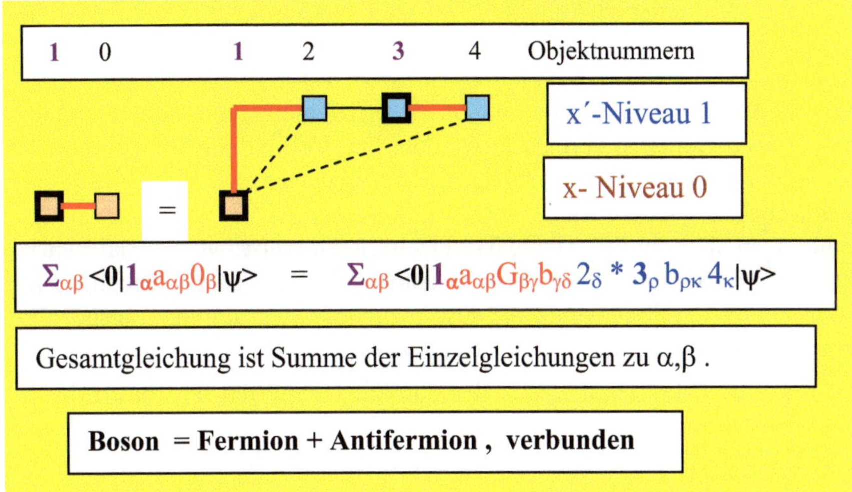

Bem.: Über alle Indizes α,β, auch wie sonst über γ,δ,μ,ν wird summiert

----

α–Skalar $\qquad \alpha$–Skalar $\qquad \alpha$–Skalar $\qquad$ Aufgeschlüsselt ist sie also

$\qquad\qquad \alpha$–Vektor* α–Vektor

$1_\alpha a_{\alpha\beta} 0_\beta = 1_\alpha^* a_{\alpha\beta} G_{\beta\gamma} b_{\gamma\delta} 2_\delta * 3_\rho b_{\rho\kappa} 4_\kappa +$ $\quad$ 1234 Standardanordnung

$\qquad\qquad + 1_\alpha a_{\alpha\beta} G_{\beta\gamma} b_{\gamma\delta} 2_\delta * 3_\rho b_{\rho\kappa} 4_\kappa +$ $\quad$ 1234 => 12*34

$\qquad\qquad + 1_\alpha a_{\alpha\beta} G_{\beta\gamma} b_{\gamma\delta} 2_\delta * 3_\rho b_{\rho\kappa} 4_\kappa$ $\quad$ 1234 => 14*23

Die zur Kontraktion anstehenden Objekte sind rot gefärbt.
Die violetten sind je für eine ϕ-Funktion vorgesehen.

Daselbe, nun die Kontraktionen nun zusammengezogen

$$\mathbf{1}_\alpha a_{\alpha\beta} 0_\beta \; = \; \mathbf{1}_\alpha a_{\alpha\beta} G_{\beta\gamma} b_{\gamma\delta}\, 2_\delta{}^* \; \mathbf{3}_\rho b_{\rho\kappa} 4_\kappa \quad + \quad 1234 \text{ Standardanordnung}$$
$$+ \; a_{\alpha\beta} G_{\beta\gamma} b_{\gamma\delta}\, \mathbf{1}_\alpha 2_\delta{}^* \; \mathbf{3}_\rho b_{\rho\kappa} 4_\kappa \quad + \quad 1234 => 12{*}34$$
$$+ \; a_{\alpha\beta} G_{\beta\gamma} b_{\gamma\delta}{*} 2_\delta \; * \; \mathbf{3}_\rho b_{\rho\kappa} \mathbf{1}_\alpha 4_\kappa \quad 1234 => 14{*}23$$

Näherung: Nun machen wir uns auf den **Weg zur Lösung** der Integral-gleichung. Es wird **allgemein** insofern **genähert**, als wir die aktuell entstandene ϕ-Funktion 1234, also die mit den meisten Variablen, die oberste Zeile, die aus dem Vollnormalprodukt hervorgeht, als klein gegenüber den ϕ-Funktionen mit weniger Variablen betrachten und weglassen. Es verbleiben dann also zwei Terme, zwei Bilder je mit einer Kontraktion. Das Weglassen der ϕ-Funktion mit den je meisten Variablen ist generell notwendig, um zu endlich vielen Gleichungen für die ϕ-Funktionen mit weniger Variablen zu kommen.
Wir wollen uns auf die Zeile2 konzentrieren, die am einfachsten ist.

Bem.: **Indizierte Größen**, Matrizen, Koeffizienten, außer die Objekte , könnten nach Belieben vertauscht werden. Die Verbindungen untereinander sind ja durch die Indizes festgelegt gewissermaßen wie Anschlüsse, die durch Kabel verbunden sind.
Benutzt man aber die **indexfreie Matrizenschreibweise**, Matrix mal Matrix, Matrix mal Vektor, usw, so ist die Ordnung, die Reihenfolge wichtig. Eine Vertauschung der Matrixindizes muss man deswegen durch Transposition der Matrix zum Ausdruck bringen, deswegen F^τ wie wir folgend sehen.
Man kann die F-Funktion $\mathbf{1}_\alpha 2_\delta$, die zunächst gegeben ist, durch die F-Funktion $2_\delta \mathbf{1}_\alpha$ ausdrücken.

Weil über alle Indizes summiert wird, haben wir auf der linken Seite einen Skalar $\alpha{*}\alpha\beta{*}\beta$ bzw eine Komponente des Bosonenfeldes.
Auf der rechten Seite haben wir zu einem eine geschlossene Indexkette $\alpha\beta{*}\beta\gamma{*}\gamma\delta{*}\delta\alpha$, also von α zu α, und, weil G und F Funktionen sind, insgesamt eine Funktion. Weil der erste und letzte Index, nämlich α, übereinstimmt und über alles summiert wird, können wir dafür **Spur** schreiben, also insgesamt $\mathbf{1}_\alpha a_{\alpha\beta} 0_\beta = \mathrm{Spur}[a_{\alpha\beta} G_{\beta\gamma} b_{\gamma\delta}\, 2_\delta \mathbf{1}_\alpha]{*}\; \mathbf{3}_\rho b_{\rho\kappa} 4_\kappa$.

$3_\rho b_{\rho\kappa} 4_\kappa$ ist eine ϕ-Funktion, hat ebenfalls eine geschlossene Indexkette $\rho\kappa$, über die summiert wird. Sie entspricht wie links einer Komponente des Bosonenfeldes.

Es wurde unterstellt, dass die zweite Kontraktion der ersten entspricht, deshalb der Faktor, siehe dazu [3, S.67] . Das ist hier unbewiesen.

Ein Ansatz könnte sein: Wenn man 4_κ gegen 2_δ tauscht, dann kommutieren sie untereinander, je gleiche Komponente gemeint, gleicher numerischer Index, gleiches x,   aber antikommutieren mit 3_ρ , denn dem entspricht $\chi^*(x'+\delta)$ mit einer kleinen raumartigen Veränderung. Also von rechts vertauschen χ mit χ^* und χ, dann von links vertauschen χ mit χ^*, also zunächst minus, plus, dann minus , insgesamt plus.

So wird generell die Annahme gemacht, dass die Gleichungen mit einer Kontraktion einander gleichwertig sind, dasselbe mit zwei Kontraktionen, usw, d.h. wir behandeln je nur den einen **Repräsentanten** und versehen ihn mit einem Faktor der Häufigkeit, hier Faktor 2.

Nun wollen wir die **Bosonengleichung** von **Kurzschrift** in **Langschrift** umsetzen. Der „schöne" Zeile2, unserem Repräsentanten,

$$1_\alpha a_{\alpha\beta} 0_\beta \ = \ 1_\alpha a_{\alpha\beta} G_{\beta\gamma} b_{\gamma\delta} 2_\delta{}^* \ 3_\rho b_{\rho\kappa} 4_\kappa$$

entspricht in Langschrift, zunächst noch ohne Kontraktionen

$$\langle 0|\chi^*(x)\sigma_\mu\chi(x)|\psi\rangle = l^2\!\int d^4x' \langle 0|\chi^*(x)\sigma_\mu G(x-x')\sigma^\nu\chi(x')^*\chi^*(x')\sigma_\nu\chi(x')|\psi\rangle$$

dann mit Abspaltung der Lösung

$$\langle 0|\chi^*(x)\sigma_\mu\chi(x)|\psi\rangle = l^2\!\int d^4x' \langle 0|\chi^*(x)\sigma_\mu G(x-x')\sigma^\nu\chi(x')|0\rangle \langle 0|\chi^*(x')\sigma_\nu\chi(x')|\psi\rangle$$

| Vernichten von ψ | Vernichten | Erzeugen | Vernichten von ψ |

Wie man sieht, geht der Kern $K_{\mu\nu}(x-x')$ von $\langle 0|$ zu $|0\rangle$, ist also eine **Mehrpunktfunktion**, die dann wiederum in Zweipunktionen(en) aufgelöst werden kann. μ ist pro Gleichung fix , sie ist die Komponentennummer, über ν wird summiert (Viererskalarprodukt) ,also $11+22+33-00$

Die **Gleichung schematisch** ist $\phi_\mu(x) = l^2\!\int d^4x' {}^*K_{\mu\nu}(x-x'){}^*\phi_\nu(x')$

$K_{\mu\nu}(x-x')$ ist der **Integralkern**, eine Matrix wegen σ_μ .

$\phi_\mu(x)$ ist die μ-**Komponente** des Bosonenfeldes ϕ und offensichltlich **linear** von den anderen ϕ-Komponenten abhängig. Analog $\phi_\nu(x')$, sie sind je abgeschlossen, also $\langle 0| \ldots |\psi\rangle$, sodass der Kern einen Neubeginn benötigt $\langle 0| \Leftarrow |0\rangle$. Aus $a_{\alpha\beta} G_{\beta\gamma} b_{\gamma\delta} 2_\delta 1_\alpha$ wird in Langschrift $\sigma_\mu G(x-x')\sigma_\nu F^\tau(x'-x)$

Somit wird aus in Kurzschrift $1_\alpha a_{\alpha\beta} 0_\beta \ = \ a_{\alpha\beta} G_{\beta\gamma} b_{\gamma\delta} 2_\delta 1_\alpha{}^* \ 3_\rho b_{\rho\kappa} 4_\kappa$

in Langschrift gemäß Obigem , μ fix, Vierersummierung über ν

$$\langle 0|\chi^{*}(x)\sigma_{\mu}\chi(x)|\psi\rangle = l^{2}\!\int d^{4}x'\,{*}\,SP[\sigma_{\mu}G(x-x')\sigma_{\nu}F^{\tau}(x'-x)] * \langle 0|\chi^{*}(x')\sigma_{\nu}\chi(x')|\psi\rangle$$

Der Kern ist also $K_{\mu\nu}(x-x') = SP[\sigma_{\mu}G(x-x')\sigma_{\nu}F^{\tau}(x'-x)]$

Das hat durchaus **Ähnlichkeit zur Streuung**, siehe [2, 6.3ff] Rechts werden die Eingangsteilchen vernichtet (in der ϕ-Funktion), in der Mitte findet der Austausch virtueller Teilchen statt (Kern, Erzeugung, Vernicht-ung, Zweipunktfunktionen). Anschließend werden nun bei der Streuung die Ausgangsteilchen erzeugt, entfällt hier, es bleibt beim Zustand $\langle 0|$. Dazu kommt noch der Unterschied: Die Auslaufteilchen (ϕ-Funktion auf der linken Gleichungsseite) sind identisch mit den Einlaufteilchen (ϕ-Funktion auf der rechten Gleichungsseite) und werden letztlich auch auf $\langle 0|$ gedrückt.

Weiterhin: Bei der Streuung ist z.B. $\phi(x) = \int dx'\,{*}\,G(x-x')\,{*}\,V(x')\,{*}\,\phi(x')$

Anstelle des Potentials tritt hier $F(x-x')$, dieses ist also wie auch G auch von der äußeren Koordinate x abhängig. Bem.:Bei Feynmandiagrammen sind an den Knotenpunkten (Vertices) nur innere Koordinaten. Das ist gewisser-maßen, als hätte jedes $\chi(x')$ ein eigenes Potential hin zum äußeren x.

Die **Streuung** selbst wird im Rahmen dieser H-Theorie beschrieben durch ein Mehrpunktfunktion $\langle 0|\chi(y)\ldots\chi^{*}(x)\ldots|0\rangle$ Es mögen viele χ und χ^{*} sein.

An x werden Teilchen erzeugt, an y werden sie vernichtet. Eines der χ kann dann wiederum gemäß Grundintegralgleichung entwickelt werden, was Beziehungen schafft. So gesehen kann man den Kern z.B. bei der Bosonen-gleichung, der ja auch die Form $\langle 0|\chi(y)\ldots\chi^{*}(x)\ldots|0\rangle$ hat, interpretieren als je eine Streuung beginnend bei x´und endend bei x.

5.3 Allgemeine Darstellung der Integralgleichung im Impulsraum

Zunächst allgemein, Darstellung im **Eindimensionalen** , siehe auch [2, 6.6]

Gegeben sei die **Integralgleichung** $\phi(x) = \int dx'\,{*}\,K(x-x')\,{*}\,\phi(x')$,also homogen

Nun die Darstellung über **Fourierintegrale**, J sei ein eindimensionaler Viererimpuls. f ist ein Fourierfaktor vor dem Integral. Jeden Teil, jede Funktion wollen wir einzeln als Fourierintegrierte darstellen. So haben wir

$$f*\!\int\phi(J)\exp(+iJx)dJ = \int dx'\,{*}\,[f*\!\int dJ\,K(J)\exp(+iJ(x-x'))]*f*\!\int dJ'\,\phi(J')\exp(+iJ'x')$$
$$\qquad\qquad \phi(x) \qquad\qquad\qquad\qquad K(x-x') \qquad\qquad\qquad\qquad \phi(x')$$

Metrik $Jx = \mathbf{J}\mathbf{x} - J_{0}x_{0}$ Bem.: J ist der äußere Viererimpuls, der des Teilchens

Wir wählen also das positive Vorzeichen $\phi(x') = f*\!\int dJ'\,\phi(J')\exp(+iJ'x')]$

Rechts = $f^2*\int dJdJ'*K(J)\phi(J')\exp(iJx)*\int dx'\exp(i(J'-J)x')$ =   nach Umstellen

= $f^2*\int dJdJ'*K(J)\phi(J')\exp(iJx)*2\pi\delta(J'-J)$ =   nach Integration über x'

= $f^2*2\pi*\int dJ\ K(J)\exp(iJx)*\int dJ'\phi(J')\delta(J'-J)$ =   nach Umstellen

= $f^2*2\pi*\int dJ\ K(J)\exp(iJx)*\phi(J)$ nach Integration über J'

Der Fourierfaktor f hier im Eindimensionalen f = $1/2\pi$, also unsymmetrisch.

Also ist $f*\int\phi(J)\exp(+iJx)dJ = f^2*2\pi*\int dJ\ K(J)\exp(iJx)*\phi(J)$

Nun erst erfolgt der Übergang in den Impulsraum durch Vergleich des **Integranden** der linken mit dem der rechten Seite. Ein f kürzt sich weg, es ist f = $1/(2\pi)$ und so folgt $\phi(J) = K(J)\phi(J)$ oder $[1 - K(J)]*\phi(J) = 0$

Das führt so zu $\phi(J)=0$, oder, wenn $\phi(J)$ # 0 sein soll, zu $[1- K(\lambda,J)] = 0$

Das ist eine **Eigenwertgleichung** für λ .Dabei wird unterstellt,

dass K(J) einen freien Parameter λ enthält.

Wir haben also $K(x-x') = f*\int dJ\ K(J)\exp(+iJ(x-x'))$ einerseits

und dazu andererseits die Fouriertransformierte

$K(J) = \int d\xi K(x-x')\exp(-iJ(\ x-x')) = \int d\xi K(\xi)\exp(-iJ\xi)$ mit $\xi = x-x'$,

f unsymmetrisch, x ist hier fix, x' variabel. Es kommt also darauf an, die **Fouriertranformierte** K(J) von K(x-x') zu ermitteln . Diese hat dann im Exponenten exp ein negatives Vorzeichen.

Nun im **Vierdimensionalen**: Sei nun J ein Viererimpuls , x vierdimensional, Jx ist dann ein Viererskalarprodukt, $\phi(x) = \phi_\mu(x)$ vierkomponentig, Die Ausgangsgleichung, die Bosonengleichung ist gleich

$\phi_\mu(x) = \int d^4x'*\Sigma_\nu K_{\mu\nu}(x-x')\phi_\nu(x')$, dann führt analoges Vorgehen zur

$f*\int\phi_\mu(J)\exp(iJx)dJ = \int d^4x'*[f\int dJK_{\mu\nu}(J)\exp(+iJ(x-x'))]* f\int dJ'\phi_\nu(J')\exp(+iJ'x')$

$\qquad\ \phi(x) \qquad\qquad\qquad\qquad K(x-x') \qquad\qquad\qquad \phi(x')$

= $f^2*\int dJdJ'*K_{\mu\nu}(J)\phi_\nu(J')\exp(iJx)*\int dx'\exp(i(J'-J)x')$ =   nach Umstellen

= $f^2*\int dJdJ'*K_{\mu\nu}(J)\phi_\nu(J')\exp(iJx)* (2\pi)^4\delta(J'-J)$ =   nach Integration über x'

= $f^2*(2\pi)^4*\int dJ\ K_{\mu\nu}(J)\exp(iJx)*\int dJ'\phi_\nu(J')\delta(J'-J)$ =   nach Umstellen

= $f^2*(2\pi)^4*\int dJ\ K_{\mu\nu}(J)\exp(iJx)*\phi_\nu(J)$ nach Integration über J'

Also haben wir $f*\int\phi_\mu(J)\exp(+iJx)dJ = f^2*(2\pi)^4*\int dJ\ K_{\mu\nu}(J)\exp(+iJx)*\phi_\nu(J)$

Der (unsymmetrische) Fourierfaktor f ist hier im Vierdimensionalen

$f = 1/(2\pi)^4$, somit ist $f*(2\pi)^4 = 1$. Also ist

$\int\phi_\mu(J)\exp(+iJx)dJ = \int dJ\,[K_{\mu\nu}(J)\exp(+iJx)*\phi_\nu(J)]$

$\qquad\quad \phi(x) \qquad\qquad\qquad K(x\text{-}x')\ *\ \phi(x')$

So haben wir durch Integranden-Vergleich von linker und rechter Seite

Im **Ortsraum** $\qquad\qquad\qquad\qquad\qquad$ Im **Impulsraum**

$\phi_\mu(x) = \int d^4x'*\Sigma_\nu K_{\mu\nu}(x\text{-}x')\phi_\nu(x')$ und $\phi_\mu(J) = \Sigma_\nu K_{\mu\nu}(J)\phi_\nu(J)$

$K_{\mu\nu}(x\text{-}x')= f\int dJK_{\mu\nu}(J)\exp(+iJ(x\text{-}x'))$ und $K_{\mu\nu}(J)=\int dx^4 K_{\mu\nu}(x\text{-}x')\exp(-iJ(x\text{-}x'))$

Zu beachten, in K(x-x´) ist positives Vorzeichen im Exponenten exp ,
in K(J) negatives Vorzeichen im exp.

In Matrizen-Vektor-Form geschrieben, ϕ ist ein vierdimensionaler Spinor,
K eine vierdimensionale Matrix, lautet sie dann $\phi_{\mu\nu}(J) = K_{\mu\nu}(J)*\phi_{\mu\nu}(J)$ oder
$[1- K_{\mu\nu}(J)]*\phi_{\mu\nu}\,(J) = 0$ Das ist die Form, wie man sie meistens sieht.

Daraus folgt unmittelbar für eine Lösung: $\phi(J)$ # 0 nur dann, wenn
K = Einheitsmatrix oder **K = Einheitsmatrix** mal **Projekionsoperator** ,
wenn mehrere möglichen Lösungen gegeben sind, siehe Bosonenfall.

$K(\lambda,J)$ ist seinerseits ein Integral , nämlich $K_{\mu\nu}(J) = \int d\xi K_{\mu\nu}(\xi)\exp(-iJ\xi)$ mit
dem zunächst freien Parameter λ, der dann auf Grund der Gleichung zu(m)
Eigenwert(en) Anlass gibt. Ansonsten wird die Mehrdimensionalität der K-
Matrix im wesentlichen ursprünglich durch σ_μ und σ_ν, in der Folge durch J_μ
und J_ν aufgespannt, siehe die konkreten Ausrechnung nachfolgend.

Vergleichen wir mit einer Streuung. Da wird die rechte Seite $\phi_\nu(x')$ vorgegeben und die linke Seite $\phi_\mu(x)$ gemäß $K_{\mu\nu}(x\text{-}x')$ errechnet . Das virtuelle
Austauschteilchen ist ein Fermion der Masse κ mit allen möglichen Werten
von Energie E und Impuls **p**. Hier ist rechte Seite gleich linker Seite. Das
bringt „Auflagen" für $K_{\mu\nu}(x\text{-}x')$. Man kann zwar den äußeren Impuls **J**
vorgeben, im einfachsten Fall gleich **0**, aber die zugehörige äußere Energie
des Systems, des Teilchens ist dann gebunden, eben durch $E^2 = \mathbf{J}^2+ \kappa_B^2$,
insbesondere wird dann so die Masse des Systems, des Teilchens κ_B fixiert.

Betrachtung über Matrizenmultiplikation und Spur:

Sei **Matrizenprodukt** $A*B=C$, dieses elementweise $\Sigma_\beta A_{\alpha\beta}*B_{\beta\gamma}=C_{\alpha\gamma}$.

Um das Element $C_{\alpha\gamma}$ zu erhalten, werden also von $A_{\alpha\beta}$ startend alle Wege genommen, die zu $C_{\alpha\gamma}$ führen. Dabei wird elementweise multipliziert und summniert. Soll C hauptdiagonal sein, so ergeben die Wege zu $C_{\alpha\gamma}$ mit $\alpha\#\gamma$ gleich null, soll C die Einheitsmatrix sein so ist zusätzlich $C_{\alpha\alpha}=1$.

Bei mehr Matrizen ist es analog z.B. $\Sigma_{\beta\gamma}\, A_{\alpha\beta}*B_{\beta\gamma}*C_{\gamma\delta} = D_{\alpha\delta}$. Die Wege von α zu δ gehen dann von $\alpha\beta$ über $\beta\gamma$ zu $\gamma\delta$ mit allen möglichen β und γ .

Wird die **Spur** gebildet, Beispiel, so bedeutet das für die Ergebnismatrix D $SP(D) = \Sigma_\alpha D_{\alpha\alpha}$, also die Summe der Hauptdiagonalemente in D. Es ist dann auch $SP(D) = SP(ABC) = \Sigma_{\alpha\beta\gamma} A_{\alpha\beta}*B_{\beta\gamma}*C_{\gamma\alpha}$, d.h. Ergebniselemente $D_{\alpha\delta}$ mit $\alpha\#\delta$ interessieren nicht, werden nicht beachtet, auch wenn sie verschieden von null sind. Es interessieren nur die entstandenen Haupt-diagonalelemente in D, also $D_{\alpha\alpha}$, und die werden zusätzlich summiert. Die (Ergebnis)matrix D muss nicht hauptdiagonal oder gar Einheitsmatrix sein.

Wir fordern für die **Integralzähler** der Form $Z = \Sigma a_\alpha\sigma_\alpha*b_\beta\sigma_\beta*c_\gamma\sigma_\gamma*d_\delta\sigma_\delta$, die man in eine Linearkombination über die σ-Matrizen zerlegen kann, also $\Sigma_{\alpha\beta\gamma\delta}\, a_\alpha\sigma_\alpha*b_\beta\sigma_\beta*c_\gamma\sigma_\gamma*d_\delta\sigma_\delta = \Sigma_\mu\lambda_\mu\sigma_\mu$ mit $\lambda = 0,1,2,3$, dass sie bis auf einem Faktor λ_0 sogar gleich σ_0 sein sollen, weil $K\phi = \phi$ nur ein $K \sim \sigma_0$ liefert, also $\sigma_0\phi = \phi$, kein anderes σ_μ . Das ist im allgemeinen zunächst nicht der Fall. Durch Bildung ½*Spur über Z werden dann aber bequem alle anderen σ_μ weggelassen, genau es wird ½*Spur*σ_0 .Mittels ½ wird auf nur ein $Z_{\alpha\alpha}$ reduziert, deswegen, weil je nur ein Element je gleiches $Z_{\alpha\alpha}$ interessiert. Die Matrizen sind ja nur zweidimensional. Es gilt ja $SP\sigma_0 = 2$, aber $SP\sigma_i = 0$ und somit $½*SP(Z) = ½*SP(\Sigma_\mu\lambda_\mu\sigma_\mu) = \lambda_0$.

Siehe Folgendes, insbesondere Kapitel 5.7

5.4 Der Übergang von $K_{\mu\nu}(x-x')$ zu $K_{\mu\nu}(J)$, Bosonenfall

Das geschieht gemäß $K_{\mu\nu}(J) = \int dx'^4 K_{\mu\nu}(x-x')*\exp(-iJ(x-x'))$, siehe zuvor

Es ist $K_{\mu\nu}(x-x') = l^2\int d^4x'*2SP[\sigma_\mu G(x-x')\sigma_\nu F^\tau(x'-x)]$ siehe oben.

Faktor 2 , weil zwei Kontraktionen angesetzt sind, dieses nun beachtet.

Für die Ausrechnung von $K_{\mu\nu}(J)$ wollen wir in $K_{\mu\nu}(x-x')$ die **Impulsdarstellungen der G- und F-Funktionen** einsetzen und erhalten so

$$K(J) = 2*l^2\!\int d^4x'*\exp[-iJ(x-x')] \int d^4p\,d^4q* \qquad\qquad \text{2, weil 2 Kontraktionen}$$

$$SP\{\, \sigma_\mu *(2\pi)^{-4}* p_\rho\sigma_\rho\exp(ip(x-x')) * \sigma^\nu * i(2\pi)^{-4}(\kappa^2-\mu^2)*q_\tau\sigma_\tau\exp(iq(x'-x))\}$$

$$*\ \frac{}{\qquad\qquad\qquad\qquad\qquad\qquad\qquad\qquad}$$

$$\underset{\text{G-Funktion}}{p^2} \qquad\qquad * \qquad\qquad \underset{F^\tau\text{-Funktion}}{(q^2+\mu^2)^2*(q^2+\kappa^2)}$$

Im Integral **exp** zusammengefasst ergibt: $\exp[i(x-x')(-J+p-q)]$

Integration über $\xi = x-x'$, also $d^4x' = d^4\xi$, ergibt hierfür: $(2\pi)^4*\delta(-J+p-q)$
Die Grenzen bei x' gehen viermal von $-\infty$ bis $+\infty$. Eine Ersetzung durch
$\xi = x-(-\infty)$ bzw $\xi = x-(+\infty)$ ist letztlich wie viermal von $-\infty$ bis $+\infty$. x endlich

---

Also $K(J) = 2l^2\!\int d^4p\,d^4q*(2\pi)^{-4}*i(2\pi)^{-4}*(2\pi)^4*\delta(\,q-(p-J))*(\kappa^2-\mu^2)*$

$$SP\{\, \sigma_\mu *p_\rho\sigma_\rho* \sigma^\nu*q_\tau\sigma_\tau\}$$

$$*\ \frac{SP\{\sigma_\mu *p_\rho\sigma_\rho* \sigma^\nu*q_\tau\sigma_\tau\}}{p^2 * (q^2 + \mu^2)^2*(q^2 + \kappa^2)} \qquad\qquad \text{Es ist } \delta(-J+p-q) = \delta(q-(p-J))$$

$$\text{weil im Argument symmetrisch}$$

Nun **Integration** über q , sie führt wegen der Deltafunktion zu $q-(p-J)= 0$
also im Ergebnis zur Ersetzung von q durch $q = p -J$

$$K(J) = i(2\pi)^{-4}\, l^2\!\int d^4p*(\kappa^2-\mu^2)*\ \frac{2SP\{\sigma_\mu *p_\rho\sigma_\rho* \sigma^\nu*(p-J)_\tau\sigma_\tau\}}{p^2 *[(p-J)^2 + \mu^2]^2 * [(p-J)^2 + \kappa^2]}$$

Zur gleichwertigen Vereinfachung des Integrals:
Substitution: $J-p = r$, also $p = J-r$ sowie $d^4p = d^4r$
Die Integralgrenzen werden viermal umgedreht, was keiner Umdrehung
äquivalent ist. Dieses sei ins Integral eingesetzt. Dann erneut von r in p
umbenennen, ergibt

$$K(J) = i(2\pi)^{-4}\, l^2*\!\int d^4p*(\kappa^2-\mu^2)*\ \frac{2SP\{\sigma_\mu *(J-p)_\rho\sigma_\rho* \sigma^\nu*(-p_\tau)\sigma_\tau\}}{(J-p)^2 *[p^2 + \mu^2]^2*(p^2 + \kappa^2)}$$

Zur Ausrechnung dieses Integrals siehe 6.1

5.5 Die Fermionengleichung

Ein Fermion besteht aus einer ungeraden Zahl von Objekten, also aus einem Objekt oder drei,… usw. Dieses kommt (im Bild) auf der linken Seite zum Ausdruck, rechts haben wir wie immer **ein** Objekt davon entfaltet, was rechts deren Anzahl um zwei erhöht, denn eines geht weg und drei kommen hinzu. Es mag mehrere Varianten der Zusammensetzung eines Fermions geben, somit auch eine gewisse Unsicherheit, was die einfachste ist. Die Grundgleichung selbst kann als Fermionengleichung nicht dienen, weil sie keine Kontraktion zulässt, weil alle Objekte gleiches x-Niveau haben.

Variante1: Betrachten wir zunächst ein **Fermion** bestehend aus einem Fermion, Antifermion und einem Fermion, **unverbunden**, auf Indexbasis, d.h. ohne verbindende Matrizen dazwischen, je mit unabhängigen Indizes, links keine Indexkette, je mit eigenen x-Koordinaten, was durch verschiedene Farben zum Ausdruck kommt, also

$$1_\alpha 2_\beta 0_\gamma = 1_\alpha 2_\beta * G_{23\gamma\delta}\, b_{\delta\varepsilon} 3_\varepsilon * 4_\rho b_{\rho\kappa} 5_\kappa \qquad \text{Grundanordnung, } 0_\gamma \text{ entfaltet}$$

$$\qquad\quad \text{Vektoren} \qquad \text{Vektor} \qquad \text{Skalar} \qquad\qquad \alpha,\beta,\gamma \text{ fix, sonst Summierung}$$

Bem.: Zu den zwei χ korrespondieren zwei Teilchen, zu dem einen χ^* ein Antiteilchen in $|\psi\rangle$. χ, χ^* wirken je als Vernichter

---

Bildlich

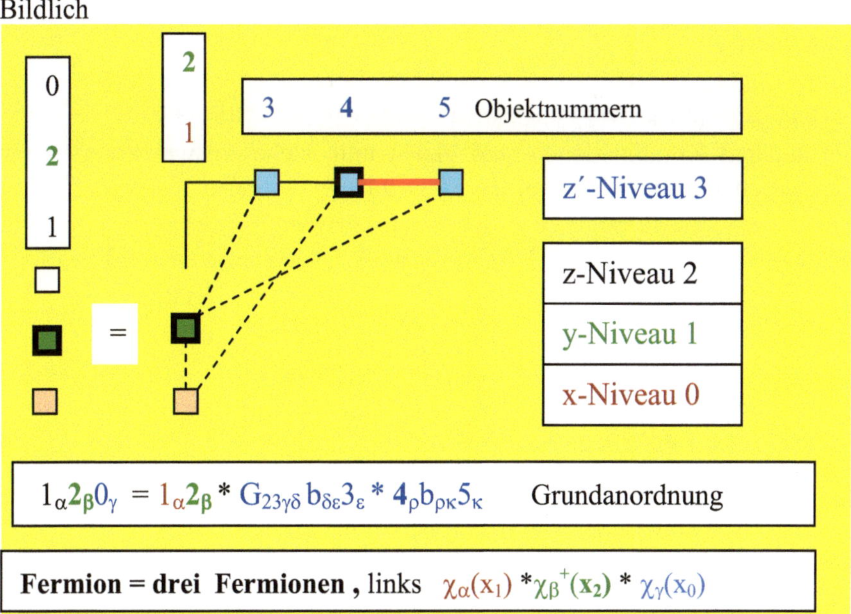

$$1_\alpha 2_\beta 0_\gamma = 1_\alpha 2_\beta * G_{23\gamma\delta}\, b_{\delta\varepsilon} 3_\varepsilon * 4_\rho b_{\rho\kappa} 5_\kappa \qquad \text{Grundanordnung}$$

Fermion = drei Fermionen , links $\quad \chi_\alpha(x_1) * \chi_\beta^{+}(x_2) * \chi_\gamma(x_0)$

Das Objekt 0 wurde rechts entfaltet in die Objekte 3, 4, 5. Die Objekte 1 und 2 sind auch rechts, ohne Entfaltung, mit denselben Koordinaten wie links. Sie tragen zu den Kontraktionen bei und sind ansonsten isoliert.

Die möglichen **Einzelkontraktionen** sind 12,14, 23, 25, die möglichen **Paarkontraktionen**, simultan zwei Kontraktionen, sind 23-14, 14-25.

Bem.: Ein Objekt kann simultan je nur in einer Kontraktion Verwendung finden, es ist dann gewissermaßen verbraucht. Pro Fall gibt es ein Einzelbild, ein Diagramm.z.B. zu 14 oder zu 23-14 .

Aus dem obigen allgemeinen Bild können so mittels der Wickentfaltung mehrere Einzelbilder, Diagramme (Terme) gewonnen werden.

Nun die **Wickentfaltung** für die fünf Objekte gemäß Objektziffern, siehe Kapitel 3.5 Ende, in Wiederholung: Normalprodukt-Basisvektor orientiert, aufsteigend:

12345 = :12345: + 45*:123: − 35*:124: + 34*:125: + 25*:134: − 24*:135: +

+ 23*:145: − 15*:234: +14*:235: − 13*:245: + 12*:345: +   Einfachkontr.

+ (23*45 − 24*35 + 25*34)*:1: + (13*45 − 14*35 − 15*:34)*:2: +

+ (12*45 − 14*25 + 15*24)*:3: + (12*35 − 13 *25 + 15*:23)*:4: +

+ (12*34 − 13*24 + 14*23)*:5:   Doppelkontraktionen

Konkret hier

12345 = 12345 + 12345 + 12345 + 12345 + 12345 + 12345 + 12345 =

= 12345 +12*345 + 14*235 + 23*145 + 14*23*5 − 14*25*3

Alle anderen Kombinationen sind gleich null, siehe Auswahlkriterien für Kontraktionen Kapitel 5.2. Aufgeschlüsselt haben wir also

----

$1_\alpha 2_\beta 0_\gamma$ = $1_\alpha 2_\beta$ * $G_{23\gamma\delta}$ $b_{\delta\varepsilon} 3_\varepsilon$ * $4_\rho b_{\rho\kappa} 5_\kappa$ + Grundanordnung, max φ-Funktion

$+ 1_\alpha 2_\beta$ * $G_{23\gamma\delta}$ $b_{\delta\varepsilon} 3_\varepsilon$ * $4_\rho b_{\rho\kappa} 5_\kappa$ 12*345 eine Kontraktion

$+ 1_\alpha 2_\beta$ * $G_{23\gamma\delta}$ $b_{\delta\varepsilon} 3_\varepsilon$ * $4_\rho b_{\rho\kappa} 5_\kappa$ 14*235

$+ 1_\alpha 2_\beta$ * $G_{23\gamma\delta}$ $b_{\delta\varepsilon} 3_\varepsilon$ * $4_\rho b_{\rho\kappa} 5_\kappa$ 23*235

$+ 1_\alpha 2_\beta$ * $G_{23\gamma\delta}$ $b_{\delta\varepsilon} 3_\varepsilon$ * $4_\rho b_{\rho\kappa} 5_\kappa$ 25*134

$+ 1_\alpha 2_\beta$ * $G_{12\gamma\delta}$ $b_{\delta\varepsilon} 3_\varepsilon$ * $4_\rho b_{\rho\kappa} 5_\kappa$ 14*25*3 zwei Kontraktionen

$+ 1_\alpha 2_\beta$ * $G_{23\gamma\delta}$ $b_{\delta\varepsilon} 3_\varepsilon$ * $4_\rho b_{\rho\kappa} 5_\kappa$ 14*23*5

Rot bzw violett steht zur Kontraktion an

Bei der Grundanordnung unterscheiden die Farben die x-Niveaus, ansonsten sind sie gegebenfalls teilweise durch Kontraktions-Rot überdeckt.

Daselbe, die Kontraktionen zusammengezogen **mit** Überhüpfung

$1_\alpha \mathbf{2}_\beta 0_\gamma = 1_\alpha \mathbf{2}_\beta * G_{23\gamma\delta}\, b_{\delta\epsilon} 3_\epsilon * 4_\rho b_{\rho\kappa} 5_\kappa$ + Grundanordnung, max ϕ-Funktion

$\quad\quad + 1_\alpha \mathbf{2}_\beta * G_{23\gamma\delta}\, b_{\delta\epsilon} 3_\epsilon * 4_\rho b_{\rho\kappa} 5_\kappa$ $\quad\quad$ 12*345 einfach

$\quad\quad + \mathbf{2}_\beta * G_{23\gamma\delta}\, b_{\delta\epsilon} 3_\epsilon * 1_\alpha 4_\rho b_{\rho\kappa} 5_\kappa$ $\quad\quad$ 14*235

$\quad\quad + 1_\alpha * G_{23\gamma\delta}\, b_{\delta\epsilon} 3_\epsilon \mathbf{2}_\beta * 4_\rho b_{\rho\kappa} 5_\kappa$ $\quad\quad$ 23*235

$\quad\quad + 1_\alpha * G_{23\gamma\delta}\, b_{\delta\epsilon} 3_\epsilon * 4_\rho b_{\rho\kappa} 5_\kappa \mathbf{2}_\beta$ $\quad\quad$ 25*134

$\quad\quad - \quad G_{12\gamma\delta}\, b_{\delta\epsilon} 3_\epsilon * 1_\alpha 4_\rho b_{\rho\kappa} 5_\kappa \mathbf{2}_\beta$ $\quad\quad$ 14*25*3 zwei Kontraktionen

$\quad\quad + \quad G_{23\gamma\delta}\, b_{\delta\epsilon} * 3_\epsilon \mathbf{2}_\beta * 1_\alpha 4_\rho * b_{\rho\kappa} 5_\kappa$ $\quad\quad$ 14*23*5 zwei Kontraktionen

---

Variante2: Wie Variante1, aber alle drei **Fermionen am selben Platz**

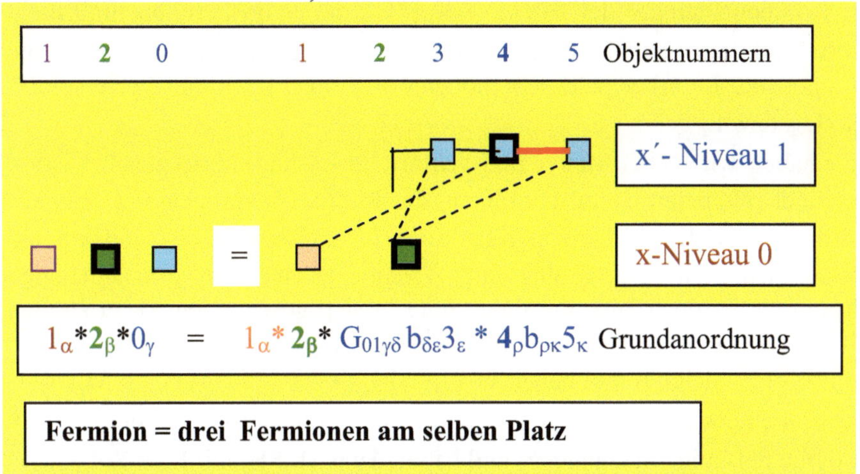

Ihre (ansonsten gleichen) Positionen unterscheiden sich nur durch einen differentiell kleinen raumartigen Abstand, so dass sie zu keiner Kontraktion untereinander fähig sind.

Die Indizes α, β, γ sind fix, über die anderen wird summiert.

Objekt 0 links wird rechts aufgelöst und durch die Objekte 3, **4**, 5 ersetzt.

Die Entfaltung ist genauso wie zuvor, eine Zeile fällt weg, nämlich die zweite 12*345, weil nun 1 und 2 gleiche Positionen haben.

Wie im Bosonenfall wollen wir auch hier einen **Fermionenzustand**, die linke Seite der Gleichung, durch eine Linearkombination darstellen, also

$|F\rangle = \Sigma_{\alpha\beta}\, A_{\alpha\beta\gamma} \langle 0| \chi_\alpha(x) \chi_\beta^*(x) \chi_\gamma(x) |\psi\rangle$ Genauso soll dessen **Gleichung** durch Aufmultiplikation und Summierung der indizierten Einzelgleichungen entstehen. Das Problem ist, welche Koeffizienten $A_{\alpha\beta\gamma}$ brauchen wir hierfür.

Im Bosonenfall waren es die Koeffizienten $A_{\alpha\beta} = \sigma_{\mu,\alpha\beta}$.

Konzentrieren wir uns auf die letzte Zeile, eine einfache Zeile, 14*23*5, unseren **Repräsentanten**: Zunächst $1_\alpha 2_\beta 0_\gamma = 1_\alpha 2_\beta * G_{23\gamma\delta} b_{\delta\epsilon} 3_\epsilon * 4_\rho b_{\rho\kappa} 5_\kappa$ dann nach Kontraktionsbildung $1_\alpha 2_\beta 0_\gamma = G_{12\gamma\delta} b_{\delta\epsilon} * 3_\epsilon 2_\beta * 1_\alpha 4_\rho * b_{\rho\kappa} 5_\kappa$

Im Bosonenfall hatten wir $1_\alpha a_{\alpha\beta} 0_\beta = a_{\alpha\beta} G_{\beta\gamma} b_{\gamma\delta} 2_\delta 1_\alpha * 3_\rho b_{\rho\kappa} 4_\kappa = M*s$
Also rechts Matrix mal Skalar, genau Spur(M)*Skalar oder Spur(M)*Lösung
Die Lösung ist von der Matrix, dem Kern, indexmäßig abgetrennt. Allerdings haben wir eine Abhängigkeit wegen der σ-Matrizen hinsichtlich der Komponenten μ,ν der Art $L_\mu = K_{\mu\nu} * L_\nu$, die es im Fermionenfall nicht geben soll, also nur L. Statt L_ν gibt es hier gewissermassen nur eine Komponente L . Aber jeder Komponente ist immer noch ein Zweierspinor, also $L_{\nu\rho}$ bzw L_ρ .

Hier haben wir rechts Matrix mal vektorielle Lösung, diese gleich $b_{\rho\kappa} 5_\kappa$, also über ρ indiziert, somit vom Kern, der Matrix nicht abgetrennt . Eigentlich haben wir $K_{\gamma\rho} * L_\rho$ Weder Kern noch Lösung sind in sich indexmäßig geschlossen. Wir streben nun eine Trennung, eine von ρ unanhängige Lösung an, ist doch auch die linke Seite in sich geschlossen. Dazu streben wir zunächst eine geschlossene Indexketten an, wir setzen zunächst die frei wählbaren α gleich β und haben so $G_{12\gamma\delta} b_{\delta\epsilon} * 3_\epsilon 2_\beta * 1_\beta 4_\rho * b_{\rho\kappa} 5_\kappa = M_{\gamma\rho} * L_\rho$, also nun eine zusammenhängende Matrix $M_{\gamma\rho}$. Sodann trennen wir den Kern ab durch einseitige Setzung $\rho=\gamma$ und haben dann $M_{\gamma\gamma} * L_\rho$ mit $L_\rho = \Sigma_\kappa b_{\rho\kappa} 5_\kappa$ ρ zählt die Komponenten. Über $M_{\gamma\gamma}$ kann man die Spur bilden, also $Sp(M_{\gamma\gamma})$, analog wie im Bosonenfall.

Also insgesamt haben wir $G_{12\gamma\delta} b_{\delta\epsilon} * 3_\epsilon 2_\beta * 1_\beta 4_\gamma * b_{\rho\kappa} 5_\kappa = M_{\gamma\gamma} * L_\rho$

Umsetzung in Integrale: Wir konzentrieren uns auf diesen Repräsentanten mit den drei Variablen x,y,z bzw x,y,z′ , mit der Annahme, dass sie besonders wichtig ist und so als alleinige Näherung dienen kann.

Kurzschrift $1_\alpha 2_\beta 0_\gamma = G_{12\gamma\delta} b_{\delta\epsilon} * 3_\epsilon 2_\beta * 1_\beta 4_\gamma * b_{\rho\kappa} 5_\kappa$ 23*14*5

          x y z   z′ y x z′   z′

Langschrift $\langle 0| \chi_\alpha(x)\, \chi_\beta^+(y)\, \chi_\gamma(z) |\psi\rangle = l^2 \int d^4 z' *$

$* G_{\gamma\delta}(z-z') * \sigma^\nu_{\delta\epsilon} * \langle 0| \chi_\epsilon(z') \chi_\beta^+(y) |0\rangle * \langle 0| \chi_\beta(x) \chi_\gamma^+(z') |0\rangle * \sigma_{\mu\nu,\nu} \langle 0|(\chi_\nu(z') |\psi\rangle$

oder $\phi(x,y,z) = l^2 * \int d^4 x'\, G(z-z') * \sigma^\nu * F^\tau(z'-y) * F(x-z') * \sigma_\nu * \phi(z')$

5.6 Der Übergang von $K_{\mu\nu}(x-x')$ zu $K_{\mu\nu}(J)$, Fermionenfall
Wir beziehen uns auf Variante1 und vollziehen den Übergang zu Variante2.
Also der Übergang x,y,z => x,x,x bzw x,y,z' => x,x,x' , nun x'statt z'

$\phi(x) = \phi(x,x,x) = l^2 * \int d^4x'\ G(x-x') * \sigma^\nu * F^\tau(x'-x) * F(x-x') * \sigma_\nu * \phi(x')$

Muster der Fermionengleichung ist die zweikomponentige Weylgleichung
$\Sigma_\nu J^\nu \sigma_\nu \phi(J) = 0$, also keine Komponenten ν. Deswegen folgende Einlassung:
Im Bosonenfall ist der Kern K ein Vierervektor K_ν wie auch die Lösung ϕ_ν
und wir haben $\phi = K_\nu \phi_\nu$ ein Viererskalarprodukt. Im Fermionenfall soll der
Kern wie auch die Lösung ein Skalar sein, wie obige Weylgleichung.
Um das zu erreichen, führen wir im **Impulsraum** ein Zwischensystem ein.
So gilt bei Vektoren für ein Skalarprodukt $\mathbf{a*b} = \Sigma_i\ \mathbf{a c_i * c_i b}$ Die $\mathbf{c_i}$ seien
normierte orthogonale Basisvektoren, sie bilden das Zwischensystem. Sind
sie kartesisch, also Einheitsvektoren $\mathbf{c_i} = \mathbf{e_i}$, z.B. (0 1 0) , dann gilt sogar
$\mathbf{a*b} = \Sigma_i\ \mathbf{a c_i * c_i b} = \Sigma_i\ \mathbf{a e_i * e_i b}$ $\mathbf{a*b} = \Sigma_i\ a_i e_i * e_i b_i$ Wegen der Nullen haben wir
Produkte nur noch von Komponenten. Das übertragen wir auf unseren Fall.
Das Zwischensystem seien die Orthogonal-Vekoren
$\mathbf{e_\nu} = 1/|J| * J_\nu$, z.B. $J_2 = (0, J_2, 0, 0)$
Es entspricht $\mathbf{a} = \mathbf{K}$, also die Vierervektoren $\mathbf{a_\nu} = K_\nu$, dem Kern
Es entspricht $\mathbf{b} = \phi$, also die Vierervektoren $\mathbf{b_\nu} = \phi_\nu$, der Lösung
Und so machen wir aus $\phi = K_\nu \phi_\nu$ nun $\phi = 1/J^2 * K_\nu J^\nu * J^\nu \phi_\nu$ mit Vierer-
summierung je über ν und haben so Kern und Lösung je zu einem Skalar ge-
macht.Statt $K_\nu(J)\phi^\nu(J) = \phi^\nu(J)$ haben wir dann $1/J^2 * [J^\nu K_\nu(J)] * [J_\nu \phi^\nu(J)] = \phi(J)$.
Zwischen Kern und Lösung ist keine Summierung mehr.
Allerdings ist z.B. der Einzelbasisvektor $J_2/|J|$ ist im allgemeinen kein
Einheitsvektor, so dass keine absolute Wertgleichheit zum Vorherigen mehr
herscht. Man tut gewissermaßen damit die ursprüngliche Gleichung modifi-
zieren zu einer Gleichung der Projektionen von K und ϕ auf den Vierer-
einheitsvektor J, wie im Weylfall, wo $J^\nu \sigma_\nu \phi(J)$ die Projektion von $\phi_\nu = \sigma_\nu \phi(J)$
auf den Vierervektor J^ν ist.
Schließlich wird daraus K und ϕ im Ortsraum wieder zusammengesetzt.
$\phi(x) = \int d^4x' * K(x-x')\phi(x')$ die Gleichung,dazu die Fouriertransformierte
$K(x-x') = \int dJ K(J)) * \exp[+iJ(x-x')]$, $\phi(x') = \int dJ' \phi(J')\exp(+iJ'x')$
$\phi(J) = K(J)\phi(J)$ die Gleichung, mit $K(J) = \int dx^4 K(x-x')) * \exp[-iJ(x-x')]$
$\phi(J) = \int dx' \phi(x')\exp(-iJx')$

Es ist $1 = J^2/J^2 = J_\nu J^\nu/J^2$, $J^2 = \mathbf{J}^2 - J_0^2$, ein Viererskalarprodukte. J_0 ist die Energie, J_i ist der äußere Impuls des Teilchens im Hinblick auf eine partikuläre Lösung. Sei dieses in Ruhe, dann ist nur J_0 verschieden von Null und die Gesamtgleichung reduziert sich auf die erste Einzelgleichung, die σ_i kommen nicht zur Wirkung eben wie bei der Weylgleichung, allerdings muss bei der Weylgleichung zudem wenigstens ein Impuls J_i verschieden von null sein, denn es gibt kein ruhendes Neutrino oder Antineutrino.

Sichtlich gehört das erste $\mathbf{J}_\nu\boldsymbol{\sigma}^\nu$ zum Kern, das zweite $\mathbf{J}^\nu\boldsymbol{\sigma}_\nu$, ν je fix, wollen wir der Lösung zuschlagen. Wir schließen den Kern damit ab, er ist proportional σ_0, der erste Index und der letzte Index stimmen überein, wir können für den Kern die Spur bilden. Wir haben die Form $<0|K|0>*<0|\sigma L> = 0$ und wir können für $<0|K|0>$ die Spur bilden.

Statt $K_\nu(J)\phi^\nu(J) = \phi^\nu(J)$ haben wir dann $[J^\nu K_\nu(J)]*[J_\nu\phi^\nu(J)] = \phi^\nu(J)$.

Das ist wie statt Vektor-Skalarprodukt $\mathbf{ab}$ sei $\mathbf{ac*ca}$, also das Produkt der Projektionen von $\mathbf{a}$ und $\mathbf{b}$ auf den Vektor $\mathbf{c}$.

Betrachten wir z.B. das Produkt $\Sigma_{jkl}\, a_i*A_{ij}*B_{jk}*C_{kl}*b_l$, so können wir darin alle Wege sehen, die von der Vektorkomponente a_i zur Vektorkomponente b_l über die Matrizenelemente A_{ij}, B_{jk} ,C_{kl} , die man hier als Wahrscheinlichkeitsamplituden interpretieren kann, führen, wobei je multipliziert wird. Das ist Zeilenvektor mal Matrix mal Matrix mal Matrix mal Spaltenvektor. Wir erhalten dann eine gesamte Wahrscheinlichkeitsamplitude für den Weg von i nach l. Typisch für die Spur ist, dass stets $l = i$ ist , so dann, dass zusätzlich über alle Wege i-i summiert wird, also im Beispiel

Spur $= \Sigma_{ijkl}\, a_i*A_{ij}*B_{jk}*C_{ki}*b_i$

Liegt $<0|K|0>$ vor, so haben wir immer die Spur über K.

Dazu nun **die weiteren Schritte** wie im Bosonenfall

$\phi(x) = \int d^4x'*K(x-x')\phi(x')$ dazu die Fouriertransformierte

$\phi(J) = K(J)\phi(J)$ mit $K(J) = \int dx^4 K(x-x'))*\exp[-iJ(x-x')]$

Nun Einsetzen der Impulsdarstellungen für G und je F wie im Bosonenfall

Das letzte $\mathbf{J}^\nu\sigma_\nu$ gehört eigentlich zur Lösung ϕ, nicht zum Kern K, es sei trotzdem noch mitgeführt:

$K(J) = \int d^4x*\exp[-iJ(x-x')] \int d^4p d^4q d^4r*(2\pi)^{-4}*i(2\pi)^{-4}(\kappa^2-\mu^2)*i(2\pi)^{-4}(\kappa^2-\mu^2)^2*$

$\qquad\qquad G(p) \qquad\qquad\qquad\qquad F^\tau(q) \qquad\qquad\qquad\qquad F(r)$

$\qquad p_\rho\sigma_\rho\exp(ip(x-x')) * \mathbf{J}^\nu\sigma_\nu * q_\tau\sigma_\tau\exp(iq(x'-x)) * r_\lambda\sigma_\lambda\exp(ir(x-x'))$

$* \text{---}* \mathbf{J}_\nu\sigma^\nu$

$\qquad J^2 * p^2 \qquad * \qquad (q^2 + \mu^2)^2*(q^2 + \kappa^2) \qquad * \qquad (r^2 + \mu^2)^2*(r^2 + \kappa^2)$

über ρ,τ,λ wird unabhängig summiert, je 0,1,2,3

Nachdem wir K(J) ergänzt haben,bilden wir wieder $\phi(x)=\int d^4x'*K(x-x')\phi(x')$

mit $K(x-x') = \int dJ*\exp[+iJ(x-x')]*K(J)$ Wir integrieren dabei auch über J, also über p,J,q,r Das Integral ist hinsichtlich seines Wertes in p und J symmetrisch, sie können also im Integral vertauscht werden, denn wir haben

$p_\rho\sigma_\rho\exp(ip(x-x'))*\mathbf{J}^\nu\sigma_\nu \exp[+iJ(x-x')]/ J^2p^2$ einerseits oder

$J_\rho\sigma_\rho\exp(iJ(x-x'))*p^\nu\sigma_\nu \exp[+ip(x-x')]/ p^2J^2$ andererseits.

Je über alle J bzw p wie auch über alle ρ bzw ν wird integriert und summiert.

Die σ-Linearkombination kann man, siehe 5.7 , ersetzen, nur σ_0 interessiert ,

durch $p_\rho\sigma_\rho* \mathbf{J}^\nu\sigma_\nu * q_\tau\sigma_\tau * r_\lambda\sigma_\lambda => (pJ)*[qr] - (pq)*[Jr] + (Jq)*[Jr]$

Wegen der benannten Symmetrie ist ersetzbar $(Jq)*[pr] = (pq)*[Jr]$, also $p\Leftrightarrow J$, was die letzten beiden Terme aufhebt, somit haben wir als Ersetzung im Integralzähler schließlich sogar $p_\rho\sigma_\rho*\mathbf{J}^\nu\sigma_\nu *q_\tau\sigma_\tau*r_\lambda\sigma_\lambda => (pJ)*[qr]*\sigma_0$

Wir gehen zurück zu K(J) und ersetzen damit im Zähler

$K(J) = \int d^4x*\exp[-iJ(x-x')] \int d^4p d^4q d^4r*(2\pi)^{-4}*i(2\pi)^{-4}(\kappa^2-\mu^2)*i(2\pi)^{-4}(\kappa^2-\mu^2)^2*$

$\qquad (pJ)*[qr] *\exp[i(p-q+r)(x-x')] *\exp[-iJ(x-x')]$

$* \text{--} * \mathbf{J}_\nu\sigma^\nu$

$\qquad J^2 * p^2 * (q^2 + \mu^2)^2*(q^2 + \kappa^2) * (r^2 + \mu^2)^2*(r^2 + \kappa^2)$

exp zusammengefasst ist also $\exp[i(-J+p-q+r)(x-x')]$ Die **Integration** über $\xi = (x-x')$ ergibt im Integral die Deltafunktion $(2\pi)^4*\delta(-J+p-q+r)$

Die **Integration** über p ergibt im Integral wegen $(-J+p-q+r) = 0$
die Ersetzung von p durch $p = (J+q-r)$, also, es ist $J^2 = J_\beta\sigma_\beta = \mathbf{J}^2 - J_0^2$,

$$K(J) = \int d^4q \, d^4r * (2\pi)^{-4} * i(2\pi)^{-4}(\kappa^2-\mu^2) * i(2\pi)^{-4}(\kappa^2-\mu^2)^2 * (2\pi)^4 *$$

$$* \; \frac{((J+q-r), J)*[qr]}{J^2 * (J+q-r)^2 * (q^2 + \mu^2)^2 * (q^2 + \kappa^2) * (r^2 + \mu^2)^2 * (r^2 + \kappa^2)} \; * J_\nu\sigma^\nu \qquad \text{gehört zur Lösung}$$

Und wir haben $J_\nu\sigma^\nu\phi(J) = K(J) * J_\nu\sigma^\nu\phi(J)$ oder $[1-K(J)]* J_\nu\sigma^\nu\phi(J) = 0$
$K(J)$ ist abhängig von μ

Ist $[1-K(J)] \neq 0$, so muss $J_\nu\sigma^\nu\phi(J) = 0$ sein , das ist für die **Neutrinos**.
Ist $[1-K(J)] = 0$, ist das eine Eigenwertgleichung für $\mu = J^2/\kappa^2$, speziell bei
J=0 für $\mu = \kappa_F^2/\kappa^2$, für eine Lösung mit **Fermionenmasse** κ_F . Siehe [3, A5]
Bezüglich des Zählers siehe Ende nächstes Kapitel 5.7 Fermionenintegral
Bem.: Es versteht sich $(ab) = (\mathbf{ab}-a_0b_0)$, $[ab] = (\mathbf{ab}+a_0b_0)$

5.7 σ-Matrizen-Multiplikationen, betreffend den Integralzähler

Im Zähler von Integralen, siehe zuvor, treten Produkte von σ-Matrizen auf, von er Form $Z = \Sigma_{\alpha\beta\chi\delta}\, a_\alpha\sigma_\alpha * b_\beta\sigma_\beta * c_\gamma\sigma_\gamma * d_\delta\sigma_\delta$, die es zu vereinfachen gilt, d.h. die es in eine Linearkombination über die σ_μ umzuwandeln gilt.

Es versteht sich $a_\rho\sigma_\rho = a_0\sigma_0 + \mathbf{a}\sigma$, $b_\rho\sigma_\rho = b_0\sigma_0 + \mathbf{b}\sigma$ je Summe

$\qquad\qquad c_\rho\sigma_\rho = c_0\sigma_0 + \mathbf{c}\sigma$, $d_\rho\sigma_\rho = d_0\sigma_0 + \mathbf{d}\sigma$ über ρ

Also je eine Linearkombination über die σ_μ . $\mathbf{a}$, $\mathbf{b}$, $\mathbf{c}$, $\mathbf{d}$ sind Vektoren

$\mathbf{a}\sigma$ z.B. versteht sich als Skalarprodukt, also $\mathbf{a}\sigma = a_1\sigma_1 + a_2\sigma_2 + a_3\sigma_3$

Es gilt die **Grundformel** $\mathbf{a}\sigma * \mathbf{b}\sigma = \mathbf{ab} * \sigma_0 + i(\mathbf{a} \times \mathbf{b}) * \sigma$, $\mathbf{a},\mathbf{b}$ Vektoren

----

und die **erweiterte Grundformel**

$\qquad \Sigma\, a_\alpha\sigma_\alpha * b_\beta\sigma_\beta = (a_0b_0 + \mathbf{ab})\sigma_0 + [a_0\mathbf{b} + b_0\mathbf{a} + i(\mathbf{a} \times \mathbf{b})] * \sigma$

$\qquad\qquad\qquad$ (Skalar) $\qquad\qquad\qquad$ [Vektor] $\qquad$ * [Vektor

analog $\qquad c_\gamma\sigma_\gamma * d_\delta\sigma_\delta = (c_0d_0 + \mathbf{cd})\sigma_0 + [c_0\mathbf{d} + d_0\mathbf{c} + i(\mathbf{c} \times \mathbf{d})] * \sigma$

Das Produkt ist also stets wieder eine Linearkombination über die σ_μ .

Es ist dann $\quad a_\alpha\sigma_\alpha * b_\beta\sigma_\beta * c_\gamma\sigma_\gamma * d_\delta\sigma_\delta = \quad$ entspricht nach erw. Grundformel

$= (a_0b_0 + \mathbf{ab}) * (c_0d_0 + \mathbf{cd}) * \sigma_0 + \qquad\qquad$ Z1 $\quad$ entspr a_0b_0

$+ [(a_0\mathbf{b} + b_0\mathbf{a}) + i(\mathbf{a} \times \mathbf{b})] * [(c_0\mathbf{d} + d_0\mathbf{c}) + i(\mathbf{c} \times \mathbf{d})] * \sigma_0 \quad$ Z2 $\quad$ entspr $\mathbf{ab}$

$\cdots\cdots\cdots\cdots\cdots\cdots\cdots\cdots\cdots\cdots\cdots\cdots\cdots\cdots\cdots$

$+ (a_0b_0 + \mathbf{ab})[(c_0\mathbf{d} + d_0\mathbf{c}) + i(\mathbf{c} \times \mathbf{d})] * \sigma + \qquad$ Z3 $\quad$ entspr $a_0\mathbf{b}$

$+ (c_0d_0 + \mathbf{cd})[(a_0\mathbf{b} + b_0\mathbf{a}) + i(\mathbf{a} \times \mathbf{b})] * \sigma + \qquad$ Z4 $\quad$ entspr $b_0\mathbf{a}$

$+ i * [(a_0\mathbf{b} + b_0\mathbf{a}) + i(\mathbf{a} \times \mathbf{b})] \times [(c_0\mathbf{d} + d_0\mathbf{c}) + i(\mathbf{c} \times \mathbf{d})] * \sigma$ Z5 $\;$ entspr $i(\mathbf{a} \times \mathbf{b}) * \sigma$

Das ist die vollständige Formel und stellt die Produkte als Linearkombination von σ_0 und σ dar, wiederum in der Form $a_0\sigma_0 + \mathbf{a}\sigma$.

Wir rechnen aus

Z1 $= (a_0b_0 + \mathbf{ab})(c_0d_0 + \mathbf{cd}) = a_0b_0c_0d_0 + a_0b_0 * \mathbf{cd} + c_0d_0 * \mathbf{ab} + \mathbf{ab} * \mathbf{cd}$

Z2 $= [(a_0\mathbf{b} + b_0\mathbf{a}) + i(\mathbf{a} \times \mathbf{b})] * [(c_0\mathbf{d} + d_0\mathbf{c}) + i(\mathbf{c} \times \mathbf{d})] * \sigma_0 =$

$\quad = \{ a_0c_0\mathbf{bd} + a_0d_0\mathbf{bc} + b_0c_0\mathbf{ad} + b_0d_0\mathbf{ac} +$

$\quad - (\mathbf{a} \times \mathbf{b}) * (\mathbf{c} \times \mathbf{d}) \} * \sigma_0 \quad + \qquad\qquad\qquad = -\mathbf{ac} * \mathbf{bd} + \mathbf{bc} * \mathbf{ad}$

$\quad + ia_0\mathbf{b}(\mathbf{c} \times \mathbf{d}) + ib_0\mathbf{a}(\mathbf{c} \times \mathbf{d}) + ic_0(\mathbf{a} \times \mathbf{b})\mathbf{d} + id_0(\mathbf{a} \times \mathbf{b})\mathbf{c} \qquad$ imaginär

$= \{ a_0c_0\mathbf{bd} + b_0c_0\mathbf{ad} + a_0d_0\mathbf{bc} + b_0d_0\mathbf{ac} - \mathbf{ac} * \mathbf{bd} + \mathbf{bc} * \mathbf{ad}\} * \sigma_0 = +\text{imag}$

$$= (a_0c_0-\mathbf{ac})(\mathbf{bd}-b_0d_0) + a_0c_0b_0d_0 \ + \ (b_0c_0+\mathbf{bc})(\mathbf{ad} + a_0d_0) - a_0c_0b_0d_0 \ =$$
$$= \ (a_0c_0-\mathbf{ac})(\mathbf{bd}-b_0d_0) + (b_0c_0+\mathbf{bc})(\mathbf{ad}+a_0d_0) \quad + \qquad\qquad \text{reell}$$
$$+ \ ia_0\mathbf{b}(\mathbf{c} \times \mathbf{d}) + ib_0\mathbf{a}(\mathbf{c} \times \mathbf{d}) + ic_0(\mathbf{a} \times \mathbf{b})\mathbf{d} + id_0(\mathbf{a} \times \mathbf{b})\mathbf{c} \quad \text{imaginär, also}$$

$$Z2 = a_0c_0\mathbf{bd} + a_0d_0\mathbf{bc} + b_0c_0\mathbf{ad} + b_0d_0\mathbf{ac} \ - \mathbf{ac*bd} + \mathbf{bc*ad} \ +$$
$$+ \ i*(a_0\mathbf{b}+b_0\mathbf{a})(\mathbf{c} \times \mathbf{d}) + i*(c_0\mathbf{d}+d_0\mathbf{c})(\mathbf{a} \times \mathbf{b})$$

$$Z3 =(a_0b_0+\mathbf{ab})[(c_0\mathbf{d}+d_0\mathbf{c})+i(\mathbf{c} \times \mathbf{d})]=(a_0b_0+\mathbf{ab})(c_0\mathbf{d}+d_0\mathbf{c})+ \ i*(a_0b_0+\mathbf{ab})*(\mathbf{c} \times \mathbf{d})$$

$$Z4 =(c_0d_0+\mathbf{cd})[(a_0\mathbf{b}+b_0\mathbf{a})+i(\mathbf{a} \times \mathbf{b})]=(c_0d_0+\mathbf{cd})(a_0\mathbf{b}+b_0\mathbf{a}) \ +i*(c_0d_0+\mathbf{cd})*(\mathbf{a} \times \mathbf{b})$$

$$Z5 = \mathbf{i*}[(a_0\mathbf{b}+b_0\mathbf{a}) +i(\mathbf{a} \times \mathbf{b})] \times [(c_0\mathbf{d}+d_0\mathbf{c}) + i(\mathbf{c} \times \mathbf{d})] =$$
$$= \ i*(a_0\mathbf{b}+b_0\mathbf{a}) \times (c_0\mathbf{d}+d_0\mathbf{c}) +$$
$$- \ (a_0\mathbf{b}+b_0\mathbf{a}) \times (\mathbf{c} \times \mathbf{d}) - (\mathbf{a} \times \mathbf{b}) \times (c_0\mathbf{d}+d_0\mathbf{c}) - \mathbf{i*c*}(\mathbf{a} \times \mathbf{b})\mathbf{d} + \mathbf{i*d*}(\mathbf{a} \times \mathbf{b})\mathbf{c}$$

$$Z5 = i*a_0c_0(\mathbf{b} \times \mathbf{d}) + i*a_0d_0(\mathbf{b} \times \mathbf{c}) + i*b_0c_0(\mathbf{a} \times \mathbf{d}) + i*b_0d_0(\mathbf{a} \times \mathbf{c}) +$$
$$- \ \mathbf{i*c*}(\mathbf{a} \times \mathbf{b})\mathbf{d} + \mathbf{i*d*}(\mathbf{a} \times \mathbf{b})\mathbf{c}$$
$$- \ \mathbf{c*}(a_0\mathbf{bd} +b_0\mathbf{ad}) + \mathbf{d*}(a_0\mathbf{bc} +b_0\mathbf{ac}) + \mathbf{a*}(c_0\mathbf{db}+d_0\mathbf{cb}) - \mathbf{b*}(c_0\mathbf{da}+d_0\mathbf{ca})$$

NR: $(a_0\mathbf{b}+b_0\mathbf{a}) \times (\mathbf{c} \times \mathbf{d}) =$
$$= \mathbf{c*}(a_0\mathbf{b}+b_0\mathbf{a})\mathbf{d} - \mathbf{d*}(a_0\mathbf{b}+b_0\mathbf{a})\mathbf{c} = \mathbf{c*}(a_0\mathbf{bd} +b_0\mathbf{ad}) - \mathbf{d*}(a_0\mathbf{bc} +b_0\mathbf{ac})$$

NR: $(c_0\mathbf{d}+d_0\mathbf{c}) \times (\mathbf{a} \times \mathbf{b}) =$
$$= \mathbf{a*}(c_0\mathbf{d} +d_0\mathbf{c})\mathbf{b} - \mathbf{b*}(c_0\mathbf{d} +d_0\mathbf{c})\mathbf{a} = \mathbf{a*}(c_0\mathbf{db}+d_0\mathbf{cb})\mathbf{b} - \mathbf{b*}(c_0\mathbf{da}+d_0\mathbf{ca})\mathbf{a}$$

NR: $(a_0\mathbf{b}+b_0\mathbf{a}) \times (c_0\mathbf{d}+d_0\mathbf{c}) = a_0c_0(\mathbf{b} \times \mathbf{d})+a_0d_0(\mathbf{b} \times \mathbf{c})+b_0c_0(\mathbf{a} \times \mathbf{d})+ b_0d_0(\mathbf{a} \times \mathbf{c})$

Benutzte **Formeln** $\quad \mathbf{a} \times(\mathbf{b} \times \mathbf{c}) = \mathbf{b*ac} - \mathbf{c*ab}$
$$(\mathbf{a} \times \mathbf{b}) \times (\mathbf{c} \times \mathbf{d}) = \mathbf{c*}(\mathbf{a} \times \mathbf{b})\mathbf{d} - \mathbf{d*}(\mathbf{a} \times \mathbf{b})\mathbf{c}$$
$$(\mathbf{a} \times \mathbf{b}) * (\mathbf{c} \times \mathbf{d}) = \mathbf{ac*bd} -\mathbf{bc*ad}$$

Zusammengefasst $\Sigma a_\alpha\sigma_\alpha{}^*b_\beta\sigma_\beta{}^*c_\gamma\sigma_\gamma{}^*d_\delta\sigma_\delta = (Z1+Z2)^*\sigma_0 + (Z3+Z5+Z5)\sigma$

Mit der **Viererprodukt-Kurzschrift** $\;$ **(ab)** = **(ab**$-a_0b_0)$, [ab] = **(ab**$+a_0b_0)$

$Z1 = (a_0b_0+\mathbf{ab})(c_0d_0+\mathbf{cd}) = a_0b_0c_0d_0 + a_0b_0{}^*\mathbf{cd} + c_0d_0{}^*\mathbf{ab} + \mathbf{ab}^*\mathbf{cd}$

Oder in Kurzschrift $\;\mathbf{Z1}$ = [ab]*[cd]

$Z2 = (a_0c_0-\mathbf{ac})(\mathbf{bd}-b_0d_0) + (b_0c_0+\mathbf{bc})(\mathbf{ad}+a_0d_0) +$ imaginär =

$\quad = a_0c_0\mathbf{bd} + a_0d_0\mathbf{bc} + b_0c_0\mathbf{ad} + b_0d_0\mathbf{ac} - \mathbf{ac}^*\mathbf{bd} + \mathbf{bc}^*\mathbf{ad} +$

$\quad\quad + i^*(a_0\mathbf{b}+b_0\mathbf{a})(\mathbf{c} \times \mathbf{d}) + i^*(c_0\mathbf{d}+d_0\mathbf{c})(\mathbf{a} \times \mathbf{b})$

Oder in Kurzschrift $\mathbf{Z2}$ = $-$(ac)*(bd) + [bc]*[ad] + imaginär

----

$\mathbf{Z3} = (a_0b_0+\mathbf{ab})(c_0\mathbf{d}+d_0\mathbf{c})+ i^*(a_0b_0+\mathbf{ab})^*(\mathbf{c} \times \mathbf{d})$

Oder in Kurzschrift $\mathbf{Z3}$ = [ab]*$(c_0\mathbf{d}+d_0\mathbf{c})$ + i*[ab]*$(\mathbf{c} \times \mathbf{d})$

$\mathbf{Z4} = (c_0d_0+\mathbf{cd})(a_0\mathbf{b}+b_0\mathbf{a}) +i^*(c_0d_0+\mathbf{cd})^*(\mathbf{a} \times \mathbf{b})$

Oder in Kurzschrift $\mathbf{Z4}$ = [cd]*$(a_0\mathbf{b}+b_0\mathbf{a})$ + i*[cd]*$(\mathbf{a} \times \mathbf{b})$

$\mathbf{Z5} = - \mathbf{c}^*(a_0\mathbf{bd} +b_0\mathbf{ad}) + \mathbf{d}^*(a_0\mathbf{bc} +b_0\mathbf{ac}) +\mathbf{a}^*(c_0\mathbf{db}+d_0\mathbf{cb}) - \mathbf{b}^*(c_0\mathbf{da}+d_0\mathbf{ca}) +$

$\quad\quad + i^*a_0c_0(\mathbf{b} \times \mathbf{d}) + i^*a_0d_0(\mathbf{b} \times \mathbf{c}) + i^*b_0c_0(\mathbf{a} \times \mathbf{d}) + i^*b_0d_0(\mathbf{a} \times \mathbf{c}) +$

$\quad\quad - i^*\mathbf{c}^*(\mathbf{a} \times \mathbf{b})\mathbf{d} + i^*\mathbf{d}^*(\mathbf{a} \times \mathbf{b})\mathbf{c}$

Bem.: Z1,Z2 sind Skalare, **Z3,Z4,Z5** sind Vektoren.

Beispiel: $\Sigma\;\mathbf{a}_\alpha\sigma_\alpha * \mathbf{b}_\beta\sigma_\beta * \mathbf{a}_\gamma\sigma_\gamma\quad$ also $c_0 = a_0$,**c=a**, $d_0=1$, **d=0**

$Z1 = a_0b_0a_0 + a_0{}^*\mathbf{ab}$

$Z2 = a_0\mathbf{ba} + b_0\mathbf{aa}$

$\mathbf{Z3} = (a_0b_0+\mathbf{ab})(\mathbf{a}) = a_0b_0{}^*\mathbf{a} +\mathbf{ab}^*\mathbf{a}$

$\mathbf{Z4} = (a_0)(a_0\mathbf{b}+b_0\mathbf{a}) + i^*(a_0)^*(\mathbf{a} \times \mathbf{b}) = (a_0a_0\mathbf{b} + a_0b_0\mathbf{a}) + i^*(a_0)^*(\mathbf{a} \times \mathbf{b})$

$\mathbf{Z5} = \mathbf{a}^*(\mathbf{ab}) - \mathbf{b}^*(\mathbf{aa}) + i^*a_0(\mathbf{b} \times \mathbf{a})$

$Z1+Z2 = a_0a_0b_0 + 2a_0\mathbf{ab} + \mathbf{aa}^*b_0 = (a_0a_0+ \mathbf{aa})b_0 + 2a_0\mathbf{ab}$ ein Skalar $=$

$\quad\quad = 2^*a_0(a_0b_0+ \mathbf{ab}) + (-a_0a_0+ \mathbf{aa})^*b_0 = 2^*a_0{}^*[ab] + (aa)^*b_0$

$\mathbf{Z3+Z4+Z5} = a_0b_0{}^*\mathbf{a} +\mathbf{ab}^*\mathbf{a} + a_0a_0\mathbf{b} + a_0b_0\mathbf{a} + \mathbf{a}^*(\mathbf{ab}) - \mathbf{b}^*(\mathbf{aa}) =$

$\quad = 2(a_0b_0+\mathbf{ab})^*\mathbf{a} + (a_0a_0 - \mathbf{aa})\mathbf{b} = 2^*[ab]^*\mathbf{a} - (aa)^*\mathbf{b} \quad\quad$ ein Vektor

----

Es ist dann $\mathbf{a}_\alpha\sigma_\alpha{}^*\mathbf{b}_\beta\sigma_\beta{}^*\mathbf{a}_\gamma\sigma_\gamma = (Z1+Z2)^*\sigma_0 + (Z3+Z4+Z5)^*\sigma =$

$= (aa)^*b_0\sigma_0 -(aa)^*\mathbf{b}\sigma + 2^*[ab]^*a_0\sigma_0 + 2^*[ab]^*\mathbf{a}\sigma$

Beispiel: Seien $a_\mu = b_\mu = c_\mu = d_\mu = 1$, also $\Sigma_{\alpha\beta\gamma\delta}\ \sigma_\alpha{}^*\sigma_\beta{}^*\sigma_\gamma\,\sigma_\delta$

$Z1 = [ab]*[cd] = 4*4 =16$

$Z2 = = -(ab)*(bd) + [bc]*[ad] + \text{imaginär} = -2*2 +4*4 + 0 = 12$

$\mathbf{Z3} = [ab]*(c_0\mathbf{d}+d_0\mathbf{c}) + i*[ab]*(\mathbf{c} \times \mathbf{d}) = 4*(2\ 2\ 2) + 0$

$\mathbf{Z4} = [cd]*(a_0\mathbf{b}+b_0\mathbf{a}) + i*[cd]*(\mathbf{a} \times \mathbf{b}) = 4*(2\ 2\ 2) + 0$

$\mathbf{Z5} = -\mathbf{c}*(a_0\mathbf{bd}+b_0\mathbf{ad})+\mathbf{d}*(a_0\mathbf{bc}+b_0\mathbf{ac})+\mathbf{a}*(c_0\mathbf{db}+d_0\mathbf{cb})- \mathbf{b}*(c_0\mathbf{da}+d_0\mathbf{ca}) + \text{im}$

$= -(1\ 1\ 1)*(3+3) + (1\ 1\ 1)*(3+3) + (1\ 1\ 1)*(3+3) - (1\ 1\ 1)*(3+3) + 0$

$= (1\ 1\ 1)*0 = 0$

Also $\Sigma\sigma_\alpha{}^*\sigma_\beta{}^*\sigma_\gamma\,\sigma_\delta = 28*\sigma_0 + 16\sigma_1+16\sigma_2+16\sigma_3$ $\alpha,\beta,\gamma,\delta = 0,1,2,3$

Anwendung1: Der **Zähler im Bosonenintegral**

Sei $\{\sigma_\mu{}^*\Sigma_\rho\ b_\rho\sigma_\rho{}^*\sigma_\nu{}^*\Sigma_\tau\ d_\tau\,\sigma_\tau \}$ μ,ν fix   Bosonenfall , siehe nachfolgend

Dies führen wir auf unser Muster zurück indem wir setzen

Sei $a = 1_\mu$, $b = x_\rho$, $c = 1_\nu$, $d = y_\tau$, $\mu,\rho,\nu,\tau = 1,2,3,0$ m,n = 1,2,3 μ,ν fix

a, b, c, d normale Vektoren mit 4 Komponenten, also z.B. $(\mathbf{a},a_0)$

1_μ bedeutet nur Komponente μ ist mit 1 besetzt, analog für 1_ν

Es sei also $\{1_\mu\sigma_\mu{}^*\Sigma_\rho\ b_\rho\sigma_\rho * 1_\nu\sigma_\nu{}^*\Sigma_\tau\ d_\tau\,\sigma_\tau \}$ Dann ist

----

$Z1 = (a_0b_0+\mathbf{ab})(c_0d_0+\mathbf{cd}) = (1_0x_0+1_mx_m)(1_0y_0+1_ny_n) = x_\mu y_\nu$

$Z2 = (a_0c_0-\mathbf{ac})(\mathbf{bd}-b_0d_0) + (b_0c_0+\mathbf{bc})(\mathbf{ad}+a_0d_0)=$

$= (1_01_0-1_m1_m)(\mathbf{x}_my_m-x_0y_0) + (x_01_0+x_n1_n)(1_my_m+1_0y_0) = -g_{\mu\nu}*(xy)+ x_\nu y_\mu$

Insgesamt: $F(\sigma_0) = Z1 + Z2 = -g_{\mu\nu}*(xy) + x_\mu y_\nu + x_\nu y_\mu$ μ,ν fix

$g_{\mu\nu} = (1,1,1,-1)$ xy = Viererskalarprodukt $= \mathbf{xy} - x_0y_0$

Anwendung2 Der **Zähler im Fermionenintegral:**

$Z1+Z2 = [ab]*[cd] -(ac)*(bd) + [bc]*[ad] + \text{imaginär}$

Zähler $= G*J*F^\tau*F = \Sigma p_\rho\sigma_\rho{}^*\ \mathbf{J}^\nu\sigma_\nu * q_\tau\sigma_\tau * r_\lambda\sigma_\lambda$ entspricht a b c d

Bem.: $b_\beta\sigma_\beta = J_\beta\sigma_\beta = \mathbf{J\sigma} - J_0\sigma_0$, also $b_0 = -J_0$, und so z.B. $[ab] => (ab)$

Also $Z1+Z2 = [ab]*[cd] -(ac)*(bd) + [bc]*[ad] =>$

$=> (ab)*[cd] - (ac)*[bd] +(bc)*[ad] + \text{imaginär}$

Also $Z1+Z2 = (pJ)*[qr] - (pq)*[Jr] +(Jq)*[pr] + \text{imaginär}$ wenn b=J

Bem.: Wir brauchen nur Terme mit σ_0 , weil später über alle die Spur gebildet wird und die Spur für sonstige σ_i gleich null ist oder weil nur als Ergebnis die Einheitsmatrix σ_0 interessiert. Das betrifft Weglassung der Zeilen Z3, Z4 und Z5 sowie der Imaginärteile in Z2.

Betrachte $(ab)*[cd] - (ac)*[bd] +(bc)*[ad]$

Im letzten Term $(bc)*[ad]$, a und b vertauscht, erlaubt bei entsprechender Symmetrie im Integral. Ergibt $(bc)*[ad] = (ac)*[bd]$, somit insgesamt

$Z1+Z2 \Rightarrow (ab)*[cd] - (ac)*[bd]+(ac)*[bd] + \text{imaginär} = (ab)*[cd]+\text{imaginär}$

Im Fermionenfall, siehe Kapitel 5.6 Ende, ist das gegeben.

Beispiel: Seien $a_\mu = b_\mu = 1$, $c_\mu = d_\mu = (0,1)$

$Z1 = (a_0b_0+\mathbf{ab})(c_0d_0+\mathbf{cd}) = (a_0b_0+\mathbf{ab})*1$

$Z2 = 0$, $\mathbf{Z3} = 0$, $\mathbf{Z4} = 1*(a_0\mathbf{b}+b_0\mathbf{a}) +i*1*(\mathbf{a \times b})$, $\mathbf{Z5 = 0}$

Also $a_\alpha\sigma_\alpha*b_\beta\sigma_\beta = (a_0b_0+\mathbf{ab})*\sigma_0 + [(a_0\mathbf{b}+b_0\mathbf{a}) + i*(\mathbf{a \times b})]*\sigma$

Das ist obige Grundformel wie erwartet.

Aus den Grundformeln

kann man einen erweiterten **Antikommutator** ableiten:

$a_\alpha\sigma_\alpha*b_\beta\sigma_\beta = (a_0b_0+\mathbf{ab})\sigma_0 + [a_0\mathbf{b}+b_0\mathbf{a} + i(\mathbf{a \times b})]*\sigma$

$b_\beta\sigma_\beta*a_\alpha\sigma_\alpha = (a_0b_0+\mathbf{ab})\sigma_0 + [a_0\mathbf{b}+b_0\mathbf{a} - i(\mathbf{a \times b})]*\sigma$

Somit nach Summenbildung

$a_\alpha\sigma_\alpha*b_\beta\sigma_\beta + b_\beta\sigma_\beta*a_\alpha\sigma_\alpha = 2(a_0b_0+\mathbf{ab})\sigma_0 +2(a_0\mathbf{b}+b_0\mathbf{a})*\sigma$ **Antikommutator**

Sowie ein erweitertes **Quadrat** für Paulimatrizen

$a_\alpha\sigma_\alpha*a_\beta\sigma_\beta = (a_0a_0+\mathbf{aa})\sigma_0 + (a_0\mathbf{a}+a_0\mathbf{a})*\sigma = [aa]*\sigma_0 + 2a_0*\mathbf{a}\sigma$

Beispiel: $p_\nu\sigma^\nu * q_\rho\sigma^\rho * p_\mu\sigma^\mu = \Sigma\, a_\nu\sigma_\nu * b_\rho\sigma_\rho * a_\mu\sigma_\mu$ Siehe auch [3, 7(31)]

mit $a_\nu = (\mathbf{a},-a_0)$, $b_\nu = (\mathbf{b},b_0)$, $c_\nu = (\mathbf{a},-a_0)$, $d_\nu = (\mathbf{0},1)$

Es ist $p_\nu\sigma^\nu = \mathbf{p}\sigma -p_0\sigma^0$, $q_\rho\sigma^\rho = \mathbf{q}\sigma +q_0\sigma^0$, $p_\mu\sigma^\mu = \mathbf{p}\sigma -p_0\sigma^0$, $p^2 = \mathbf{p}^2 -p_0^2$

$Z1 = [ab]*[cd] \Rightarrow (ab)*(-a_0)$ durch Einsetzen

$Z2 = -(ac)*(bd) + [bc]*[ad] \Rightarrow -(aa)*(-b_0) + (ba)*(-a_0)$

$\mathbf{Z3} = [ab]*(c_0\mathbf{d}+d_0\mathbf{c}) \Rightarrow (ab)*[\mathbf{a}]$

$\mathbf{Z4} = [cd]*(a_0\mathbf{b}+b_0\mathbf{a}) \Rightarrow [-a_0]*(-a_0\mathbf{b}+b_0\mathbf{a})$

$\mathbf{Z5} = -\mathbf{c}*(a_0\mathbf{bd} +b_0\mathbf{ad}) + \mathbf{d}*(a_0\mathbf{bc} +b_0\mathbf{ac}) +\mathbf{a}*(c_0\mathbf{db}+d_0\mathbf{cb}) - \mathbf{b}*(c_0\mathbf{da}+d_0\mathbf{ca})$

$\Rightarrow +\mathbf{a}*(\mathbf{ab}) - \mathbf{b}*(\mathbf{aa})$

Bem.: Kurzschrift allgemein $(ab) = (\mathbf{ab}-a_0b_0)$, $[ab] = (\mathbf{ab}+a_0b_0)$

$Z1+Z2 = -2a_0*(ab) +b_0*(aa)$

$\mathbf{Z3+Z4+Z5} = \mathbf{a}*(ab) + \mathbf{ab}*\mathbf{a} -a_0b_0\mathbf{a} + a_0a_0\mathbf{b} - \mathbf{aa}*\mathbf{b} =$

$= \mathbf{a}*(ab) + \mathbf{a}*(\mathbf{ab} -a_0b_0) - \mathbf{b}*(\mathbf{aa}-a_0a_0) = 2\mathbf{a}*(ab) - \mathbf{b}*(aa)$

$Z1+Z2+Z3+Z4+Z5 = 2*(\mathbf{a}, -a_0)*(ab) - (\mathbf{b}, -b_0)*(aa)$

Also $p_\nu\sigma^\nu * q_\rho\sigma^\rho * p_\mu\sigma^\mu = 2p_\nu\sigma^\nu *(pq) - q_\rho\sigma^\rho*p^2$, dabei ist $(pq)= \mathbf{pq} -p_0q_0$

6.0 Bosonen, Fortsetzung
6.1 Ausrechnung des Bosonenintegrals

$$K_{\mu\nu}(J) = 2*i(2\pi)^{-4}\,l^2*\int d^4p*(\kappa^2-\mu^2) * \frac{-\,SP\{\sigma_\mu*(J-p)_\rho\sigma_\rho* \sigma^\nu*p_\tau\sigma_\tau\}}{(J-p)^2 * [p^2 + \mu^2]^2 * (p^2 + \kappa^2)}$$

Nun tauchen wir gewissermaßen für mehrere Seiten ab und berechnen den **Integralkern** bzw stellen die **Eigenwertgleichung** für den **Bosonenfall** auf. Zunächst eine Sonderrechnung:

Einschub Vereinfachung des Zählers $SP\{\sigma_\mu \Sigma_\rho\, p_\rho\sigma_\rho * \sigma_\nu\Sigma_\tau\, q_\tau\, \sigma_\tau \}$

SP = Spur. Dabei ist μ,ν fix. ρ,τ sind unabhängige Laufindizes 0,1,2,3

Bez vorübergehend: $p_\rho = x_\rho$, $q_\tau = y_\tau$, alle reell

Gemäß von zuvor, Kapitel 5.7 Anwendung1, haben wir,

es ist $SP\sigma_i = 0$, aber $SP\sigma_0 = 2$

$\tfrac{1}{2}*SP\{\Sigma_\rho\Sigma_\tau\, x_\rho y_\tau *\sigma_\mu\, \sigma_\rho\sigma_\nu\, \sigma_\tau \} = -g_{\mu\nu}*\Sigma_\rho x_\rho y_\rho + x_\mu y_\nu + x_\nu y_\mu$

Dabei ist $x_\rho y_\rho$ ein Viererskalarprodukt

$g_{\mu\nu}$ ist je ein Element der Hauptdiagonalmatrix $g_{\mu\nu} = (1, 1 ,1,-1)$

Speziell hier $x = p$ und $y = J-p$

Nach Ersetzen von q_ν bzw q_μ haben wir also **das zu lösende Integral**

$$K_{\mu\nu}(J) = 2*i(2\pi)^{-4}l^2\int d^4p*(\kappa^2-\mu^2)^2 \; \frac{-2g_{\mu\nu}*[p*(J-p)] + p_\mu*(J-p)_\nu + p_\nu*(J-p)_\mu}{(J-p)^2*(p^2+\mu^2)^2*(p^2+\kappa^2)}$$

Wir trennen nun das wesentliche Integral **I** ab durch Setzung

$K_{\mu\nu}(J) = 4*i*(2\pi)^{-4}*l^2*(\kappa^2-\mu^2)^2*\mathbf{I}$ und kümmern uns nun um **I**

Zur **Umgestaltung des Nenners** von **I** nutzen wir die **Feynmanidentität**:

$$\frac{1}{\mathbf{a^2*b}} = \int_0^1 \frac{\mathbf{2x*dx}}{\mathbf{[a*x+b*(1-x)]^3}} \qquad \text{a,b komplex, x reell}$$

Identifiziere $a = (p^2-\mu^2)$, $b = (p^2-\kappa^2)$ und so ist

$$\frac{1}{(p^2-\mu^2)^2*(p^2-\kappa^2)*(J-p)^2} = \int_0^1 \frac{2xdx}{[(p^2-\mu^2)*x + (p^2-\kappa^2)*(1-x)]^3 * (J-p)^2} =$$

Also Nenner $= [p^2-\kappa^2 + (\kappa^2-\mu^2)*x]^3 * (J-p)^2$

Zur Zusammenfassung dieser beiden Terme im Nenner nutzen wir
nun die Feynmanidentität:

$$\frac{1}{a^3*b} = \int_0^1 \frac{3y^2*dy}{[a*y+b*(1-y)]^4} \qquad a,b \text{ komplex, y reell}$$

Identifiziere a = [p² − κ² + (κ² − μ²)*x] , b = (J-p)²

$$= \int_0^1\int_0^1 \frac{2xdx*3y^2dy}{[\,[p^2-\kappa^2+(\kappa^2-\mu^2)*x]y + (J-p)^2*(1-y)\,]^4} \qquad \begin{array}{l}\text{Nenner nun umgestaltet}\\ \text{für die p-Integration}\\ \text{Form }[p^2+...]^4\end{array}$$

Nenner = [p²y −κ²y+ (κ²−μ²)*xy + J²+p²-2Jp − J²y−p²y+2Jpy)]⁴ =

Es ist [p − J(1-y)]² = p² - 2Jp+2Jpy + J²(1-y)² ,

also können wir weiterschreiben

= [−κ²y+ (κ²−μ²)*xy + [p − J(1-y)]² − J²(1-y)² + J²(1-y))]⁴ =

Es ist − J²(1-y)² + J²(1-y) = J²(-1-y²+2y) -yJ² + J² = J²(-y²+y) = J²(1-y)y

Es ist −κ²y + (κ²−μ²)*xy = −[(κ²−μ²)y −(κ²−μ²)*xy] −μ²y] =

= −[(κ²−μ²)*(1-x) + μ²]y

Nenner = [[p − J(1-y)]² + J²(1-y)y − [(κ²−μ²)*(1-x) + μ²]*y]⁴ dazu

Zähler = −g_{μν}*p*(J-p)] + p_μ*(J-p)_ν + p_ν*(J-p)_μ   siehe oben

----

Substituiere nun p = p´ + J(1-y) , betrifft Zähler und Nenner

Es folgt J-p = J − p´−J +Jy = −p´+Jy

Es wird die eckige Klammer im Nenner gleich p´²

Aus dem Viererskalarprodukt im Zähler wird

p*(J-p) = (p´ + J(1−y))*(J − p´−J +Jy)= (p´ + J(1-y))*(−p´+Jy) =

= − p´² − p´J(1-y) + p´Jy + J²(1-y)y = − p´² − p´J + 2p´Jy + J²(1-y)y

....

Wenn wir am Ergebnis die Indizes dazu tun haben wir auch

p_μ*(J-p)_ν = −p´_μp´_ν − p_μ´J_ν (1-2y) + J_μJ_ν(1-y)y   μ,ν fix, keine Summierung

p_ν*(J-p)_μ = −p´_νp´_μ − p_ν´J_μ (1-2y) + J_νJ_μ(1-y)y

....

Die Glieder mit linearem p´_μ , p_ν´ oder p´ im Zähler werden bei der
entsprechenden p´_μ oder p_ν´ -Integration zu Null, weil sie ungerade sind.
Deswegen diese Substituition. In [2, 4.2] wurde weiterhin gezeigt, dass bei

der Integration mit $p'_\nu p'_\mu$ im Zähler nur bei $\mu=\nu$ ein Beitrag da ist und so $p'_\nu p'_\mu$ ersetzt werden kann durch $+\frac{1}{4}*g_{\mu\nu}*p'^2$ und dieses hier zweimal. Zusammengefasst ergibt sich so betreffend p'^2 also

$$-g_{\mu\nu}*(-p'^2) - 2*\tfrac{1}{4}*g_{\mu\nu}*p'^2 = +\tfrac{1}{2}*g_{\mu\nu}*p'^2$$

So kann der Zähler im Hinblick auf die p'-Integration reduziert werden auf

Zähler $= +\frac{1}{2}*g_{\mu\nu}*p'^2 - g_{\mu\nu}*J^2(1-y)y + 2*J_\mu J_\nu(1-y)y$

Wir haben also

$$I = \int_0^1 dx \int_0^1 dy \int d^4p' \; \frac{6xy^2*\{+\frac{1}{2}*g_{\mu\nu}*p'^2 - g_{\mu\nu}*J^2(1-y)y + 2*J_\mu J_\nu(1-y)y\}}{[p'^2 + J^2(1-y)y - [(\kappa^2-\mu^2)*(1-x) +\mu^2]y)]^4} =$$

Nun nutzen wir die **Standardintegrale**, siehe dazu auch [2, 4.2]

$$\mathbf{SI_4} = \int \frac{d^4p}{(p^2 + a^2)^4} = \frac{i*\pi^2}{6a^4} \quad \text{sowie} \quad \mathbf{SI_5} = \int \frac{p^2*d^4p}{(p^2 + a^2)^4} = \frac{i*\pi^2}{3a^2}$$

Diese Formel ermöglicht die **p'-Integration**, nämlich

$$= i\pi^2*\int_0^1 dx \int_0^1 dy \; \frac{6xy^2*\{+\frac{1}{2}*g_{\mu\nu}*p'^2 - g_{\mu\nu}*J^2(1-y)y + 2*J_\mu J_\nu(1-y)y\}}{[J^2(1-y)y - [(\kappa^2-\mu^2)*(1-x)+\mu^2]y)]^2} =$$

Bei der Integration wird aus den Teilen

$6xy^2*\frac{1}{2}*g_{\mu\nu}*p'^2 \;=> 6xy^2*\frac{1}{2}*g_{\mu\nu}*1/3a^2 = xy^2*g_{\mu\nu}* a^2 *1/a^4 =$

$= xy^2*\{g_{\mu\nu}*J^2(1-y)y - g_{\mu\nu}*[(\kappa^2-\mu^2)*(1-x)+\mu^2]y)\} *1/a^4$

$6xy^2*\{-g_{\mu\nu}*J^2(1-y)y +2*J_\mu J_\nu(1-y)y\}*1/6a^4 =$

$= xy^2*\{-g_{\mu\nu}* J^2(1-y)y +2*J_\mu J_\nu(1-y)y\}*1/a^4$ rot hebt sich weg

Nun auch Division Zähler und Nenner durch $y*y$ ergibt also

$$= i\pi^2*\int_0^1 dx \int_0^1 dy \; \frac{xy*\{-g_{\mu\nu}*[(\kappa^2-\mu^2)*(1-x)+\mu^2] + 2*J_\mu J_\nu(1-y)\}}{[J^2(1-y) - [(\kappa^2-\mu^2)*(1-x)+\mu^2]]^2} =$$

Weitere Vereinfachung durch Tauschung von x und (1-x) und y und (1-y), oder anders gesagt durch eine Sustitution $x = 1-x'$ und $y = 1-y'$

Es folgt dann o.B.d.A. dx = –dx′, die Integralgrenzen x=0,1 werden zu x′=1,0 Vertauschen dieser Grenzen dreht dann auch das Vorzeichen wieder um und wir erhalten so ein gleichwertiges Integral, sodann können wir x′ bzw y′ wieder in x bzw y umbenennen:

$$= i\pi^2*\int_0^1 dx\int_0^1 dy \; \frac{(1-x)(1-y)*\{-g_{\mu\nu}*[(\kappa^2-\mu^2)*x+\mu^2]+2*J_\mu J_\nu y\}}{[J^2y-[(\kappa^2-\mu^2)*x+\mu^2]]^2}$$

Nun eine (partielle) **y-Integration** gemäß $\int u*v'dy = uv| - \int u'*vdy$,
u =Zähler, v′= Nenner Dann ist betreffend uv nach y-Integration von v′

$$\mathbf{uv}\Big|_0^1 = i\pi^2*\int_0^1 dx\; \frac{-1}{J^2}*\frac{(1-x)(1-y)*\{-g_{\mu\nu}*[(\kappa^2-\mu^2)*x+\mu^2]+2*J_\mu J_\nu y\}}{[J^2y-[(\kappa^2-\mu^2)*x+\mu^2]]}\Bigg|_{y=0}^{y=1} =$$

$$= -i\pi^2*\int_0^1 dx\; \frac{-1}{J^2}*\frac{(1-x)*\{-g_{\mu\nu}*[(\kappa^2-\mu^2)*x+\mu^2]\}}{[-[(\kappa^2-\mu^2)*x+\mu^2]]} = +\frac{i\pi^2}{J^2}*\int dx*(1-x)*g_{\mu\nu}*1$$

Bem.: Alles gleich null bei y=1, nur y=0 trägt bei

Der Zähler u von uv wird nun y-differenziert für den Zweitteil
Zähler y-differenziert =

$= (1-x)*(-1)*\{-g_{\mu\nu}*[(\kappa^2-\mu^2)*x+\mu^2]+2*J_\mu J_\nu y\} + (1-x)(1-y)*2*J_\mu J_\nu =$

$= (1-x)*\{g_{\mu\nu}*[(\kappa^2-\mu^2)*x+\mu^2] - 2J_\mu J_\nu y + 2J_\mu J_\nu - 2J_\mu J_\nu y\}$

Also kommt hinzu

$$-\int_0^1 \mathbf{u'*vdy} = -\frac{i\pi^2}{J^2}*\int_0^1 dx\int_0^1 dy*\frac{(1-x)*\{g_{\mu\nu}*[(\kappa^2-\mu^2)*x+\mu^2]+2J_\mu J_\nu(1-2y)\}}{[J^2y-[(\kappa^2-\mu^2)*x+\mu^2]]} =$$

Nun die **y-Integration** , Formel1 und Formel2 siehe nachfolgend

Es entspricht $a = J^2$ und $b = -[(\kappa^2-\mu^2)*x+\mu^2]$
Die Grenzen y=1,0 werden gleich eingesetzt

$$= -\frac{i\pi^2}{J^2}*\int_0^1 dx*$$

gemäß Formel**1**

$$*(1-x)*\Big\{[g_{\mu\nu}*[(\kappa^2-\mu^2)*x+\mu^2]+2J_\mu J_\nu]*\frac{1}{J^2}*\mathbf{ln}\frac{[J^2-[(\kappa^2-\mu^2)*x+\mu^2]] \text{ bei } y=1}{[-[(\kappa^2-\mu^2)*x+\mu^2]] \text{ bei } y=0}$$

$$\text{gemäß Formel2 , gleich Grenzen eingesetzt}$$

$$-4J_\mu J_\nu * \left[\ \frac{1}{J^2}\ -\ \frac{-[(\kappa^2-\mu^2)*x+\mu^2]}{J^2*J^2}*\ln\ \frac{[\ J^2-[(\kappa^2-\mu^2)*x+\mu^2]\ ]\quad \text{bei y=1}}{[\ -[(\kappa^2-\mu^2)*x+\mu^2]\ ]\quad \text{bei y=0}}\ \right]\ \Big\}$$

Bem.: Die Argumente bei den **ln** sind sichtlich dieselben

Die **y-Integration** uv - $\int$v′udy **zusammengefasst** erhalten wir als **verbleibendes x-Integral**

$$I = +\frac{i\pi^2}{J^2}*\int_0^1 dx\ *(1\text{-}x)*\Big\{\ g_{\mu\nu}*\Big[1+[(\kappa^2-\mu^2)*x+\mu^2]*\frac{1}{J^2}*\ln\ \frac{[\ J^2-[(\kappa^2-\mu^2)*x+\mu^2]\ ]}{[\ -[(\kappa^2-\mu^2)*x+\mu^2]\ ]}\Big]$$

$$+\frac{4J_\mu J_\nu}{J^2}*\Big[\ -1+[1/2\ -\ \frac{[(\kappa^2-\mu^2)*x+\mu^2]}{J^2}\ ]*\ln\ \frac{[\ J^2-[(\kappa^2-\mu^2)*x+\mu^2]\ ]}{[\ -[(\kappa^2-\mu^2)*x+\mu^2]\ ]}\ \Big]\Big\}$$

Benenne nun $\lambda = J^2/\kappa^2$ und $\varepsilon = \mu^2/\kappa^2$ J Impuls-Energie, κ Baryon, μ Lepton

Dann ist $[(\kappa^2-\mu^2)*x+\mu^2]/J^2 = [(1-\varepsilon)*x+\varepsilon]/\lambda$

nach Division durch κ^2 von Zähler und Nenner wird

$$\ln\ \frac{[\ J^2-[((\kappa^2-\mu^2)*x+\mu^2]\ ]}{[\ +[(\kappa^2-\mu^2)*x+\mu^2]\ ]}\ =\ \ln\ \frac{[\ \lambda-[(1-\varepsilon)*x+\varepsilon]\ ]}{[(1-\varepsilon)*x+\varepsilon]]}$$

Damit wird das noch zu lösende **x-Integral**:

$$I = \frac{i\pi^2}{J^2}*\int_0^1 dx\ *(1\text{-}x)*\Big\{\ g_{\mu\nu}*\Big[1+[(1-\varepsilon)/\lambda*x+\varepsilon/\lambda]*\ln\ \frac{[(1-\varepsilon)*x+(\varepsilon-\lambda)\ ]}{[(1-\varepsilon)*x+\varepsilon]}\ \Big]\ +$$

$$+\frac{4J_\mu J_\nu}{J^2}*\Big[\ -1+\big(1/2-(1-\varepsilon)/\lambda*x-\varepsilon/\lambda\big)*\ln\ \frac{[(1-\varepsilon)*x+(\varepsilon-\lambda)]}{[(1-\varepsilon)*x+\varepsilon]}\ \Big]\Big\}$$

Bei **ln** sind je die Beträge gemeint.

Das **Integral** ist von der **Form** $\int(a+b*x)dx + \int(\alpha+\beta*x+\gamma*x^2)*(\ln X-\ln Y)dx$

Wenn wir den **Vorfaktor** vor **I**, den wir eingangs wegließen wieder vor **I** hinzutun wird $4*i(2\pi)^{-4}*l^2*(\kappa^2-\mu^2)^2*\mathbf{I} = \mathbf{4}* i(2\pi)^{-4}*l^2*(\kappa^2-\mu^2)^2* i\pi^2/J^2*\mathbf{I_0}$

Es ist $4*i(2\pi)^{-4}l^2*i\pi^2/J^2*(\kappa^2-\mu^2)^2 = 4*i(2\pi)^{-4}l^2* i\pi^2/(\lambda\kappa^2)*[\kappa^2(1-\mu^2/\kappa^2)]^2 =$

$= 4*i(2\pi)^{-4}l^2*i\pi^2\kappa^2/\lambda*(1-\varepsilon)^2 = -\tfrac{1}{2}*(\kappa l/2\pi)^2 * 2a^2/\lambda$ mit $a=(1-\varepsilon)$,

wegen $\lambda = J^2/\kappa^2$ sowie $\varepsilon = \mu^2/\kappa^2$, so dass letztlich alle Ergebnisse **im** Integral $\mathbf{I_0}$ mit $\mathbf{2a^2/\lambda}$ und letztlich auch mit $\mathbf{-(\kappa l/2\pi)^2}$ zu multiplizieren sind

Bem.: Es war $(\kappa^2-\mu^2)^2 = \kappa^2*\kappa^2 (1-\varepsilon)^2 = \kappa^4*a^2$ gemäß $\varepsilon = \mu^2/\kappa^2$

Der erste Teil des Integrals, ohne ln, ergibt bei der Integration, nun ohne Vorfaktor, $\int(a+b*x)dx = \int dx * (1-x)* [g_{\mu\nu}*\mathbf{1} + 4J_\mu J_\nu/J^2*(\mathbf{-1})] =$

$= (x-x^2/2)* [g_{\mu\nu} - 4J_\mu J_\nu/J^2] => \mathbf{1/2}*[g_{\mu\nu} - 4J_\mu J_\nu/J^2]$ bei $x=1$,0

Nun **ordnen** wir **nach Potenzen** von x und betrachen das **zweite Integral**

Die Teile des Erstintegrals lassen wir nun weg, sie sind bereits beachtet

Betreffend $\mathbf{g_{\mu\nu}}$: $(1-x)*g_{\mu\nu}*[(1-\varepsilon)/\lambda*x + \varepsilon/\lambda]*\mathbf{ln} =$

$= g_{\mu\nu}*[(1-\varepsilon)/\lambda*x + \varepsilon/\lambda - (1-\varepsilon)/\lambda*x^2 - \varepsilon/\lambda*x]**\mathbf{ln} =$

$= g_{\mu\nu}*[\varepsilon/\lambda + (1-2\varepsilon)/\lambda*x - (1-\varepsilon)/\lambda*x^2]*\mathbf{ln}$

$\alpha = g_{\mu\nu}*\varepsilon/\lambda$, $\beta = g_{\mu\nu}*[(1-2\varepsilon)/\lambda]$, $\gamma = -g_{\mu\nu}*(1-\varepsilon)/\lambda = -g_{\mu\nu}*a/\lambda$

Dabei ist, siehe **ln**, $\mathbf{a}=(1-\varepsilon)$, $\mathbf{b}=(\varepsilon-\lambda)$, $\mathbf{c}=\varepsilon$

....

Betreffend $\mathbf{4J_\mu J_\nu /J^2}$:

Die Teile des Erstintegrals lassen wir nun weg

$(1-x)*4J_\mu J_\nu /J^2* \big(1/2 - (1-\varepsilon)/\lambda *x-\varepsilon/\lambda \big)*\mathbf{ln} =$

$= 4J_\mu J_\nu /J^2*[(1/2-\varepsilon/\lambda)-(1-\varepsilon)/\lambda*x - x/2+\varepsilon/\lambda*x +(1-\varepsilon)/\lambda*x^2]**\mathbf{ln} =$

$= 4J_\mu J_\nu/J^2*[(1/2-\varepsilon/\lambda) + (2\varepsilon-\lambda/2-1)/\lambda *x + (1-\varepsilon)/\lambda*x^2]*\mathbf{ln}$

$\alpha = 4J_\mu J_\nu/J^2*(1/2-\varepsilon/\lambda)$, $\beta = 4J_\mu J_\nu/J^2*(2\varepsilon-\lambda/2-1)/\lambda$, $\gamma = 4J_\mu J_\nu/J^2*(1-\varepsilon)/\lambda$

Dabei ist ebenfalls, siehe **ln**, $\mathbf{a}=(1-\varepsilon)$, $\mathbf{b}=(\varepsilon-\lambda)$, $\mathbf{c}=\varepsilon$

Bez.: $X = ax+b$

$$\textbf{Formel1}\quad \int \frac{dx}{X} = \frac{\ln X}{a} \qquad\qquad \textbf{Formel2}\quad \int \frac{xdx}{X} = \frac{x}{a} - \frac{b}{a^2}\ln X)$$

$$\textbf{Formel3}\quad \int \frac{x^2 dx}{X} = \frac{1}{a^3} * (\tfrac{1}{2}*X^2 - 2bX + b^2\ln X)$$

Formel4 $\displaystyle\int \frac{x^3 dx}{X} = \frac{1}{a^4} * (1/3*X^3 - 3/2*bX^2 + 3b^2*X - b^3 lnX)$

Das **Integral** ist von der **Form** $\int(a+b*x)dx + \int(\alpha+\beta*x+\gamma*x^2)*(lnX-lnY)dx$

Das **Zweitintegral, mit ln**, lösen wir mittels partieller Integration

$\int u'*vdx = uv - \int u*v'dx$ Es ist

$lnX = ln(ax+b) = ln[(1-\varepsilon)*x+(\varepsilon-\lambda)] => ln[1-\lambda]$ bei x=1, $=> ln[\varepsilon-\lambda]$ bei x=0

$lnY = ln(ax+c) = ln[(1-\varepsilon)*x+\varepsilon] => ln[1] = 0$ bei x=1, $=> ln[\varepsilon]$ bei x=0

Partielle Integration **Teil1** des Zweitintegrals

$\mathbf{u' = (\alpha+\beta x+\gamma x^2)}$, $\mathbf{v = (lnX-lnY)}$, alles mit Grenzen 1 und 0 , ln1=0

$\mathbf{uv = (\alpha x +\beta/2*x^2+\gamma/3*x^3)*(lnX-lnY) =>(\alpha+\beta/2*+\gamma/3)*\{ln|1-\lambda| \}}$

bei x=1,0 Bem.: uv ist an der Grenze 0 gleich 0

Betreffend $\mathbf{g_{\mu\nu}}$: $\alpha = g_{\mu\nu}*\varepsilon/\lambda$, $\beta = g_{\mu\nu}*(1-2\varepsilon)/\lambda$, $\gamma = -g_{\mu\nu}*(1-\varepsilon)/\lambda = -g_{\mu\nu}*a/\lambda$

$\mathbf{uv => (\alpha+\beta/2*+\gamma/3)*\{ln|1-\lambda| \}} =$

$= \mathbf{g_{\mu\nu}}*\{(\varepsilon/\lambda +1/2*(1-2\varepsilon)/\lambda -1/3*(1-\varepsilon)/\lambda \}*\{\mathbf{ln(1-\lambda)} \} =$

$= \mathbf{g_{\mu\nu}}*\{(1+2\varepsilon)/6\lambda\}* \mathbf{ln(1-\lambda)}$

Dasselbe , betreffend $4J_\mu J_\nu/J^2$:

$\alpha = 4J_\mu J_\nu/J^2*(1/2-\varepsilon/\lambda)$, $\beta = 4J_\mu J_\nu/J^2*(2\varepsilon-\lambda/2-1)/\lambda$, $\gamma = 4J_\mu J_\nu/J^2*(1-\varepsilon)/\lambda$

$\mathbf{uv => (\alpha+\beta/2*+\gamma/3)*\{ln|1-\lambda| \}} =$

$= 4J_\mu J_\nu/J^2* \{(1/2-\varepsilon/\lambda) +1/2*(2\varepsilon-1/2*\lambda-1)/\lambda + 1/3*(1-\varepsilon)/\lambda \}* \mathbf{ln|1-\lambda|} =$

$= 4J_\mu J_\nu/J^2* \{ 1/2-\varepsilon/\lambda + \varepsilon/\lambda-1/4 -1/2\lambda + 1/3\lambda -1/3*\varepsilon/\lambda \}* \mathbf{ln|1-\lambda|} =$

$= 4J_\mu J_\nu/J^2* \{1/4-1/6\lambda*(1+2\varepsilon) \}* \mathbf{ln|1-\lambda|}$

Partielle Integration **Teil2**, nach wie vor ist X= (ax+b) , Y= (ax+c)

$-\int u*v'dx = \int(-\alpha x -\beta/2*x^2-\gamma/3*x^3)*[a/X - a/Y]dx$, $v = (lnX-lnY)$

$\mathbf{a = (1-\varepsilon)}$, $\mathbf{b = (\varepsilon-\lambda)}$, $\mathbf{c= \varepsilon}$

$\int x*(1/X-1/Y)dx = 1/a*\{[x-b/alnX] - [x-c/alnY]\} = -b/a^2*lnX +c/a^2*lnY =>$

$=> -b/a^2*\mathbf{ln|1-\lambda|} + b/a^2*\mathbf{ln(\varepsilon-\lambda)} - c/a^2*\mathbf{ln\varepsilon}$ bei x=1,0 , dabei ist ln1=0

$\int x^2*(1/X-1/Y)dx = 1/a^3*\{(½*X^2-2bX+b^2 lnX)- (½*Y^2-2cY+c^2 lnY)\} =>$

=>1/a³*{½*((a+b)²-b²) −2b(a+b-b) + b²ln[(a+b)/b]} −
  −1/a³*{½*((a+c)²-c²) − 2b(a+c-c) + c²ln[(a+c)/c]} =   bei x=1,0
1/a³{½*(a²+2ab)−2ab+b²ln[(a+b)/b]}−1/a³*{½*(a²+2ac)−2ac+c²ln[(a+c)/c]}
= 1/a³{-ab + b²ln[(a+b)/b] + ac − c²ln[(a+c)/c]} =
= 1/a³{a(c-b) + b²ln[(a+b)/b] − c²ln[(a+c)/c]} =   (c-b) = λ , (a+c) = 1
= 1/a³{aλ + b²ln(1-λ) − b²ln(ε−λ) + ε²lnε } $\quad$ (a+b)=1−λ , (b+c) = 2ε−λ

$\int$x³*(1/X−1/Y)dx =1/a⁴*{(1/3*X³−3/2*bX²+3b²*X−b³lnX)
                        − (1/3*Y³−3/2*cY²+3c²*Y−c³lnY) } => bei x=1,0
=>1/a⁴*{1/3*((a+b)³−b³) − 3b/2*((a+b)²−b²) +3b²*(a+b −b) −b³ln[(a+b)/b]} −
  −1/a⁴*{1/3*((a+c)³ −c³) − 3c/2*((a+c)²−c²) + 3c²*(a+c −c) −c³ln[(a+c)/c]} =
=1/a⁴*{1/3*(a³+3a²b+3ab²) − 3b/2*(a²+2ab) + 3ab² − b³ln[(a+b)/b]} −
− 1/a⁴*{1/3*(a³+3a²c+3ac²) − 3c/2*(a²+2ac) + 3ac² − c³ln[(a+c)/c]} =
=1/a⁴*{-1/2*a²b + ab² − b³ln[(a+b)/b] + 1/2*a²c − ac² + c³ln[(a+c)/c]} =
=1/a⁴*{1/2*a²(c-b) + a(b²−c²) − b³ln[(a+b)/b] + c³ln[(a+c)/c]} =
=1/a⁴*{1/2*a²λ + a(λ²-2λε) − b³ln(1-λ) + b³ln(ε−λ)] − ε³lnε }

Nun **sammeln** wir , zunächst der Teil **ohne ln** , betreffend $g_{\mu\nu}$ Vorfaktor
$g_{\mu\nu}$*{**1/2** − β/2*a*1/a³*aλ − γ/3*a*1/a⁴*a*[λ²-5/2*λε+1/2*λ]} * **2a²/λ** =
= $g_{\mu\nu}$*{ a²/λ−β*a − γ/3*[2λ-5ε+1]} = $g_{\mu\nu}$*{ a²/λ−β*a + a/3λ*[2λ-5ε+1]} =
= $g_{\mu\nu}$*a*{ a/λ − (1−2ε)/λ + 1/3λ*[2-5ε/λ+λ]} =
= $g_{\mu\nu}$*a*{(1-ε)/λ + [-2/3λ + 2/3 + ε/3λ] } =
= $g_{\mu\nu}$*a/3λ *{ (3-3ε) + [-2 + 2λ +ε] } =
= $g_{\mu\nu}$*(1-ε)/3λ *[1 + 2λ −2ε]

Nun sammeln wir , zunächst der Teil **ohne ln** , **betreffend** $4J_\mu J_\nu/J²$
 $4J_\mu J_\nu/J²$*{**-1/2**−β/2*a*1/a³*aλ −γ/3*a*1/a⁴*a*[λ²-5/2*λε+1/2*λ]}***2a²/λ** =
= $4J_\mu J_\nu/J²$*{ - a²/λ − β*a − γ/3*[2λ-5ε+1]} =
= $4J_\mu J_\nu/J²$*a*{ −a/λ − β − 1/3λ*[2λ-5ε+1]} =
= $4J_\mu J_\nu/J²$*a/3λ*{ −3(1−ε) − 3(2ε −1/2*λ−1) − [2λ-5ε+1]} =
= $4J_\mu J_\nu/J²$*(1−ε)/3λ*{ −1 + 2ε − λ/2 }

Nun betreffend $g_{\mu\nu}$
ln|1-λ| *[(1+2ε)/6λ − aα*(-b/a²) − aβ/2*b²/a³ − aγ/3*(-b³)/a⁴] * **2a²/λ** =
= **ln|1-λ|** *[a²*(1+2ε)/3λ² + α*a*2b/λ − β/2*2b²/λ + γ/3*2b³/λa] =
= **ln|1-λ|** *[a²*(1+2ε)/3λ² + ε/λ²*a*2b − (1−2ε)/λ²*b² − 2b³/3λ²] =

137

$= \ln|1-\lambda| * 1/3\lambda^2 * [\ a^2*(1+2\varepsilon) + 3\varepsilon*a*2b - 3(1-2\varepsilon)*b^2 - 2b^3] =$

$= \ln|1-\lambda| * 1/3\lambda^2 * [\ (1-3\varepsilon^2+2\varepsilon^3) + 6(\varepsilon^2-\varepsilon^3-\lambda\varepsilon+\lambda\varepsilon^2) -$

$\qquad\qquad\qquad -3(\varepsilon^2+\lambda^2-2\varepsilon\lambda -2\varepsilon^3-2\lambda^2\varepsilon+4\lambda\varepsilon^2) -2(\varepsilon^3-\lambda^3-3\varepsilon^2\lambda+3\lambda^2\varepsilon)] =$

$= \ln|1-\lambda| * 1/3\lambda^2 * (1-3\lambda^2+2\lambda^3)$

Daselbe betreffend $4J_\mu J_\nu/J^2$ $\mathbf{a}=(1-\varepsilon)$, $\mathbf{b}=(\varepsilon-\lambda)$, $\mathbf{c}=\varepsilon$

$\ln|1-\lambda|*[1/4-1/6\lambda*(1+2\varepsilon) - a\alpha*(-b/a^2) - a\beta/2*b^2/a^3 - a\gamma/3*(-b^3)/a^4]*2a^2/\lambda =$

$= \ln|1-\lambda|*[(a^2/2\lambda-a^2/3\lambda^2-2a^2\varepsilon/3\lambda^2) + 2a\alpha*b/\lambda - \beta*b^2/\lambda + 2/3\lambda^2*b^3] = \quad \gamma\sim a/\lambda$

$= \ln|1-\lambda|*1/6\lambda^2*[(a^2*3\lambda -2a^2-4a^2\varepsilon) + 2a\alpha*b*6\lambda - \beta*b^2*6\lambda + 4b^3] =$

$= \ln|1-\lambda|*$

$1/6\lambda^2*[(3\lambda+3\lambda\varepsilon^2-6\lambda\varepsilon-2+6\varepsilon^2-4\varepsilon^3) + (18\lambda\varepsilon-6\lambda^2-18\lambda\varepsilon^2+6\lambda^2\varepsilon-12\varepsilon^2+12\varepsilon^3) +$

$+(-12\varepsilon^3-18\lambda^2\varepsilon+27\lambda\varepsilon^2+3\lambda^3+6\varepsilon^2+6\lambda^2-12\varepsilon\lambda) + (4\varepsilon^3-4\lambda^3-12\varepsilon^2\lambda+12\lambda^2\varepsilon) \ ] =$

$= \ln|1-\lambda|*1/6\lambda^2*[(3\lambda -2 -\lambda^3 \ ]$

....

$\boldsymbol{\alpha} = g_{\mu\nu}*\varepsilon/\lambda$, $\boldsymbol{\beta} = g_{\mu\nu}*[(1-2\varepsilon)/\lambda \ ]$, $\boldsymbol{\gamma} = -g_{\mu\nu}*(1-\varepsilon)/\lambda= -g_{\mu\nu}*a/\lambda$

$\boldsymbol{\alpha} = 4J_\mu J_\nu/J^2*(1/2-\varepsilon/\lambda)$, $\boldsymbol{\beta} = 4J_\mu J_\nu/J^2*(2\varepsilon-\lambda/2-1)/\lambda$, $\boldsymbol{\gamma} = 4J_\mu J_\nu/J^2*(1-\varepsilon)/\lambda$

$\mathbf{a}=(1-\varepsilon)$, $\mathbf{b}=(\varepsilon-\lambda)$, $\mathbf{c}=\varepsilon$ $ab= \varepsilon-\lambda-\varepsilon^2+\lambda\varepsilon$ $= \gamma = 4J_\mu J_\nu/J^2*a/\lambda$

Nun betreffend $\mathbf{g_{\mu\nu}}$

$\ln\varepsilon *[- a\alpha*(-c/a^2) - a\beta/2*c^2/a^3 - a\gamma/3*(-c^3)/a^4] * 2a^2/\lambda =$

$= \ln\varepsilon *[\ \alpha*a*2c/\lambda - \beta/2*2c^2/\lambda + \gamma/3*2c^3/\lambda a] = \qquad$ wie zuvor

$= \ln\varepsilon *c/\lambda*[\ 2\alpha a - \beta c + 2\gamma/3*c^2/a] = \qquad \gamma \sim -a/\lambda$

$= \ln\varepsilon *\varepsilon/\lambda*[\ 2\varepsilon/\lambda*(1-\varepsilon) - [(1-2\varepsilon)*\varepsilon/\lambda - 2/3*\varepsilon^2/\lambda] =$

$= \ln\varepsilon *\varepsilon/\lambda*[\ 2\varepsilon/\lambda -2\varepsilon^2/\lambda - \varepsilon/\lambda + 2\varepsilon^2/\lambda - 2/3*\varepsilon^2/\lambda] =$

$= \ln\varepsilon *\varepsilon^2/\lambda^2*[\ 2 -2\varepsilon - 1 + 2\varepsilon - 2/3*\varepsilon] = \ln\varepsilon *\varepsilon^2/\lambda^2*[1 - 2/3*\varepsilon] =$

$= \ln\varepsilon*(\varepsilon^2/\lambda^2-2\varepsilon^3/3\lambda^2) = -A*\ln\varepsilon$ siehe Nachfolgendes

----

Daselbe betreffend $4J_\mu J_\nu/J^2$

$\ln\varepsilon *[- a\alpha*(-c/a^2) - a\beta/2*c^2/a^3 - a\gamma/3*(-c^3)/a^4] * 2a^2/\lambda =$

$= \ln\varepsilon *[\ \alpha*a*2c/\lambda - \beta/2*2c^2/\lambda + \gamma/3*2c^3/\lambda a] = \qquad$ wie zuvor

$= \ln\varepsilon *\varepsilon/\lambda*[\ 2\alpha(1-\varepsilon) - \beta\varepsilon + 2/3*\varepsilon^2/\lambda] = \quad \gamma\sim a/\lambda$

$= \ln\varepsilon *\varepsilon/\lambda*[\ (1-2\varepsilon/\lambda)*(1-\varepsilon) - (2\varepsilon-\lambda/2-1)*\varepsilon/\lambda + 2/3*\varepsilon^2/\lambda \ ] =$

$= \ln\varepsilon *\varepsilon/\lambda*[\ (1-2\varepsilon/\lambda -\varepsilon+2\varepsilon^2/\lambda - 2\varepsilon^2/\lambda + \varepsilon/2+\varepsilon/\lambda + 2/3*\varepsilon^2/\lambda \ ] =$

$= \ln\varepsilon *\varepsilon/\lambda*[\ (1-\varepsilon/\lambda - \varepsilon/2 + 2/3*\varepsilon^2/\lambda \ ]$

Betreffend $g_{\mu\nu}$

$\ln|\varepsilon-\lambda| * [- a\alpha*b/a^2 - a\beta/2*(-b^2)/a^3 - a\gamma/3*b^3/a^4] * 2a^2/\lambda =$

$= \ln|\varepsilon-\lambda| * [-2\alpha ab/\lambda + \beta b^2/\lambda + 2/3*b^3/\lambda^2] = \qquad \gamma \sim -a/\lambda$

$= \ln|\varepsilon-\lambda| *b/\lambda* [-2\alpha a + \beta b + 2/3*b^2/\lambda] =$

$= \ln|\varepsilon-\lambda| *(\varepsilon-\lambda)/\lambda*[-2\varepsilon/\lambda*(1-\varepsilon) + (1-2\varepsilon)/\lambda*(\varepsilon-\lambda) + 2/3*(\varepsilon-\lambda)^2/\lambda] =$

$= \ln|\varepsilon-\lambda| *(\varepsilon-\lambda)/\lambda*[-2\varepsilon/\lambda+2\varepsilon^2/\lambda +(\varepsilon/\lambda-2\varepsilon^2/\lambda-1+2\varepsilon) +2/3*(\varepsilon^2/\lambda -2\varepsilon+\lambda)]$

$= \ln|\varepsilon-\lambda| *(\varepsilon/\lambda-1)*[-\varepsilon/\lambda -1 + 2/3*\varepsilon +2/3*\varepsilon^2/\lambda + 2/3*\lambda)]$

$= \ln|\varepsilon-\lambda| *[-\varepsilon^2/\lambda^2 -\varepsilon/\lambda + 2/3*\varepsilon^2/\lambda +2/3*\varepsilon^3/\lambda^2 + 2/3*\varepsilon]$

$\qquad\qquad + [+\varepsilon/\lambda +1 - 2/3*\varepsilon -2/3*\varepsilon^2/\lambda - 2/3*\lambda)] =$

$= \ln|\varepsilon-\lambda| *[-\varepsilon^2/\lambda^2 +2/3*\varepsilon^3/\lambda^2 + (1-2/3*\lambda)] = (A + B)* \ln|\varepsilon-\lambda|$

So kann man die Ergebnisse von $\ln\varepsilon$ und $\ln|\varepsilon-\lambda|$ zusammenfassen

zu $A*\ln[(\varepsilon-\lambda)/\varepsilon] + B*\ln|\varepsilon-\lambda|$ mit $A = -\varepsilon^2/\lambda^2*(1-2\varepsilon/3)$ und $B = (1-2/3*\lambda)$

also $-\varepsilon^2/\lambda^2*(1-2\varepsilon/3)*\ln[(\varepsilon-\lambda)/\varepsilon] + (1-2/3*\lambda)*\ln|\varepsilon-\lambda|$

Daselbe betreffend $4J_{\mu}J_{\nu}/J^2$

$\ln|\varepsilon-\lambda| * [- a\alpha*b/a^2 - a\beta/2*(-b^2)/a^3 - a\gamma/3*b^3/a^4] * 2a^2/\lambda =$

$= \ln|\varepsilon-\lambda| * [-2\alpha ab/\lambda + \beta b^2/\lambda - 2/3*b^3/\lambda^2] = \qquad \gamma \sim +a/\lambda \qquad !!!$

$= \ln|\varepsilon-\lambda| *b/\lambda* [-2\alpha a + \beta b - 2/3*b^2/\lambda] = \qquad\qquad$ wie zuvor

$= \ln|\varepsilon-\lambda| *(\varepsilon/\lambda-1)*[-(1-2\varepsilon/\lambda)(1-\varepsilon) + [2\varepsilon-\lambda/2-1)/\lambda](\varepsilon-\lambda) - 2/3*(\varepsilon-\lambda)^2/\lambda]$

$= \ln|\varepsilon-\lambda| *(\varepsilon/\lambda-1)*[-1+2\varepsilon/\lambda +\varepsilon-2\varepsilon^2/\lambda + (2\varepsilon^2/\lambda -\varepsilon/2-\varepsilon/\lambda -2\varepsilon+\lambda/2+1) +$

$\qquad\qquad - 2/3*\varepsilon^2/\lambda -2/3*\lambda + 4/3*\varepsilon] =$

$= \ln|\varepsilon-\lambda| *(\varepsilon/\lambda-1)*[\varepsilon/\lambda -1/6*\varepsilon -2/3*\varepsilon^2/\lambda -1/6*\lambda] =$

$= \ln|\varepsilon-\lambda| *[\varepsilon^2/\lambda^2 -1/6*\varepsilon^2/\lambda -2/3*\varepsilon^3/\lambda^2 -1/6*\varepsilon +$

$\qquad\qquad -\varepsilon/\lambda +1/6*\varepsilon +2/3*\varepsilon^2/\lambda +1/6*\lambda] =$

$= \ln|\varepsilon-\lambda| *[\varepsilon^2/\lambda^2 +1/2*\varepsilon^2/\lambda -2/3*\varepsilon^3/\lambda^2 - \varepsilon/\lambda + 1/6*\lambda]$

$\alpha = 4J_{\mu}J_{\nu}/J^2*(1/2-\varepsilon/\lambda)$, $\beta = 4J_{\mu}J_{\nu}/J^2*(2\varepsilon-\lambda/2-1)/\lambda$, $\gamma = 4J_{\mu}J_{\nu}/J^2*(1-\varepsilon)/\lambda$

$a=(1-\varepsilon)$, $b=(\varepsilon-\lambda)$, $c= \varepsilon$ $\qquad ab= \varepsilon-\lambda-\varepsilon^2+\lambda\varepsilon \qquad\qquad = \gamma = 4J_{\mu}J_{\nu}/J^2*a/\lambda$

Die **Ergebnisse zusammengefasst** sind $K_{\mu\nu}(J) = -\tfrac{1}{2}*(\kappa l/2\pi)^2 * I_0$ mit

$I_0 = g_{\mu\nu} * \{(1-\varepsilon)/3\lambda*[1+2\lambda-2\varepsilon] + \ln|1-\lambda| *1/3\lambda^2*(1-3\lambda^2+2\lambda^3) +$

$+ \ln\varepsilon * \varepsilon^2/\lambda^2*[1-2/3*\varepsilon] + \ln|\varepsilon-\lambda| *[-\varepsilon^2/\lambda^2 +2/3*\varepsilon^3/\lambda^2 + (1-2/3*\lambda)] \} +$

....

$+ J_{\mu}J_{\nu}/J^2 * \{ 4(1-\varepsilon)/3\lambda*[-1+2\varepsilon -\lambda/2] +$

$+ \ln|1-\lambda|*4*1/6\lambda^2*[(3\lambda -2 -\lambda^3] +$

$+ \ln\varepsilon *4\varepsilon/\lambda*[\ 1-\varepsilon/\lambda-\varepsilon/2 +2/3*\varepsilon^2/\lambda\ ] +$

$+ \ln|\varepsilon-\lambda| *4*[\varepsilon^2/\lambda^2 +1/2*\varepsilon^2/\lambda\ -2/3*\varepsilon^3/\lambda^2 - \varepsilon/\lambda + 1/6*\lambda]\ \}$

Im Hinblick auf später, siehe nächstes Kapitel 6.2, brauchen die daraus bildbaren Funktionen q_1 und q_0.

q_1 ist identisch mit dem Teil, dem $\mathbf{g_{\mu\nu}}$ vorausgeht, benannt A.

q_0 ist identisch mit der Summe der Teile nach $\mathbf{g_{\mu\nu}}$ (benannt A)

bzw nach $\mathbf{J_\mu J_\nu/J^2}$ (benannt B) .

also $\mathbf{I_0} = \mathbf{g_{\mu\nu}}*A + \mathbf{J_\mu J_\nu/J^2}*B$ und $q_0 = A+B$ sowie $q_1 = A$ 　　　　Ergebnis:

$$q_0 = \frac{1}{\lambda}*(-1+3\varepsilon-2\varepsilon^2)\ +\ \frac{\varepsilon}{\lambda^2}*[-3\varepsilon + 2\varepsilon^2 + 4\lambda -2\varepsilon\lambda]*\ln\varepsilon\ +$$

$$+ [1+\frac{\varepsilon}{\lambda^2}*(3\varepsilon - 2\varepsilon^2 - 4\lambda + 2\varepsilon\lambda)]*\ln|\varepsilon-\lambda|\ -\ \frac{1}{\lambda^2}*[1 +\lambda^2-2\lambda]*\ln|1-\lambda|$$

$$q_1 = \frac{1-\varepsilon}{3\lambda}*[1 + 2\lambda - 2\varepsilon]\ +\ \ln|1-\lambda|*\frac{1}{3\lambda^2}*(1 - 3\lambda^2 + 2\lambda^3) +$$

$$+ \ln\varepsilon *\frac{\varepsilon^2}{\lambda^2}*[1 - \frac{2\varepsilon}{3}]\ +\ \ln|\varepsilon-\lambda|*[- \frac{\varepsilon^2}{\lambda^2} + \frac{2\varepsilon^3}{3\lambda^2} + (1 - \frac{2\lambda}{3})]$$

Dabei ist $\lambda = J^2/\kappa^2$ und $\varepsilon = \mu^2/\kappa^2$ 　　J Impuls-Energie, κ Baryon, μ Lepton

---

Speziell bei $\varepsilon => 0$ erhalten wir daraus

$$q_0 = \frac{-1}{\lambda}\ +\ \ln|\lambda|\ -\ \frac{(1-\lambda)^2}{\lambda^2}**\ln|1-\lambda|$$

$$q_1 = \frac{1+2\lambda}{3\lambda} + \ln|1-\lambda|*\frac{(1 - 3\lambda^2 + 2\lambda^3)}{3\lambda^2} + \ln|\lambda|*(1 - \frac{2\lambda}{3})$$

NR: Die Summenbildung A+B für q_0 im Einzelnen:
$(1-\varepsilon)/3\lambda*[1+2\lambda-2\varepsilon] + 4(1-\varepsilon)/3\lambda*[-1+2\varepsilon-\lambda/2] = 1/\lambda*(-1+3\varepsilon-2\varepsilon^2)$ **ohne ln**

....

$\varepsilon^2/\lambda^2*[1-2/3*\varepsilon] + 4\varepsilon/\lambda*[\ 1-\varepsilon/\lambda-\varepsilon/2 +2/3*\varepsilon^2/\lambda\ ] = \quad$ betrifft **lnε**
$= \varepsilon/\lambda^2*[1\varepsilon-2/3*\varepsilon^2 + 4\lambda-4\varepsilon-2\varepsilon\lambda +8/3*\varepsilon^2\ ] = \varepsilon/\lambda^2*[-3\varepsilon + 2\varepsilon^2 + 4\lambda-2\varepsilon\lambda\ ]$

....

$[\quad -\varepsilon^2/\lambda^2 +2/3*\varepsilon^3/\lambda^2 \quad + (1-2/3*\lambda)] \quad + \quad 4*[\varepsilon^2/\lambda^2 \quad +1/2*\varepsilon^2/\lambda \ -2/3*\varepsilon^3/\lambda^2$
$- \varepsilon/\lambda + 1/6*\lambda] \ = = 1+3\varepsilon^2/\lambda^2 - 4\varepsilon/\lambda -2*\varepsilon^3/\lambda^2 +2*\varepsilon^2/\lambda =$
$= 1+\varepsilon/\lambda^2*[3\varepsilon - 2\varepsilon^2 - 4\lambda+2\varepsilon\lambda\ ]$ betrifft **ln$|\varepsilon-\lambda|$**

....

$[\ 1/3\lambda^2*(1-3\lambda^2+2\lambda^3] + 4*[1/6\lambda^2*[(3\lambda -2 -\lambda^3] = -1/\lambda^2*[1 +\lambda^2-2\lambda]$ **ln$|1-\lambda|$**

6.2 Projektionsoperatoren für Bosonen mit Spin 0 und Spin 1

Das vierkomponentige Bosonenfeld $\phi_\mu(x)$ für den **Spin 0** ist im Impulsraum
proportional dem Viererimpuls J_μ ,sodass man setzen kann $\phi_\mu = J_\mu*\phi$, wobei
ϕ ein skalares Feld ist. Der **Projektionsoperator** lautet dann $\mathbf{P_0 = J_\mu J_v/J^2}$.
$J_\mu J_v$ versteht sich als ein direktes Produkt, also als ein Nebeneinanderstellen
von J_μ und J_v . So ist dann bezüglich der Selbstreproduktion.
$P_0 \phi_\mu = 1/J^2*J_\mu J_v*\phi^v = 1/J^2*J_\mu J_v*J^v\phi =1/J^2*J_\mu\ J^2*\phi = J_\mu\ \phi = \phi_\mu$
Bem.: J^2 ist ein Viererskalarprodukt , desgleichen $J_v\phi^v$ und $J_v J^v$
Beispiele für Elementarteilchen mit Spin 0 sind: skalare Photonen sowie die
Mesonen namens Pionen π, η-Teilchen und Kaonen K.

Das vierkomponentige Bosonenfeld $\boldsymbol{\phi_\mu}(x)$ für den **Spin 1** ist im Impulsraum
proportional einem Polarisationsvierervektor B_μ und viererorthogonal dem
Viererimpuls J_μ , also $\boldsymbol{\phi_\mu} \sim B_\mu$ und $J_\mu B^\mu = 0$ wie auch $J_\mu\phi^\mu = 0$, siehe
auch [2, 6.44] Der **Projektionsoperator** lautet dann $\mathbf{P_1 = g_{\mu v} - J_\mu J_v/J^2}$.

....

Bezüglich der Selbstreproduktion ist dann
$P_1 \boldsymbol{\phi_\mu} = (g_{\mu v} - J_\mu J_v/J^2)\boldsymbol{\phi}^v = g_{\mu v}\boldsymbol{\phi}^v - 1/J^2*J_\mu(J_v\boldsymbol{\phi}^v) = g_{\mu v}\boldsymbol{\phi}^v = \boldsymbol{\phi_\mu}$
Bem.: $\boldsymbol{\phi_\mu}$ fettgedruckt bezieht sich auf Spin 1.

....

Nun die Einwirkung des Spin-1-Projektors auf den Spin-0-Zustand ϕ_μ
$P_1 \phi_\mu = (g_{\mu v} - J_\mu J_v/J^2)\phi^v = g_{\mu v}\phi^v - 1/J^2*J_\mu(J_v\phi^v) =$
$= \phi_\mu - 1/J^2*J_\mu(J_v J^v*\phi\ ) = \phi_\mu - 1/J^2*J_\mu(J^2*\phi\ ) = \phi_\mu - \phi_\mu = 0$
Also wie man es von einem Projektionsoperator erwartet

Nun die Einwirkung des Spin-0-Projektors auf den Spin-1-Zustand

$P_0\phi_\mu = J_\mu J_\nu/J^2 {}^* \phi^\nu = 1/J^2 {}^* J_\mu(J_\nu\phi^\nu) = 0$, weil $(J_\nu\phi^\nu) = 0$ ist

Beispiele für Spin 1 sind: Photonen (Licht) sowie Vektormesonen

----

Nun wollen wir diese Erkenntnisse auf die Lösung der Bosonengleichung anwenden. Der Integralkern K hat die Gestalt, siehe zuvor, A und B sind errechnet, $K_{\mu\nu}(J) = A(\varepsilon,\lambda){}^*\mathbf{g_{\mu\nu}} + B(\varepsilon,\lambda){}^*\mathbf{J_\mu J_\nu/J^2}$ Dabei sind A und B die μ,ν- unabhängigen Teile. ε ist fix, λ ist die Unbekannte, letztlich der zu ermittelnde Eigenwert. **Nun wollen wir diese Lösung so umstellen**, dass die Projektionsoperatoren $\mathbf{P_0 = J_\mu J_\nu/J^2}$ und $\mathbf{P_1 = g_{\mu\nu} - J_\mu J_\nu/J^2}$ auftreten.

Das geschieht, indem man $J_\mu J_\nu/J^2$ wie folgt in $K_{\mu\nu}(J)$ verteilt

$K_{\mu\nu}(J) = A{}^*\mathbf{g_{\mu\nu}} + B{}^*\mathbf{J_\mu J_\nu/J^2} = (A+B){}^*\mathbf{J_\mu J_\nu/J^2} + A{}^*(g_{\mu\nu} - J_\mu J_\nu/J^2) = (A+B){}^*\mathbf{P_0} + A{}^*\mathbf{P_1}$

Wir bezeichnen nun $(A+B) = Q_0$ und $A = Q_1$ und haben so $\mathbf{K = Q_0 {}^* P_0 + Q_1 {}^* P_1}$.

Es sei benannt $Q_0 = -\tfrac{1}{2}{}^*(\kappa l/2\pi)^2 q_0$ bzw $Q_1 = -\tfrac{1}{2}{}^*(\kappa l/2\pi)^2 q_1$, siehe oben.

Betrachten wir nun die Wirkung auf die Gleichung $\phi_\mu(J) = \Sigma_\nu f{}^*K_{\mu\nu}(J)\phi_\nu(J)$.

Die allgemeine Lösung ϕ besteht aus einem Anteil für Spin 0 und einem Anteil für Spin 1, also $\phi = \phi_0 + \phi_1$. So führt dann die Gleichung $K{}^*\phi = \phi$ zu $(Q_0{}^*P_0 + Q_1{}^*P_1)(\phi_0 + \phi_1) = (\phi_0 + \phi_1)$. Indem man nochmals mit P_0 bzw P_1 beidseitig multipliziert, **separiert** man in **zwei Gleichungen**, nämlich zu $Q_0{}^*\phi_0 = \phi_0$ und $Q_1{}^*\phi_1 = \phi_1$, weil je die anderen Teile wegprojeziert werden. Um die sichtlich skalare Funktion q_0 zu erhalten, haben wir obige Ergebnisse zu $\mathbf{g_{\mu\nu}}$ und $\mathbf{J_\mu J_\nu/J^2}$ zu addieren, bereits getan, **siehe oben**, betreffend q_1 brauchen wir nur obige Ergebnisse zu $\mathbf{g_{\mu\nu}}$ übernehmen.

$K_{\mu\nu}$ zerlegt nach q_0 und q_1 ist $K_{\mu\nu}(J) = -\tfrac{1}{2}{}^*(\kappa l/2\pi)^2 {}^*\{ P_0{}^*q_0 + P_1{}^*q_1\}$

Aus Sicht des Spins kann man also die Lösung zusammenfassen, nämlich $\phi_\mu(J) = \Sigma_\nu K_{\mu\nu}(J)\phi_\nu(J)$ entsprechend

----

$\phi_\mu(J) = -\tfrac{1}{2}{}^*(\kappa l/2\pi)^2 {}^*\{\Sigma_\nu\ [\mathbf{J_\mu J_\nu/J^2}{}^*q_0 + (\mathbf{g_{\mu\nu} - J_\mu J_\nu/J^2}){}^*q_1]\ {}^*\phi_\nu(J)$

Bei Spin 0 ist dann die Eigenwertgleichung für die Eigenlösung $\phi_{0\mu}(J)$ wie folgt: Die erste Projektionsmatrix wirkt wie eine Einheitsmatrix $E_{\mu\nu}$, die zweite wie eine Nullmatrix, gleich $\phi_{0\mu}(J) = q$ für die Eigenlösung $\phi_{0\mu}(J){}^*\Sigma_\nu E_{\mu\nu}{}^*\phi_{0\nu}(J)$ oder $\phi_{0\mu}(J) = Q_0{}^*\phi_{0\mu}(J)$

oder $(1-\frac{1}{2}*(\kappa l/2\pi)^2*q_0)* \phi_{0\mu}(J)=0$

Somit ist die Eigenwertgleichung für λ gleich $1 - \frac{1}{2}*(\kappa l/2\pi)^2*q_0(\lambda) = 0$

Das erinnert an die Klein-Gordon-Gleichung oder Photonengleichung, wo der Vorspann zu den Lösungskomponenten ebenfalls stets derselbe ist.

Bei Spin 1 ist dann die Eigenwertgleichung für die Eigenlösung $\phi_{1\mu}(J)$, die erste Projektionsmatrix wirkt da wie eine Nullmatrix, die zweite wie eine Einheitsmatrix, gleich $\phi_{1\mu}(J) = Q_1*\Sigma_\nu \; E_{\mu\nu}*\phi_{1\nu}(J)$ oder $(1+Q_1)*\phi_{1\mu}(J)=0$
somit $1-\frac{1}{2}*(\kappa l/2\pi)^2*q_1(\lambda) = 0$ mit $\lambda = J^2/\kappa^2$. $J^2 = \mathbf{J}^2 - J_0^2$
Im Fall $J = (0,0,0,J_0) = (0,0,0,\kappa_0)$, also Boson in Ruhe, kein äußerer Impuls, wird es je eine **Eigenwertgleichung** für die Bosonenmasse κ_0 .
Dasselbe λ ist aber auch für jedes J^2 gut, sofern $\mathbf{J}^2 - J_0^2 = -\kappa_0^2$ gilt.
Bem.: Diese Eigenwertgleichungen sind vorläufiger Art, weil sie den Isospin noch nicht beachten, sie wären richtig, wenn es ihn nicht gäbe. Die Funktionen q_0 und q_1 sind vom Isospin unabhängig.

6.3 Einbeziehung des Isospins

Gemäß den beiden H-Gleichungen haben wir auch zwei Integralgleichungen,
nämlich $\sigma_0\tau_0\chi(x) = l^2\!\int d^4x'\, G(x-x')\sigma_\nu\tau_0*:\chi(x')[\chi^*(x')\sigma^\nu\tau_0\chi(x'):]$
sowie $\sigma_0\tau_0\chi(x) = l^2\!\int d^4x'\, G(x-x')\sigma_\nu \Sigma_k\tau_k*:\chi(x')[\chi^*(x')\sigma^\nu\tau_k\chi(x'):]$

Aus den wir auch eine **Summenform** bilden können, wie gesagt,
nämlich a mal Gleichung1 plus b mal Gleichung2 mit a+b=1
$\sigma_0\tau_0\chi(x) = l^2\!\int d^4x'\, G(x-x')\sigma_\nu *$ siehe auch Kapitel 4.2
$\{ a*\tau_0 * :\chi(x')[\chi^*(x')\sigma^\nu\tau_0\chi(x'):] +b*\Sigma_k\tau_k*:\chi(x')[\chi^*(x')\sigma^\nu\tau_k\chi(x'):] \}$

Dieses wollen wir nun formal zusammenfassen zu

Integralgleichung in Summenform
$\sigma_0\tau_0\chi(x) = l^2\!\int d^4x'\, G(x-x')\sigma_\nu * \Sigma_\rho b_\rho\tau_\rho * :\chi(x')[\chi^*(x')\sigma^\nu\tau_\rho\chi(x'):]$
mit $b_0 = a$ und $b_1=b_2=b_3 = b$ und $a+b=1$, Summation über ρ

Bislang haben wir den Isospin vernachlässigt. Wir konnten uns das leisten, weil er in die Grundgleichung nur mit der Einheitsmatrix τ_0 vorhanden ist. Nun wollen wir ihn berücksichtigen. So wird ein Boson B beschrieben durch

$B^{\mu\nu} = <0|\chi^*(x)\sigma_\mu\tau_\nu\chi(x)|\psi>$ also nicht nur durch vier Spinkomponenten μ, sondern auch durch vier Isospinkomponenten ν .

σ wirkt auf den ersten Index, τ auf den zweiten Index von χ bzw χ^* .

Der Einfachheit halber wollen wir im Folgenden uns nur auf den Zweitindex konzentrieren und gewissermaßen den Erstindex, den Spin vergessen.

So ist dann per Ansatz

$B^{\mu 0} = <0|\chi_{\xi\alpha}^*(x)\sigma_\mu\tau_{0\ \alpha\beta}\chi_{\xi\beta}(x)|\psi>$ τ_0 gehört zu Isospin 0 , ξ =1 oder 2

$B^{\mu i} = <0|\chi_{\xi\alpha}^*(x)\sigma_\mu\tau_{i\ \alpha\beta}\chi_{\xi\beta}(x)|\psi>$ τ_i gehört zu Isospin 1   í=1,2,3

Die Matrix τ mit Indizes ausgestattet kann man auch vor den Ausdruck stellen, also $B_{\alpha\beta} = \tau_{\mu,\alpha\beta}<0|\chi_{\xi\alpha}^*(x)\ \chi_{\xi\beta}(x)|\psi>$ Nun sei erinnert an [1,20.ff]

Wesentlich ist nun die **Orthogonalität**, betreffend den Isospin, nämlich

$B^{\mu\nu} * B^{\mu\lambda} = <0|\chi^*(x)\sigma_\mu\tau_\nu\chi(y)|\psi>*<0|\chi^*(x)\sigma_\mu\tau_\lambda\chi(y)|\psi> = 0$ für ν # λ

Die Isospinvektoren zu ν,λ sind zueinander orthogonal. Siehe später.

Um zur Bosonengleichung zurückzukehren, multiplizieren wir die Summenform beidseitig mit $<0|\chi^*(x)\sigma_\mu\tau_\nu$, also $<0|\chi^*(x)\sigma_\mu\tau_\nu*\chi(x)|\psi> =$

$= l^2\int d^4x'<0|\chi^*(x)\sigma_\mu\tau_\nu\ G(x-x')\sigma_\nu *\Sigma_\rho\ b_\rho\tau_\rho *\ :\chi(x')[\chi^*(x')\sigma^\nu\tau_\rho\chi(x'):]|\psi>$

Da können wir nun τ_ν an G vorbeiziehen, sie vertauschen, gehören verschiedenen Räumen an, und haben so ... $b_\rho *\tau_\nu\tau_\rho$...

Nun mit Abspaltung der Lösung $<0|...|\psi>$ wie oben. Es ist von Vorteil, die Isospinbasisvektoren (Einheitsvektoren) dazuzuschreiben, nämlich $\int d^4x'*$

$<0|\chi^*(x)\sigma_\mu<i|\tau_\nu<j|G(x-x')\sigma_\nu*\Sigma_\rho\ b_\rho|k>\tau_\rho|l>*:\chi(x')[\chi^*(x')\sigma^\nu|i>\tau_\rho|j>\ \chi(x'):]|\psi>$

Bem.: τ_ν gehört zu χ^* , deswegen konjugiert, τ_ρ gehört zu χ , Produktraum.

$<0|\chi^*(x)\sigma_\mu\tau_\nu*\chi(x)|\psi> =\ l^2\int d^4x'*$ μ,ν vorgegeben, ρ Laufindex

$*\Sigma_\rho <0|\chi^*(x)\sigma_\mu\ G(x-x')\sigma_\nu *b_\rho\tau_\nu\tau_\rho\ \chi(x')|0>*<0|\chi^*(x')\sigma^\nu\tau_\rho\chi(x')|\psi> =$

Bezüglich des Isospins haben wir links einen Basisvektor ν, rechts eine Linearkombinatein von Basisvektoren ρ. Weil die Isospinvektoren untereinander orthogonal sind, kann rechts auch nur ein Basisvektor ν sein, d.h. es muss sein $\rho=\nu$ fix, je nach Wahl von ν links, also mit $\nu = 0,1,2$ oder 3

Das ist eine erste Begründung, dass $\rho = \nu$ sein muss.

$= l^2\int d^4x'<0|\chi^*(x)\sigma_\mu\ G(x-x')\sigma_\nu * b_\nu\tau_\nu\tau_\nu\chi(x')|0>*<0|\chi^*(x')\sigma^\nu\tau_\nu\chi(x')|\psi>$

$= l^2\int d^4x'<0|\sigma_\mu\ G(x-x')\sigma_\nu * b_\nu\tau_\nu\tau_\nu\chi(x')\chi^*(x)|0>*<0|\chi^*(x')\sigma^\nu\tau_\nu\chi(x')|\psi>$

$$= l^2 \int d^4x' <0|\sigma_\mu \, G(x-x')\sigma_v * b_v\tau_v\tau_v \, F^\tau(x'-x) \, |0>*<0|\chi^*(x')\sigma^v\tau_v\chi(x')|\psi>$$

Wir erhalten so vier Gleichungen bezüglich des Isospins, für jedes v eine.

Bem:. Die kursiv geschriebenne Indizes v zu den Matrizen τ sind von den Indizes zu den Matrizen σ unabhängig.

Das ist wie in der gewöhnlichen Vektorrechnung, e_i orthogonal unterstellt.

Sei $a = \lambda_1 e_1 + \lambda_2 e_2 + \dots$ und z.B. a proportional e_1. So multiplizieren wir von links mit e_1 auf und erhalten so, dass alle λ_i außer λ_1 null sind. Generell kann man z.B. in $e_1 + e_2$ einen Projektor sehen, der durch skalare Multiplikation alle anderen Basisvektoren in der Linearkombination wegprojeziert und die eigenen, hier 1,2, belässt. Dieses kann man auf das Hiesige analog übertragen.

Weil die χ^* und χ zu einer **Kontraktion** zusammengezogen werden, so geraten die Matrizen gewissermaßen dazwischen. Wir haben so $\chi^*\tau_v^*\tau_v\chi$

Wir haben einen Isospinproduktraum, auf χ^* wirkt τ_v, τ_v wirkt auf χ

Die für die **F-Matrix** erforderliche Isospin-Index-Übereinstimmung $\gamma = \delta$, also betreffend $F_{\alpha\beta,\gamma\delta}(x-y) = <0|\chi_{\alpha\gamma}(x)\chi_{\beta\delta}{}^+(y)|0> = \delta_{\gamma\delta}*F_{\alpha\beta}(x-y)$, ist also gegeben. Dieses nun zweimal, nämlich für 11 und 22.

So ist dann z.B. $(\alpha,\beta)^*\tau_1^*\tau_1(\gamma) = (\beta,\alpha)^{**}(\delta) = \beta^*\delta + \alpha^*\gamma$

$$\qquad\qquad\qquad (\delta) \qquad\qquad (\gamma) \quad 22 \quad 11 \quad \text{gleiche Indizes}$$

Mit $\alpha = \chi_{\alpha 1}$, $\beta = \chi_{\alpha 2}$, und $\gamma = \chi_{\beta 1}$, $\delta = \chi_{\beta 2}$,

In jedem Einzelterm ist der Index derselbe .

Der Integralkern $K(x-x') = <0|\sigma_\mu \, G(x-x')\sigma_v * b_v\tau_v\tau_v \, F^\tau(x'-x) \, |0>$ ist offenbar, vom Term $b_v\tau_v\tau_v$, abgesehen unabhängig vom Isospin, sowohl die G- wie auch die F-Funktion. $\tau_v\tau_v$ bewirkt nur Indexgleichheit in der F-Funktion, zweimal, wir haben so statt F dann **2**F, und verschwindet dann in F , sodass lediglich b_v nur als Faktor im Kern $K(x-x')$ auftritt.

Gemäß $K_{\mu v}(J) = \int dx^4 K_{\mu v}(x-x')*\exp(-iJ(x-x'))$ überträgt sich dieses Isospin-gebahren auch auf den Kern $K(J)$ und so auf die Eigenwertgleichungen:

$\phi_{\mu v}(J) = b_v * K_{\mu v}(J)\phi_v(J)$, also

$1 - b_v * \frac{1}{2} * (\kappa l/2\pi)^2 * \mathbf{2} q_0(\lambda) = 0$ bei Spin 0 ,

$1 - b_v * \frac{1}{2} * (\kappa l/2\pi)^2 * \mathbf{2} q_1(\lambda) = 0$ bei Spin 1

Es werden also die Gleichungen und Lösungen zu Spin S=1,0 wiederum gespalten in eine zu Isospin T=0 ($b_0 = \frac{3}{4}$, gehörend zu $\tau_0\tau_0$)

und in drei zu T=1, ($b_1 = b_2 = b_3 = $ ¼ , gehörend zu $\tau_1\tau_1$, $\tau_2\tau_2$ oder $\tau_3\tau_3$)
Nämlich:

$1+ ¾*(\kappa l/2\pi)^2*q_0(\lambda) = 0$ S=0, T=0 , $1+ ¼*(\kappa l/2\pi)^2*q_0(\lambda) = 0$ S=0, T=1

$1+ ¾*(\kappa l/2\pi)^2*q_1(\lambda) = 0$ S=**1**, T=0 , $1+ ¼*(\kappa l/2\pi)^2*q_1(\lambda) = 0$ S=**1**, T=1

Bem.: Die Zerlegung von ursprünglich $\tau_0\tau_0$ wird als **Fierz-symmetrisch** bezeichnet, wenn das Gewicht des Terms ($\tau_0\tau_0$) , zuständig für den Gesamtisospin 0 genauso groß ist wie die Summe der Gewichte der Terme $\tau_k\tau_k$, zuständig für die drei Zustände mit Gesamtisopin 1, wenn also der Gesamtisospin 0 und 1 gleichgewichtet wird. Wir haben also gewissermaßen die Gewichte ¾ + (¼ + ¼ + ¼) , also $b_0 = a= $ ¾ und $b_1=b_2=b_3 = b=$ ¼   mit a+b=1 . Kurz: $\tau_0\tau_0 = ¾*\tau_0\tau_0 + ¼*\Sigma_k\tau_k\tau_k$

Nun **Allgemeines** zum **Isospin**: Er tritt hier in der elementarsten Form auf, als Index an $\chi_{\alpha\gamma}$ bzw $\chi_{\beta\delta}^+$. Er hat keine dynamischen Eigenschaften, unterliegt nicht der Lorentztransformation, sondern kennt lediglich seine eigene dem Spin analoge Gruppe, nämlich SU2 und U1, kurz U2. Betrachten wir ihn gewissermaßen als eigenes Teilchen, das sich an Anderes anhängt, so kennt er Teilchen und Antiteilchen, je auf U2-Ebene. Er kennt so keine eigene Bewegungsgleichung, so wie der Spin etwa die Helizitätsgleichung, eine Verbindung von Spin und Impuls kennt. Er versteht sich also als Anhängsel, angepappt an die dynamischen Größen und deren Felder und Feldoperatoren. Trotzdem hat er wie wir sahen großen Einfluss auf die Eigenwertgleichung , wirkend dabei gewissermaßen als Vorspann, als Faktor. Aber es tritt auch hier die für die Diracgleichung und auch allgemeine Problematik auf, dass man gleichzeitig in einer Gleichung nicht Teilchen und Antiteilchen darstellen kann, sondern, bewegt man sich in der Teilchenwelt, die Antiteilchen nur ersatzweise darstellen kann. Sei s ein Isospinteilchenzustand, dann ist s* (komplex-konjugiert), ohne zusätzliche Transformation, der Isospinantiteilchenersatz, ein Isospinloch. Er behält denselben Isospin und versteht sich in Verbindung mit einem Diracteilchen als Loch im Diracsee negativer Energien analog wie der Spin, noch besser analog zur Ladung im Diracfall. Auch sie bleibt zunächst gleich, siehe

[1, 24.4] Erst eine unitäre Transformation Teilchen-Antiteilchen a = $i\sigma_2 s^*$ macht aus s* ein echtes Antiteilchen a mit umgekehrten Isospin bzw umgekehrter Ladung .

Nun zur **Orthogonalität**, zunächst Allgemeines:
Seien |i>|j> Paare von Basisvektoren, so kann man eine Linearkombination über sie auch in **Matrizenschreibweise** darstellen. Siehe [1, 20.1]

$$(|1>, |2>) * (A_{11}\ A_{12})*(\ |1>) = A_{11}*|11>+A_{21}*|21> + A_{12}*|12>+A_{22}*|22>$$
$$\quad\quad\quad\quad (A_{21}\ A_{22})\ \ (|2>)$$

Darstellung über ein Matrix   Darstellung als Linearkombination
Durch Ausmultiplizieren von Links entsteht Rechts.

Für die Skalarprodukt zweier Darstellungen A und B gilt, siehe [1, 20.1]

$$<i|A^{+}_{ij} <j|* |k>B_{kl}|l> = \Sigma A^{*}_{ij}*B_{ij} = \Sigma A_{ji}*B_{ij} = Sp(A*B) \quad \text{Spur}$$
$$\text{allgemein} \quad\quad \text{nur wenn A hermitsch ist}$$

Beispiel: Ist A =(a,b) hauptdiagonal und B=(c,d) ebenfalls hauptdiagonal, dann ist AB = (ac,bd) und SP(AB) = ac+bd

----

Betrachten wir nun $<0|\chi^{*}(x)\sigma_\mu\tau_\nu^{*}\chi(y)|\psi>$. Die Erzeuger und Vernichter mögen ihr Werk getan haben und so haben wir zu fixem μ und ν,
also für eine Komponente $<0|\chi^{*}(x)\sigma_\mu\tau_\nu^{*}\chi(y)|\psi> =$
$= \Sigma_{ab}\Sigma_{ik}\ f_{ab}*\tau_{ik}*|i>|j> = (\Sigma_{ab}f_{ab}|ab>)*\Sigma_{ik}|i>\tau_{ik}|j>=$ Diracfixanteil*Isoanteil
Es sind f_{ab} Koeffizienten bezüglich $|ab>$, τ_{ik} die Elemente einer τ-Matrix, ebenfalls als Koeffizienten wirkend.
Wir unterstellen, dass die entstandenen Spinoren $|ab>|ij>$ einen Produktraum bilden von Diracteil $|ab>$ und Isoteil $|ij>$, getrennt, weil der Ispspin an der Dynamik nicht teilnimmt. a,b, i,j je von 1 bis 2.
$|a>,|b>$ sind die σ-Basisvektoren, $|i>,|j>$ sind die τ-Basisvektoren.
Nun gilt für einen Produktraum allgemein , wenn die Vektoren bezüglich **eines** Raumes orthogonal zu einander sind, hier bezüglich $|ij>$, so sind auch die ganzen Vektorprodukte orthogonal zueinander, siehe auch [1, 17]
So folgt für das Skalarprodukt zweier Komponenten, wie sie sonst auch geartet sein mögen, gemäß der Regel für Matrizendarstellungen, siehe zuvor
$$<0|\chi^{*}(x)\sigma_\mu\tau_\nu\chi(y)|\psi>*<0|\chi^{*}(x)\sigma_\mu\tau_\rho\chi(z)|\psi> \sim <i|\tau_\nu^{+}{}_{ij}<j|*|k>\tau_{\rho kl}|l>= Sp(\tau_\nu\tau_\rho)$$
Diese, die Spur, ist gleich 2 für $\nu=\rho$, ansonsten gleich 0, also für $\nu\#\rho$
Die Diracteile treten gewissermaßen wie Faktoren auf, deswegen $\sim$.
Das bewirkt und begründet obige Orthogonalität der Bosonenkomponenten bezüglich des Isospins.

Betrachten wir die Bosonengleichung und fügen die τ-Matrizen hinzu, gleichnamig in Kursivschrift, was die Parallelität zu den σ-Matrizen ausdrückt. Ihre auch kursiv geschriebenen Indizes sind von den nicht-kursiven unabhängig gemeint. Formal geben wir auch der G-Matrix eine Isospineinheitsmatrix, hier $e_{\alpha\beta}$, um die Indexkette nicht zu unterbrechen und das Ganze bezüglich Spin und Isospin noch mehr zu homogenisieren.

Nun in Kurzschrift: Um die Bosonengleichung zu erhalten, wird die Grundgleichung in ihrer Summenform verwendet, deswegen die Faktoren k_b

$$0_{\beta\beta} = G_{\beta\gamma}\, e_{\beta\gamma}\, b_{\gamma\delta}\, k_b b_{\gamma\delta} * 1_{\delta\delta} * \mathbf{1}_{\mu\mu} b_{\mu\nu}\, \boldsymbol{b_{\mu\nu}} 1_{\nu\nu} \quad \text{Grundgleichung}$$

Von links mit $\mathbf{0}_{\alpha\alpha} a_{\alpha\beta} a_{\alpha\beta}$ aufmultipliziert und erhalten wir so

$$\mathbf{0}_{\alpha\alpha} a_{\alpha\beta} a_{\alpha\beta} 0_{\beta\beta} = \mathbf{0}_{\alpha\alpha}\, a_{\alpha\beta} a_{\alpha\beta}\, G_{\beta\gamma} e_{\beta\gamma}\, b_{\gamma\delta} * k_b b_{\gamma\delta} 1_{\delta\delta} * \mathbf{1}_{\mu\mu} b_{\mu\nu}\, \boldsymbol{b_{\mu\nu}} 1_{\nu\nu}$$

In der Kontraktion werden zusammengeführt $1_{\delta\delta} \mathbf{0}_{\alpha\alpha}$

Die Kontraktion ist generell nur dann verschieden von null, wenn die Isospinindizes δ und α übereinstimmen. Die Kontraktionsmatrix ist hinsichtlich des Isospins die Einheitsmatrix τ_0, anders hinsichtlich des Spins, siehe oben. Es muss also für das Produkt der τ-Matrizen, das man gewissermaßen der F-Funktion vorsetzt, sein: $a_{\alpha\beta} * e_{\beta\gamma} * b_{\gamma\delta} = e_{\alpha\delta}$ Einheitsmatrix

Das ist eine Bedingung für die τ-Matrizen, nötig, damit $\delta = \alpha$ ist.

Es entspricht $a_{\alpha\beta} = \tau_\mu$ und $b_{\gamma\delta} = \tau_\nu = b_{\mu\nu}$. Es ist aber $\tau_\mu * \tau_\nu = \tau_0$ nur dann, wenn $\mu = \nu$ ist. μ numeriert die Isospinkomponente links, ist also von außen vorgegeben. Sie erzwingt also, dass auch sonst in der Gleichung wie auch in der Lösung ϕ nur $\tau_\nu = \tau_\mu$ verwendet werden darf. Das ist eine zweite Begründung, dass $\rho = \nu$ sein muss. Allgemein ist die Struktur

$$\phi_{\mu\,\mu}(x) = - l^2 \int d^4 x' * \Sigma_{\nu\mu\nu} K_{\mu\nu,\mu\nu}(x - x') * \phi_{\nu\,\nu}(x') \quad \mu, \mu \text{ je vorgegeben}$$

Das **separiert** die Gleichung und Lösung in eine zu $\mu=0$, zu ihr gehört $k_0=a$ und in drei gleichlautende zu $\mu = k = 1,2$ oder 3. Zu ihnen gehören $k_k=b$

Im Weiteren: $K_{\mu\nu}(J) = \int dx^4 K_{\mu\nu}(x-x') * \exp(-iJ(x-x'))$

mit $K_{\mu\nu}(x-x') = -l^2 \int d^4 x' * 2SP[\sigma_\mu * \boldsymbol{b_\mu}\tau_\mu * G(x-x')\sigma_\nu \tau_\nu F^\tau(x'-x)]$

$b_\mu = (b_0 = \tfrac{3}{4},\ b_1 = \tfrac{1}{4},\ b_2 = \tfrac{1}{4},\ b_3 = \tfrac{1}{4})$ mit $\mu = \nu$

Das separiert die Gleichungen in eine für Gesamtisospin T=0 und in drei Gleichungen für Gesamtisospin T=1.

Das kann man auch geschlossen durch **Isospin-Projektionsoperatoren** ausdrücken, nämlich $\boldsymbol{b_\mu}^{*}\tfrac{1}{2}{}^{*}(\tau_{\mu\alpha\beta}\tau_{\nu\beta\alpha})^{*}\tau_{\nu\gamma\delta}$, man beachte gleiches ν

Dabei ist $\boldsymbol{b_\mu}$ wieder der Gewichtungsfaktor, Fierz-symmetrisch.

Und es ist $\tfrac{1}{2}(\tau_{\mu\alpha\beta}\tau_{\nu\beta\alpha}) = \tfrac{1}{2}{}^{*}SPur(\tau_\mu\tau_\nu) = 1$ bei $\mu=\nu$, $= 0$ bei $\mu\#\nu$,

Dieses liefert also den Faktor 1 oder 0, die letzte Matrix τ_ν wirkt auf die Lösung $\phi_{\nu\nu}$, genau auf $<0|\chi^{*}(x)\sigma_\mu\tau_\nu\chi(x)|\psi>$ bzw deren Fourier-Impuls-darstellung. Hier ist zwangsläufig gleiches ν, weil $\tau^{\nu} \dots \tau_\nu$ ein Paar ist.

Wir haben also dreimal τ_ν mit fixem ν. Die Projektionswirkung ist also $\tfrac{1}{2}(\tau_{\mu\alpha\beta}\tau_{\nu\beta\alpha})^{*}<0|\chi^{*}(x)\sigma_\mu\tau_{\nu\,\gamma\delta}\chi(x)|\psi> = 1^{*}<\dots>$, wenn $\mu=\nu$, sonst $=0$

$\mu=\nu=0$ gehört zu Isospin 0, $\mu=\nu = 1,2,3$ zu Gesamtisospin 1

Zusammen mit dem Spin ist die Gleichung im Impulsraum nun

$$\phi_{\mu\mu}(J) = -\Sigma_\nu[\boldsymbol{b_\mu}^{*}\tfrac{1}{2}{}^{*}SP(\tau_\mu\tau_\nu)^{*}\tau_\nu](\kappa l/2\pi)^2[\mathbf{J_\mu J_\nu/J^2}^{*}q_0+(\mathbf{g_{\mu\nu}-J_\mu J_\nu/J^2})^{*}q_1]^{*}\phi_{\nu\nu}(J)$$

Der Faktor $\tfrac{1}{2}$ ist in den Isospinprojektoren aufgegangen.

Dadurch werden die Gleichungen und Lösungen zu Spin S=1,0 wiederum gespalten in eine zu Isospin T=0 und eine (bzw 3) und zu T=1. Nämlich:

$1+ \tfrac{3}{4}{}^{*}(\kappa l/2\pi)^2{}^{*}q_0(\lambda) = 0$ S=0, T=0 , $1+ \tfrac{1}{4}{}^{*}(\kappa l/2\pi)^2{}^{*}q_0(\lambda) = 0$ S=0, T=1

$1+ \tfrac{3}{4}{}^{*}(\kappa l/2\pi)^2{}^{*}q_1(\lambda) = 0$ S=**1**, T=0 , $1+ \tfrac{1}{4}{}^{*}(\kappa l/2\pi)^2{}^{*}q_1(\lambda) = 0$ S=**1**, T=1

6.4 Errechnung erster Bosonenmassen

Nun zur konkreten **Ausrechnung** der Bosonenmasse $\kappa_0 = \kappa_B$

Für die **Pionen**, also S=0, T=1, ist die Gleichung $1 + \tfrac{1}{4}*(\kappa l/2\pi)^2*q_0(\lambda) = 0$
zuständig. Wir übernehmen von oben die Formel für q_0, setzen $\varepsilon = \mu^2/\kappa^2 = 0$,
d.h. die regularisierende Leptonenmasse μ sei vereinfachend gleich null
gesetzt. Das Teilchen sei ruhend, also **J=0** und somit $\lambda = J^2/\kappa^2 = \kappa_B^2/\kappa^2$.
κ_B ist die gesuchte Bosonenmasse, κ ist eine mittlere Baryonenmasse.

Es ist, siehe oben Kapitel 6.1Ende, bei $\varepsilon => 0$

$$Q_0 = -(\kappa l/2\pi)^2*\{\ln|\lambda| \; -1/\lambda \; -1/\lambda^2*(1-\lambda)^2*\ln|1-\lambda|\} \quad \text{mit } (\kappa l/2\pi) \approx 0.92$$

Also ist die Gleichung konkret

$1 + \tfrac{1}{4}*(\kappa l/2\pi)^2*\{\ln|\lambda| \; -1/\lambda \; -1/\lambda^2*(1-\lambda)^2*\ln|1-\lambda|\} = 0$ oder $g(\lambda) = 0$

Bem.: Der Wert $(\kappa l/2\pi) = 0.92$ ist hier unterstellt und wird in [3] favorisiert.

Wir verwenden das **Newtonverfahren** zur Bestimmung der Nullstelle
der Funktion $g(\lambda) = 1 + \tfrac{1}{4}*(\kappa l/2\pi)^2*\{\ln|\lambda| \; -1/\lambda \; -1/\lambda^2*(1-\lambda)^2*\ln|1-\lambda|\}$
Dazu brauchen wie auch die Ableitung nach λ . Diese ist
$g\,'(\lambda) = \tfrac{1}{4}*(\kappa l/2\pi)^2*\{2/\lambda^2 \; + [2/\lambda^3 - 2/\lambda^2]*\ln|1-\lambda|\}$, denn

----

$g'(\lambda) \sim [1/\lambda+1/\lambda^2]+2/\lambda^3*(1-\lambda)^2*\ln|1-\lambda| \; +1/\lambda^2*2(1-\lambda)*\ln|1-\lambda| \; +1/\lambda^2*(1-\lambda) =$
$= 2/\lambda^2 + [2/\lambda^3+2/\lambda \; -4/\lambda^2 + 2/\lambda^2 - 2/\lambda]*\ln|1-\lambda|$

Nullstelle-**Ansatz**: $\kappa_\pi = 0.14*\kappa$, also Pionenmasse = 0.14*Baryonenmasse
Bem.: Je besser der Ansatz, desto schneller kommt man zur Lösung.
Unmittelbar ist dann $\lambda_0 = \lambda = 0.14^2 = \mathbf{0.0196}$, $1-\lambda = 0.9804$, $-1/\lambda = -51.0204$
$\ln|\lambda| = -3.9322$, $\ln|1-\lambda| = -0.01979$, $-1/\lambda^2*(1-\lambda)^2*\ln|1-\lambda| = +49.51$
$(\kappa l/2\pi)^2 = 0.8464$, $\{\ldots\} = -5.4426$, dann ist , vgl zu 1.00 bzw zu 0.0
$g(\lambda_0) = f(\lambda=0.0196) = 1+\tfrac{1}{4}*0.8464*\{-5.4426\} = 1-1.1516 = \mathbf{-0.1516}$
Das ist noch nicht die Nullstelle $f(\lambda) = 0$, aber nahe.

$$\text{Gemäß Verfahren ist dann eine bessere Näherung } \lambda_1 = \lambda_0 - \frac{g(\lambda_0)}{g\,'(\lambda_0)}$$

$2/\lambda^2 = 5206.16$, $2/\lambda^3*(1-\lambda) = 260414.32$, $2/\lambda^3*(1-\lambda)*\ln|1-\lambda| = -5153.59$
Also ist die Steigung $f'(\lambda_0) = \tfrac{1}{4}*0.8464*52.57 = +11.12$, somit
$\lambda_1 = \lambda_0 - g(\lambda_0)/g\,'(\lambda_0) = 0.0196-(-0.1516)\,/11.12 = 0.0196+0.0136 = \mathbf{0.0332}$

Gemäß $\lambda = \kappa_B^2/\kappa^2$ folgt für $\lambda_1 \Rightarrow$ **$\kappa_\pi = 0.18*\kappa$** ,

Gemäß [3,7.4] liegt der Wert der Nullstelle bei 0.198 , also $\kappa_\pi = 0.198*\kappa$.

Nachprüfen:

Dann ist $\ln|\lambda| = -3.405$, $1-\lambda = 0.9668$, , $-1/\lambda = -30.1204$, $\ln|1-\lambda| = -0.0337$

$-1/\lambda^2*(1-\lambda)^2 = -848.0024$, $-1/\lambda^2*(1-\lambda)^2*\ln|1-\lambda| = 28.5776$

$\{...\} = -4.9678$, $g(\lambda_1) = 1+\frac{1}{4}*0.8464*\{-4.9678\} = 1-1.0511 =$ **-0.0511**

Also, $g(\lambda_1)$ ist der Nullstelle $g(\lambda) = 0$ gegenüber $g(\lambda_0)$ deutlich näher.

Für das **η-Boson**, also S=0, T=0, ist die Gleichung **$1+ \frac{3}{4}*(\kappa l/2\pi)^2*q_0(\lambda) = 0$**

zuständig. Das führt analog zu zuvor zur Gleichung $g(\lambda) = 0$ mit

$g(\lambda) = 1 + \frac{3}{4}*(\kappa l/2\pi)^2*\{\ln|\lambda| -1/\lambda -1/\lambda^2*(1-\lambda)^2*\ln|1-\lambda|\}$

die wir ebenfalls mit dem Newtonverfahren lösen wollen.

Nullstelle-**Ansatz**: $\kappa_\eta = 0.5*\kappa$, also Eta-Masse = 0.5*Fermionenmasse

dann ist $\lambda_0 = \lambda =$ **0.25**, $1-\lambda = 0.75$, $1/\lambda = 4$,

$\ln|\lambda| = -1.3863$, $1/\lambda^2*(1-\lambda)^2 = 9$, $\ln|1-\lambda| = -0.2877$,

$(\kappa l/2\pi)^2 = 0.8464$, $\{-5.3863 +2.5893 \} = -2.797$,

dann ist , vgl zu 1.00 bzw zu 0.0

$g(\lambda_0)$ = $g(\lambda=0.25) = 1 + \frac{3}{4}*0.8464*\{-2.797 \} = 1-1.7755 =$ **-0.7755**

Genauso ist $g'(\lambda_0) \sim \{2/\lambda^2 + [2/\lambda^3 - 2/\lambda^2]*\ln|1-\lambda| \}$

$g'(\lambda_0) = \frac{3}{4}*0.8464*\{32 - [128 -32]*0.2877\} = 0.6348*\{32-27.62\} = 2.78$

$\lambda_1 = \lambda_0 - g(\lambda_0)/g'(\lambda_0) = 0.25 - (-0.7755)/ 2.78 = 0.25 + 0.28 =$ **0.53**

Gemäß $\lambda = \kappa_B^2/\kappa^2$ folgt für $\lambda_1 \Rightarrow$ **$\kappa_\eta = 0.73*\kappa$** .

Gemäß [3,7.4] ist der Wert der Nullstelle bei 0.827 , also $\kappa_\eta = 0.827*\kappa$,

den man wohl durch weitere Iterationen erreicht. Natürlich beschleunigt

von vornherein ein guter Ansatz die Annäherung an die Nullstelle.

Nachprüfen:

Dann ist $\ln|\lambda| = -0.6348$, $1-\lambda = 0.47$, $-1/\lambda = -1.8867$, $\ln|1-\lambda| = -0.7550$

$-1/\lambda^2*(1-\lambda)^2 = -07864$, $-1/\lambda^2*(1-\lambda)^2*\ln|1-\lambda| = 0.5937$

$\{...\} = -1.9275$, $g(\lambda_1) = 1+\frac{3}{4}*0.8464*\{-1.9275\} = 1-1.2235 =$ **-0.2235**

$g(\lambda_1)$ ist der Nullstelle $g(\lambda) = 0$ gegenüber $g(\lambda_0)$ deutlich näher.

Für die **Kaonen**, also S=0,T=1/2,ist die Gleichung $1+ 5/8*(\kappa l/2\pi)^2*q_0(\lambda) = 0$ zuständig, siehe Kapitel 6.7 Ende bzl 5/8 ,

Ansatz: $\kappa_K = 0.7*\kappa$, dann ist $\lambda_0 = \lambda = 0.49$, $1-\lambda = 0.51$, $1/\lambda = 2.0408$

$\ln|\lambda| = -0.7133$, $1/\lambda^2*(1-\lambda)^2 = 1.0832$, $\ln|1-\lambda| = -0.6733$,

$(\kappa l/2\pi)^2 = 0.8464$, $\{-0.7133 -2.0408 + 0.7293 \} = -2.0248$,

$\mathbf{g(\lambda_0)} = 1 +5/8*0.8464*\{-2.0248\} = 1-1.0711 = \mathbf{-0.0711}$

$$8.6696$$

$g´(\lambda_0) =5/8*0.8464*\{8.3297 + [16.9993 -8.3297]*0.6733 \} = 7.4943$

$$=14.1669$$

$\lambda_1 = \lambda_0 - g(\lambda_0)/g´(\lambda_0) = 0.49 - (-0.0711/7.4943) = 0.40 + 0.0879 = \mathbf{0.4994}$

Somit, die Wurzel daraus, $\kappa_K = 0.7067*\kappa$ Gemäß [3,7.4] ist $\kappa_K =0.737*\kappa$

6.5 Ermittlung einer mittleren Leptonenmasse

Zu den Bosonen gehört auch das Photon mit Spin S=1 und Isospin T=1.

Dafür ist also die Gleichnug $1+ ¼*(\kappa l/2\pi)^2*q_1(\lambda) = 0$ zuständig.

Wir entnehmen von oben die Formel für $q_1(\lambda)$ mit $\varepsilon = \mu^2/\kappa^2$ und $\lambda = \kappa_B^2/\kappa^2$.

Das zu errechnende μ ist die mittlere Leptonenmasse.

Also ist die Gleichung $g(\lambda) = 0$ hier , bezüglich q_1 siehe Kapitel 6.1 Ende

$\mathbf{0} = 1+ ¼*(\kappa l/2\pi)^2*q_1(\lambda) =$

$= \mathbf{1} + ¼*(-1)*(\kappa l/2\pi)^2*\{ (1-\varepsilon)/3\lambda*[1+2\lambda-2\varepsilon] + \mathbf{\ln|1-\lambda|} *1/3\lambda^2*(1-3\lambda^2+2\lambda^3) +$

$- \varepsilon^2/\lambda^2*[1-2/3*\varepsilon]*\mathbf{\ln|(\varepsilon-\lambda)/\varepsilon|} + [1 - 2/3*\lambda)]*\mathbf{\ln|\varepsilon-\lambda|} \}$

Nun **erzwingen** wir, dass die **Photonenmasse** $\kappa_B=0$ ist, es ist dann auch $\lambda = \kappa_B^2/\kappa^2 = 0$, und erzeugen so eine Bedingung, eine Gleichung für $\varepsilon = \mu^2/\kappa^2$ und damit für die mittlere Elektronenmasse μ , die es zu lösen gilt.

Wir betrachten nun für $\{...\}$ den **Grenzübergang** $\lambda => 0$. Es sei $\lambda << \varepsilon << \mathbf{1}$

Formel $\ln(1-x)$ $= - [x + x^2/2 + x^3/3 +...]$ für $-1 \leq x \leq 1$

Die Teile sind

$[1/3\lambda -\varepsilon/3\lambda] *[1+2\lambda-2\varepsilon] = 1/3\lambda + 2/3 - 2\varepsilon/3\lambda - \varepsilon/3\lambda -2\varepsilon/3 +2\varepsilon^2/3\lambda =$

$$= 1/3\lambda + 2/3 - \varepsilon/\lambda -2\varepsilon/3 + 2\varepsilon^2/3\lambda$$

$\mathbf{\ln|1-\lambda|} *[1/3\lambda^2*(1-3\lambda^2+2\lambda^3)] = [-\lambda - \lambda^2/2 - \lambda^3/3 -...]*[1/3\lambda^2 -1 +2\lambda/3] =$

$= -1/3\lambda +\lambda -2\lambda^2/3 - 1/6 +\lambda^2/2 -\lambda^3/3 - \lambda/9 +\lambda^3/3 - ... =$

$= -1/3\lambda + 8\lambda/9 -\lambda^2/6 -1/6 - ...$ höhere Potenzen von λ

$-\varepsilon^2/\lambda^2 * [1-2/3*\varepsilon]*\ln|(\varepsilon-\lambda)/\varepsilon| \quad = \quad [-\varepsilon^2/\lambda^2+2\varepsilon^3/3\lambda^2]*[-\lambda/\varepsilon \ -(\lambda/\varepsilon)^2/2-(\lambda/\varepsilon)^3/3$
$+...] = + \ \varepsilon/\lambda \ + \ ½ \ + \ \lambda/3\varepsilon \quad -2\varepsilon^2/3\lambda \ -\varepsilon/3 \ -2\lambda/9 + ...$ höhere Potenzen von λ

$[\ 1 - 2/3*\lambda)]*\ln|\varepsilon-\lambda| \ = \ln|\varepsilon-\lambda| \ - 2\lambda/3* \ln|\varepsilon-\lambda|$

Glücklicherweise heben sich die blauen kritischen Terme gegenseitig auf.
Zusammengefasst:
$\{...\} = \ln|\varepsilon-\lambda| + 1 + \lambda/3\varepsilon \ - \varepsilon + 2\lambda/3 - 2\lambda/3* \ln|\varepsilon-\lambda| \ -\lambda^2/6 + ...$
Mit $\lambda => 0$ verbleibt $\{...\} = \ln|\varepsilon-\lambda| + 1 - \varepsilon \ => \ln|\varepsilon| + 1 - \varepsilon \ => \ln|\varepsilon| + 1$

Unterstellt $\mu = 50MeV$ und $\kappa = 1000MeV$, dann ist $\mu/\kappa=1/20$ und $\varepsilon = 1/400$,
und es ist $\ln\varepsilon = -5.99$ also kann man ε gegenüber $\ln|\varepsilon|$ vernachlässigen.
Die Gleichung vereinfacht sich so zu $0 = 1+ ¼*(\kappa l/2\pi)^2*[\ \ln|\varepsilon| + 1]$

Der Faktor $(\kappa l/2\pi)$ ist der einzige Faktor in der Theorie, der vorzugeben ist,
er hat einen Wert in der Nähe von 1. Bezeichne ihn nun mit $f = (\kappa l/2\pi)$.
So wird die Gleichung für die Leptonenmasse $\ln|\varepsilon| = -4/f^2 - 1$
Sei die mittlere Baryonenmasse grob mit $\kappa =1000MeV$ unterstellt.
Sei f=0.9, so folgt $\ln|\varepsilon| = -5.938271$, $\varepsilon = 0.002636$ und so $\mu = 0.051*\kappa$
Sei f=1, so folgt $\ln|\varepsilon| = -5$, $\varepsilon = \exp(-5) = 0.00673$ und so $\mu = 0.082*\kappa$
Sei f=1.1, so folgt $\ln|\varepsilon| = -4.305785$, $\varepsilon = 0.013490$ und so $\mu = 0.116*\kappa$
Das sind also Massen 51MeV bzw 82MeV bzw 116MeV bei diesem κ.
Sichtlich bewegt man sich im Bereich der Elektronenmasse-Myonmasse
(0.05 GeV bzw 0.11 GeV) je nach Auswahl von f, ein erstaunlich gutes
Ergebnis. In der Originalliteratur [3, 8.4] wird die empirische Pionmasse und
deren Gleichung herangezogen, um den unsicheren Faktor f=($\kappa l/2\pi$) zu
eliminieren und man erhält da (40MeV) als **mittlere Leptonenmasse**.

Das ist eine Stärke der H-Theorie, wo gibt es sonst eine Aussage über die
Masse von Leptonen oder eine Berechnung der Massen von Mesonen.

----

6. 6 Koppelungskonstanten
6.61 Über Koppelungskonstanten allgemein

Das Muster einer Koppelungskonstante kann man sich am (eindimensionalen) **harmonischen Oszillator** verdeutlichen. Hier gilt $K(x) = -\alpha * x$ eine rücktreibende Kraft, Einheit $1 kgm/s^2$, in SI-Einheiten, α ist die Federkonstante, die zwischen dem Ort x und der an der Masse anliegenden Kraft den verbindenden Faktor herstellt. Die Dimension von α ist somit kg/s^2. Zu beachten, die Kraft wächst mit x linear an, beliebig hoch (theoretisch), mit der Folge, dass auch bei sehr großer Elongation die Zeit bis zur Rückkehr zum Mittelpunkt stets dieselbe ist, was unvostellbar hohe Geschwindigkeiten bewirken würde. Die in der Natur vorkommenden Kräfte sind im allgemeinen gemäßigter und haben mehr einen mit der Entfernung abklingenden Charakter.

Schon gemäßigter ist die **Schwere auf der Erde** in Erdnähe. Es gilt da bekanntlich $K(x) = -g$ bzw $V(x) = g * x$ für das Potential, x ist die Höhe über dem Erdboden, $g = 9.81\ kgm/s^2$ die konstante Erdbeschleunigung, die man in diesem Zusammenhang als Koppelungskonstante betrachten kann.

Historisch trat die erste Natur-Koppelungskonstante bei der Gravitation auf. Das Newtonsche **Gravitationsgesetz** (1686) ist

$$K(r) = \gamma * \frac{m_1 * m_2}{r^2}$$

m_1, m_2 Masse1 und Masse2 in kg
r deren Abstand in m
γ Gravitationskonstante $\gamma = \mathbf{6.673 * 10^{-11}\ m^3/kgs^2}$
(Henry Cavendish 1797)

Links die Kraft (kgm/s^2) , rechts zwei sich anziehende Massen mit Abstand r voneinander. Es ist einleuchtend, dass Beides, Linkes und Rechtes, nicht zueinander passt,sondern es eine vermittelnde Koppelungskonstante braucht.

Als zweites wurde das **Coulombgesetz** erkannt

$$K(r) = \frac{1}{4\pi\varepsilon_0} * \frac{q_1 * q_2}{r^2}$$

q_1, q_2 Ladung1 und Ladung2 in Coulomb (As)
r deren Abstand in m
$1/4\pi\varepsilon_0$ Koppelungskonstante, $\varepsilon_0 = \mathbf{8.86 * 10^{-12}\ As/Vm}$
$1\ V = 1 kgm^2/As^3$, Coulombkonstante, ermittelt 1785

Analog: Zwischen **zwei magnetischen Pole**n mit den Polstärken p_1 und p_2 im Abstand r ist die Kraft $K = 1/4\pi\mu_0 * p_1 * p_2 / r^2$ $\quad \mu_0 = \mathbf{1{,}257 * 10^{-6}\ Vs/Am}$
Voraussetzung: hinreichender Abstand der Pole verglichen zur Polausdehnung. Einheit der Polstärke p gemäß $p = H * F$ gleich $A/m * m^2 = Am$

Die elektrische Koppelungskonstante gibt es auch elementarisiert als **Sommerfeldsche Feinstrukturkonstante**, nämlich

$$\alpha_E = \frac{1}{4\pi\varepsilon_0} * \frac{e^2*2\pi}{hc}$$

e Elementarladung (Elektron)
h Plancksches Wirkungsquantum
c Lichtgeschwindigkeit

$$\text{Ihr Wert ist}\quad \alpha = 7.2973*10^{-3} \approx \frac{1}{137}\qquad \alpha \text{ ist dimensionslos}$$

Sie ist ein Maß für die Anziehung/Abstoßung zweier Elementarladungen. **Deutung:** $\alpha_E = v_B/c = 1/c*1/(4\pi\varepsilon_0)*e^2*2\pi/h$, v_B ist die Umlaufgeschwindigkeit auf der untersten Bahn im Bohr-Wasserstoff-Atommodell, siehe [1,8.4]

Man kann eine analoge ebenfalls dimensionslose Koppelungskomstante α_W für die **schwache WW** definieren, nämlich

$$\alpha_W = \frac{1}{4\pi\varepsilon_0} * \frac{g^2*2\pi}{hc}$$

g so als wäre es eine Elementarladung e
h Plancksches Wirkungsquantum , W wie weak
c Lichtgeschwindigkeit

Es besteht der Zusammenhang zur elektrischen Elementarladung
$e = 0.481*g$ oder $g = 2.079*e$. Danach ist also $\alpha_W > \alpha_E$
Faktisch sorgt allerdings die große Masse des Austauschteilchens (W- oder Z-Boson) für eine sehr rasch absinkende schwache Koppelung

---

Die vergleichbare Koppelungskonstante α_S für **die starke WW** , betrifft die Quark-Quark-Koppelung mittels der Gluonen, liegt zwischen $\alpha_S =0.1$ bei kleinen Quarkabständen und $\alpha_S =0.5$ bei großen Quarkabständen, ist also nicht konstant. S wie strong, siehe dazu Kapitel 6.9

Zwischen den Nukleonen in einem Atomkern werden Mesonen, vor allem Pionen ausgetauscht, die die **Kernkräfte** erzeugen. Für die WW zweier Nukleonen kann man ein **Yukawapotential** ansetzen, siehe auch [2,6.36], das da lautet

$$V(r) = g* \frac{R}{r} * \exp(-\frac{r}{R})$$

R Reichweite des Potentials
r der Abstand voneinander

$$\text{Es ist } R = \frac{h}{2\pi mc}$$

Bei r=R ist das Potential $V(R) = g*1/e = V_0*1/e$
Bei Pionen ist $R = 1.5*10^{-15}$ m , also 1.5fm
$g = V_0$ ein Startpotential, es ist $V_0 = 50\text{MeV}$ bei Pionen

Dieses gibt auch die Dimension von V(r) vor, der nachfolgende Teil ist dimensionslos.

Es mag hier von Interesse sein, auch einen Blick auf die **Quark**s zu werfen, speziell auf deren **Bindung** in einem Meson (oder Baryon). Ein Meson besteht aus einem Quark und einem Antiquark, die sich mittels massenloser **Gluonen** anziehen. Zunächst möchte man meinen, das ist ähnlich der Bindung von Proton und Neutron in einem Deuteron, beide groß und die Bindungsenergie geringfügig. Es ist umgekehrt, die Quarkmassen sind klein gegenüber ihrer kinetischen Energie und der potentiellen Energie zueinander. Sie bewegen sich also heftig im Meson oder in einem sonst zusammengesetzten Teilchen. Das wechselseitige **Quarkpotential** V(r) ist beim Meson faktisch, wie man herausgefunden hat, und damit kommen wir zu einem Vergleich mit dem Vorherigen:

```
        4     α(r)              α Koppelungskonstante
V(r) = – --- * ------  + k*r    r Abstand der Quarks voneinander
        3      r                k Konstante
```

Bei kleinen Abständen r überwiegt Term1, eine **abstoßende** Coulombartige Kraft, die bei r => 0 anwächst, bei größeren Abständen überwiegt Term2, eine **anziehende** konstante Kraft, was die Flucht eines Quarks aus dem Verbund verhindert. Dazwischen gibt es eine Stelle mit V(r)=0, wo sich die Quarks gewissermassen wie freie Teilchen bewegen. Die Größenordnung für ein Meson liegt bei 10^{-15} m. Die Koppelungskonstante α nimmt bei großem Impulsübertrag Q^2, d.h. bei großem r zu, von etwa α=0.1 bis hinzu α=0.5 . Das Potential ist also ganz anders als zuvor, aber auch im klassischen Sinne ein interessantes Potential. Die glatten Zahlen für α lassen den Verdacht aufkommen, dass da mit den Einheiten „was nicht stimmt". In der Tat, die Einheiten sind hier: r wird in fm gemessen, 1fm = 10^{-15} m (Femtometer), V(r) in GeV , Konstante k = 1 GeV/fm , α hat dann die Einheit GeV*fm

Für α=0.2 ist V(r) = 0 bei 4/3*α = $1*r^2$, also bei r ≈ 0.5fm, davor ist V negativ, danach ist V positiv, entsprechend ist davor die Kraft abstoßend und danach anziehend.

Bem.: Es ist erstaunlich, dass man in diesem Klein-Bereich überhaupt Aussagen machen kann, dass da Experimente noch greifen.

Bem.: Es mag auch interessant sein, dieses Potential der Schrödingergleichung zu unterwerfen und so seine Energieeigenwerte zu ermitteln, was konkret für ein Zweiquark-Meson im Schwerpunktsystem möglich sein müßte.

6.62 Berechnung von Koppelungskonstanten

Die Bosonengleichung (hier für Pionen) ist $1+\frac{1}{4}*(\kappa l/2\pi)^2*q_0(\lambda) = 0$

oder kurz $g=0$ mit $g = (1+Q_0)$, mit $Q_0 = (\kappa l/2\pi)^2*q_0(\lambda)$ und $\lambda = J^2/\kappa^2$, sie ist also eine Eigenwertgleichung für λ. Da κ vorgegeben ist, ist sie also eine Gleichung für $J^2 = (\mathbf{J}^2\text{-}E^2)$. Dabei ist κ die Fermionaustauschmasse. Im speziellen Fall, dass $\mathbf{J}=0$ ist, ist $J^2 = (\mathbf{J}^2\text{-}E^2) = -\kappa_0^2$. Dabei ist κ_0 die Bosonenmasse, die als Lösung zur Bosonengleichung gehört. Nun wollen wir g um diese Lösung $-\kappa_0^2$ herum Tayler-reihen-entwickeln mit der Variablen J^2.

Es ist dann $\Delta J^2 = (J^2\text{-}(-\kappa_0^2)) = (J^2+\kappa_0^2) = (\mathbf{J}^2+\kappa_0^2-J_0^2)$. J^2 ist also in der Nähe der Massenschale $J^2+\kappa_0^2 = 0$, wenn ΔJ^2 klein ist.

Wir haben dann $g(-\kappa_0^2+\Delta J^2) = g(-\kappa_0^2) +\Delta J^2*dg/dJ^2+ \frac{1}{2}*(\Delta J^2)^2*d^2f/d(J^2)^2+\ldots$.

Für kleine Abweichungen ΔJ^2 , von der Massenschale, von 0, genügt das erste Glied, also

$g(-\kappa_0^2+\Delta J^2) = g(-\kappa_0^2) + \Delta J^2*dg/dJ^2 = (1+Q_0) +(J^2+\kappa_0^2)*\partial Q_0/\partial J^2 =$

$= (1+Q_0) + (J^2+\kappa_0^2)*\partial Q_0/\partial\lambda*d\lambda/dJ^2 = 0 + (J^2+\kappa_0^2)*\partial Q_0/\partial\lambda*1/\kappa^2 =$

$= 1/\kappa^2*\partial Q/\partial\lambda* (J^2+\kappa_0^2)$, weil $1+Q_0 =0$ bei $(J^2 = -\kappa_0^2)$ und $d\lambda/dJ^2 = 1/\kappa^2$ ist.

Bem.: $\Delta J^2 = 0$ entspricht einer K-G-Gleichung für eine freies Boson.

Das Nächste versteht sich mehr **qualitativ**:

Die Zweipunktfunktion in der bisherigen QM , zuständig für die Streuung ist im Wesentlichen gegeben durch den Nenner $-1/(E^2\text{-}\mathbf{p}^2\text{-}m^2)$ Dieser korrespondiert (im Impulsraum) zur K-G-Gleichung $-(E^2\text{-}\mathbf{p}^2\text{-}m^2)\phi = 0$.

Die virtuellen Austauschteilchen erfüllen nur genähert diese Gleichung bzw sie sind meist in der Nähe des Pols und bringen da den meisten Beitrag zur Streuung, weil da der Wert des Bruchs am größten ist.

Statt dem Linksteil der G-K-Gleichung, zuständig für Bosonen, inklusive der Koppelungskonstante f^2, sei nun im Nenner der Linksteil der H-Bosonen-wellengleichung hingeschrieben, also, gewissermaßen als Ablöse dafür, also

$$\text{statt} \quad \frac{f^2}{J^2 + \kappa_0^2} \quad \text{wie bisher sei} \quad \frac{1}{1+Q_0(J^2)} \quad \text{geschrieben.}$$

Für ein **Austauschboson** in der Nähe des Pols, also J^2 nahe $-\kappa_0^2$, wir nehmen die Entwicklung von zuvor, erhalten wir

$$\frac{1}{[1+Q_0(J^2)]} \approx \frac{1}{[1/\kappa^2*\partial Q_0/\partial\lambda * (J^2+\kappa_0^2)]} = \frac{1}{[1/\kappa^2*\partial Q_0/\partial\lambda]} * \frac{1}{(J^2+\kappa_0^2)}$$

an der Stelle $\lambda = \kappa_0^2/\kappa^2$

Dieses setzen wir nun dem Bisherigen $f^2/[J^2+\kappa_0^2)]$ gleich und erhalten so für die Koppelungskonstante durch Vergleich der beiden Seiten

$$f^2 = \frac{1}{1/\kappa^2 * (\partial Q_0/\partial\lambda)} \quad \text{bei } \lambda = \kappa_0^2/\kappa^2, \; \kappa_0 \text{ ist die Bosonenmasse, } Q_0 = (\kappa l/2\pi)^2 * q_0$$

Die H-Theorie kennt eigentlich keine Koppelungskonstanten. Wenn sie nun welche produzieren soll, um sich mit der klassischen QM vergleichen zu lassen, ist es der Faktor beim Pol von $1+Q_0(J^2)$, dem **Residuum**.

$\partial Q_0/\partial J^2 = 1/\kappa^2 * \partial Q/\partial\lambda$ ist die **Steigung** der Funktion $1+Q_0(J^2/\kappa^2)$ an der Stelle $J^2 = -\kappa_0^2$ und diese ist nicht unendlich, sondern endlich, ihr Kehrwert bestimmt also die Koppelungskonstante, je kleiner die Steigung, dem Betrage nach, desto stärker die Koppelung, desto größer die Koppelung-konstante, denn desto länger, verbleibt man im Extremen, in der Nähe des Pols, desto öfter ist also ein J^2 in der Nähe des Pols $J^2 = -\kappa_0^2$. Das ist wie bei einer Parabel $y = ax^2$, je kleiner a, umso wahrscheinlicher ist ein y in Ursprungsnähe bzw in der Nähe des Pols mit seinen großen Werten, wenn y im Nenner ist, also $1/ax^2$, siehe Folgendes.

Gemäß der H-Theorie, siehe [3,6.2] ist die **exakte Beziehung** zwischen Neuem und Bisherigem

$$\frac{Z*l^2 * J_\mu J_\nu/J^2}{Z*(\kappa l/2\pi)^2 * [1/\kappa^2 * \partial q/\partial\lambda * (J^2 + \kappa_0^2)]} = \frac{f^2 * J_\mu J_\nu/J^2}{(J^2 + \kappa_0^2)} \quad \text{mit } J^2 = -\kappa_0^2$$

Z ist ¼ oder ¾ je nachdem ob S=0 oder S=1 vorliegt, es kürzt sich weg. Es kürzt sich beidseitig auch weg die Längengröße l wie auch κ^2, κ_0^2 und $J_\mu J_\nu/J^2$ So verbleibt für die Koppelungskonstante, deren Quadrat

$$f^2 = 4\pi^2 * \frac{1}{\partial q_0/\partial\lambda} \quad \text{für S=0} \qquad \text{bzw} \qquad f^2 = 4\pi^2 * \frac{1}{\partial q_1/\partial\lambda} \quad \text{für S=1}$$

Wegen der Taylerentwicklung $g(-\kappa_0^2+\Delta J^2)$ kann man sagen, siehe zuvor, dass die Formel, dass f^2 um so richtiger ist, **je näher J^2 am Pol $-\kappa_0^2$ ist,** weil dann höhere Ableitungen von g nach J^2 entsprechend unbedeutender sind und die erste Ableitung, maßgeblich für die Koppelungskonstante, um so wichtiger ist.

Nun zur Berechnung von **Koppelungskonstanten für Pionen** mit Masse κ_0,
d.h. das Austauschteilchen sei ein Boson, z.B. eben ein Pion
Dazu brauchen wir $Q_0 = -(\kappa l/2\pi)^2 * \{\ln|\lambda| \; -1/\lambda \; -1/\lambda^2 * (1-\lambda)^2 * \ln|1-\lambda|\}$

Nun Entwicklungen für kleine λ

Es ist $-\ln|1-\lambda| * [1/\lambda^2 * (1-\lambda)^2] = [+\lambda + \lambda^2/2 + \lambda^3/3 + ...] * [1/\lambda^2 + 1 - 2/\lambda] =$

$= 1/\lambda + \lambda - 2 + \tfrac{1}{2} + \lambda^2/2 - \lambda + \lambda/3 + \lambda^3/3 - 2\lambda^2/3 + ... =$

$= 1/\lambda + \lambda/3 - 3/2 - 1/6 * \lambda^2 + \lambda^3/3 + ...$ es sei $\lambda = \kappa_0^2/\kappa^2 \ll 1$

So ist dann $Q_0 = -(\kappa l/2\pi)^2 * \{\ln|\lambda| \; -1/\lambda \; -1/\lambda^2 * (1-\lambda)^2 * \ln|1-\lambda|\} =$

$= -(\kappa l/2\pi)^2 * \{\ln|\lambda| \; - 3/2 \; + \lambda/3 \; + ...\} \; +$ höhere Potenzen in λ

Es ist dann $\partial q_0/\partial\lambda = 1/\lambda + 1/3$ Das ist die **Steigung** von Q_0 für kleine λ ,
weil $\lambda \ll 1$ angesetzt wird und so höhere Potenzen auch nach dem
Differenzieren vernachlässigbar klein sind. Somit ist

$1/(\partial q_0/\partial\lambda) = 1/(1/\lambda + 1/3) = \lambda / (1+\lambda/3) \approx \lambda * (1-\lambda/3)$

Somit $\mathbf{f^2 = 4\pi^2 * 1/(\partial q_0/\partial\lambda)} = 4\pi^2 * \dfrac{\kappa_0^2}{\kappa^2} * \left(1 - \dfrac{\kappa_0^2}{3\kappa^2}\right)$

Nun **Numerisches**: Sei angesetzt

$\kappa_\pi = 135\,\text{MeV}$ (neutrales **Pion**) und $\kappa = 1100\,\text{MeV}$ (Baryonenmitte) , dann ist
$\lambda = \kappa_\pi^2/\kappa^2 = (135/1100)^2 = 0.01506$, die q_0-Steigung $\partial q_0/\partial\lambda = 66.7256$
und der Kehrwert davon $1/(\partial q_0/\partial\lambda) = 0.01498$
und somit $f^2 = = 4\pi^2 * 1/(\partial q_0/\partial\lambda) = 0.6$ bzw $f^2/4\pi = 0.047$ andere Definition

---

Sei angesetzt

$\kappa_\eta = 549\,\text{MeV}$ (**η-Boson**) und $\kappa = 1100\,\text{MeV}$ (Baryonenmitte) , dann ist
$\lambda = \kappa_\eta^2/\kappa^2 = (549/1100)^2 = 0.2490$, die q_0-Steigung $\partial q_0/\partial\lambda = 4.3479$ und
der Kehrwert davon $1/(\partial q_0/\partial\lambda) = 0.2299$, somit $f^2 = 9.06$ bzw $f^2/4\pi = 0.72$

Die Koppelungskonstante f^2 für das η-Boson (S=0,T=0) als Austauschteilchen im Vergleich zu der des Pions (S=0,T=1) als Austauschteilchen ist
$f_\eta^2/f_\pi^2 = [\mathbf{1/\lambda_\pi + 1/3}] / [\mathbf{1/\lambda_\eta + 1/3}] = 66.7256 / 4.3479 = 15.34$

Um die **elektromagnetische Koppelungskonstante** zu erhalten,
es liegt vor Gesamtspin S=1 und Bosonenmasse $\kappa_0 = 0$, brauchen wir
$Q_1 = -(\kappa l/2\pi)^2 * \{(1-\varepsilon)/3\lambda*[1+2\lambda-2\varepsilon] + \ln|1-\lambda| *1/3\lambda^2*(1-3\lambda^2+2\lambda^3) +$
$+ \ln\varepsilon * \varepsilon^2/\lambda^2*[1-2/3*\varepsilon] + \ln|\varepsilon-\lambda| *[-\varepsilon^2/\lambda^2 +2/3*\varepsilon^3/\lambda^2 + (1-2/3*\lambda)]$

Oder $Q_1 = -(\kappa l/2\pi)^2 *$
$* \{ [1/3\lambda+2/3-\varepsilon/\lambda-2\varepsilon/3+2/3*\varepsilon^2/\lambda] + \ln|1-\lambda|*[1/3\lambda^2-1+2\lambda/3] +$
$+ \ln\varepsilon * [\varepsilon^2/\lambda^2-2\varepsilon^3/3\lambda^2] +$
$+ \ln|\varepsilon| *[-\varepsilon^2/\lambda^2 +2/3*\varepsilon^3/\lambda^2 + (1-2/3*\lambda)] +$ Bem.: $|\varepsilon-\lambda| = \varepsilon*|1-\lambda/\varepsilon|$
$+ \ln|1-\lambda/\varepsilon| *[-\varepsilon^2/\lambda^2 +2/3*\varepsilon^3/\lambda^2 + (1-2/3*\lambda)] \}$ grün hebt sich auf

---

Oder $Q_1 = -(\kappa l/2\pi)^2 *$ Nun $\ln|1-\lambda|$ und $\ln|1-\lambda/\varepsilon|$ reihenentwickelt
$* \{ [1/3\lambda+2/3-\varepsilon/\lambda-2\varepsilon/3 + 2/3*\varepsilon^2/\lambda] +$
$+ [-\lambda - \lambda^2/2 - \lambda^3/3 - ...] *[1/3\lambda^2-1+2\lambda/3] +$
$+ \ln|\varepsilon| *[(1-2/3*\lambda)] +$
$+ [-(\lambda/\varepsilon) -(\lambda/\varepsilon)^2/2 -(\lambda/\varepsilon)^3/3- ...] *[-\varepsilon^2/\lambda^2 +2/3*\varepsilon^3/\lambda^2 + (1-2/3*\lambda)] \}$

Formel $\ln(1-x) = - [x + x^2/2 + x^3/3 +...]$ für $-1 \leq x \leq 1$

Oder $Q_1 = -(\kappa l/2\pi)^2 *$
$* \{ [2/3-2\varepsilon/3 + 1/3\lambda - \varepsilon/\lambda + 2/3*\varepsilon^2/\lambda] +$
$- [1/3\lambda - \lambda + 2\lambda^2/3] - [1/6-\lambda^2/2+ \lambda^3/3] - [\lambda/9-\lambda^3/3 +...]$
$+ \ln|\varepsilon| *[(1-2/3*\lambda)] +$
$-[-\varepsilon/\lambda + 2/3*\varepsilon^2/\lambda + (\lambda/\varepsilon) -2/3*\lambda^2/\varepsilon]$
$-[-1/2 + 1/3*\varepsilon + (\lambda/\varepsilon)^2/2 -...]$
$-[-(\lambda/\varepsilon)/3 + 2/9*\lambda + (\lambda/\varepsilon)^3/3 - ....]$ grün hebt sich auf

---

Für die Ableitung $\partial q_1/\partial\lambda$ und anschließender Setzung $\lambda=0$ sind nur die rot
eingefärbten Glieder $\sim\lambda$ von Interesse, alle anderen werden zu null. Diese
sind zusammengefasst $2/3*\lambda -2/3*\lambda*\ln|\varepsilon| -2/3*(\lambda/\varepsilon)$
Somit ist $(\partial q_1/\partial\lambda)_{\lambda=0} = 2/3 -2/3*\ln|\varepsilon| -2/3*(1/\varepsilon)$ Und so

$$\frac{1}{(\partial q_1/\partial\lambda)_{\lambda=0}} = \frac{\varepsilon}{2/3*[\varepsilon - \varepsilon*\ln|\varepsilon| - 1]} \approx \frac{-3\varepsilon}{2}$$

Denn unterstellt $\mu/\kappa =1/22$, dann ist
$\varepsilon = \mu^2/\kappa^2 = 1/484 = 0.002066$ und $\ln|\varepsilon| = -6.18$ und
$\varepsilon*\ln|\varepsilon| = -0.01277$ und so $\varepsilon - \varepsilon*\ln|\varepsilon| = 0.0148$ und das ist klein gegen 1.

--= --------

Nun kommt es auf die Definition der Koppelungskonstante an. Zunächst ist
$f^2 = 4\pi^2 * 1/(\partial q_0/\partial\lambda)$ Als Sommenfeldkonstante ist sie definiert als $f^2/4\pi$ mit
$f = e$, e Elementarladung, also wird dann
Sfeld $= f^2/4\pi = e^2/4\pi = -\pi*3\varepsilon/2 = -0.00973 = -1/102$ mit $\varepsilon = \mu^2/\kappa^2 = (1/22)^2$
in beachtlicher Nähe zum exakten Wert 1/137 . Bei höher angesetzten
mittlerem κ kommt man diesem Wert näher.

Die klassische Bosonengleichung, die K-G-Gleichung, die in κ_0^2 linear ist,
wird also durch die H-Bosonengleichung, die in κ_0^2 nicht linear ist, abgelöst.

Das ist eine **Stärke der H-Theorie**, wo gibt es sonst eine Aussage, eine Berechnung von Koppelungskonstanten, welche zugleich eine Deutung der
Koppelungskonstante(n) beinhaltet, die man sonst nicht findet.

161

6.7 Verallgemeinerung der H-Bosonenwellengleichung bezüglich des Isospins

Den Isospinteil im Integralkern, in der Bosonenwellengleichung, nämlich $\frac{1}{2}*\tau_0\tau_0 = \frac{1}{2}*(\frac{3}{4}*\tau_0\tau_0 + \frac{1}{4}*\Sigma_k\tau_k\tau_k)$ kann man ausdeuten und verallgemeinern. Man kann in ihm Anlass zu einer Eigenwertgleichung sehen, speziell für den Isospin, denn der Isospinteil vertauscht offenbar mit dem sonstigen Integralkern, der Bosonengleichung und somit sind simultane Eigenwerte zu erwarten, die dann eingesetzt, den zu suchenden Energieeigenwert beeinflussen.

Dazu ein **allgemeiner Ansatz:** Geben wir den Elementarisospins quasi Teilchencharakter und sprechen wir so von Isospinteilchen und Isospin-antiteilchen, formal wie Spin-1/2-Teilchen, auch Spurionen genannt.

Teilchen: 1 bedeutet Isospin $I_3 = +1/2$, 2 = Isospin $I_3 = -1/2$, stets I=1/2

Antiteilchen: 1 = Isospin = $-1/2$, 2 = Isospin = $+1/2$, stets ist I = 1/2

Drehoperatoren im Isoraum: τ_1, τ_2, τ_3 Paulimatrizen

Drehoperatoren im Anti-Isoraum: τ_1, τ_2, τ_3 , dabei ist $\tau_i = -i\sigma_2*\tau_i^+*i\sigma_2 = -\tau_i$

Beispiel: $\tau_3|1> = \tau_3 (1\ 0) = -\tau_3 (1\ 0) = (-1\ 0|0\ 1)(1\ 0) = -(1\ 0) = -|1>$

Allgemeines gemäß Theorie:

Bezeichne mit $\mathbf{J_s}$ den Gesamtisospinoperator, die Summe der Einzeloperatoren für die Teilchen, also hier $\mathbf{J_s} = \frac{1}{2}*\Sigma_s\tau_s$ für die n_s Teilchen

----

sowie mit $\mathbf{J_a}$ den Gesamtisospinoperator für die Antiteilchen,

also hier $\mathbf{J_a} = \frac{1}{2}*\Sigma_a\tau_a$ für die n_a Antiteilchen.

Bem.: Die Bezeichung $\mathbf{J}$ soll die Analogie zum Drehimpuls, zum Spin offenbar machen.

Zunächst ist $\mathbf{J}^2 = (\mathbf{J_s} + \mathbf{J_a})^2 = \mathbf{J_s}^2 + \mathbf{J_a}^2 + 2\mathbf{J_s}\mathbf{J_a}$ das **Gesamtisospinquadrat** Dieses vertauscht hier mit der sonstigen Bosonengleichung, also kann es eigene Eigenwerte haben, hier $T(T+1)$. T Gesamtisospin

----

Nun der **Ansatz für die Energie** des Teilchen-Antiteilchen-Assembles, nämlich $E_{iso} = a + b*(\mathbf{J_s} - \mathbf{J_a})^2 = a + b*(\mathbf{J_s}^2 + \mathbf{J_a}^2 - 2\mathbf{J_s}\mathbf{J_a})$

a, b hier zunächst unbekannte Konstanten

oder als Eigenwertgleichung $[a + b*(\mathbf{J_s} - \mathbf{J_a})^2]\ \phi = E_{iso}*\phi$

Den Term $-2J_sJ_a$, wir denken an den Eingangsterm $\frac{3}{4}*\tau_0\tau_0 + \frac{1}{4}*\Sigma_k\tau_k\tau_k,$, können wir mittels der ersten Beziehung, dem Gesamtdrehimpuls, ersetzen , also $-2J_sJ_a = J_s{}^2 + J_a{}^2 - J^2$ und erhalten so

----

$E_{iso} = a + b*(J_s - J_a)^2 = a + b*(2J_s{}^2 + 2J_a{}^2 - J^2)$

Das sind fürs erste also die Energieeigenwerte für die zunächst unabhängig gedachte Eigenwertgleichung. In Wirklichkeit ist sie eingebunden in die Bosonengleichung, so dass sie deren Lösungen aufspaltet und deren Eigenwerte nur beeinflusst. Das ist ähnlich dem Gesamtimpulsterm $l(l+1)$ in der Wasserstoffgleichung, der da auch nicht isoliert und alleinbestimmend ist.

Nun Weiteres: Wir erinnern uns nun an die Einzeldrehimpulse, also

$2J_s{}^2 + 2J_a{}^2 = 2j_s(j_s+1) + 2j_a(j_a+1) = 2j_s{}^2 + 2j_a{}^2 + 2(j_s+j_a) = (j_s+j_a)^2 + (j_s-j_a)^2 + 2(j_s+j_a)$

Eine **Sonderhei**t: Die Teilchen sind betreffend die Isospinrichtung unter sich gleichgerichtet wie auch die Antiteilchen unter sich, Bosestatistik, je in sich nicht unterscheidbar, sofern sie sich auf dieselbe Ort-Zeit x beziehen.

So ist dann $j_s = \frac{1}{2}*n_s$ bzw $j_a = \frac{1}{2}*n_a$,

j_s und j_a bekommen so je den maximalen Wert.

Einsetzen ergibt so $2J_s{}^2 + 2J_a{}^2 = \frac{1}{4}*(n_s+n_a)^2 + \frac{1}{4}*(n_s-n_a)^2 + (n_s+n_a)$

Und so insgesamt $E_{iso} = a + b*[-J^2 + \frac{1}{4}*(n_s+n_a)^2 + \frac{1}{4}*(n_s-n_a)^2 + (n_s+n_a)]$

Nun soll E_{iso} , eine **zusätzliche Forderung**, zwar von (j_s-j_a) bzw hier (n_s-n_a) abhängen, nicht aber von (j_s+j_a) bzw hier (n_s+n_a). Diese Terme werden deswegen wieder abgezogen oder weggelassen und es verbleibt

$E_{iso} = a + b*[(j_s-j_a)^2 - J^2] = a - b*[J^2 - \frac{1}{4}*(n_s-n_a)^2]$

Nun ist $J^2 = T(T+1)$, wobei **T** der **Gesamtisospin** ist und es sei bezeichnet $u = \frac{1}{2}*(n_s-n_a)$ und so wird schließlich $E_{iso} = a - b*[T(T+1) - u^2]$

Bem.: u tritt somit als eigener Eigenwert auf, den es vorher nicht gab.

Bem.: j_s und j_a sind hier je maximal, aber T muss nicht maximal sein

----

Es wird identifiziert die Elementarteilchenquantenzahl **Hyperladung** Y mit

$Y = 2u = n_s - n_a$ = Anzahl Spurionen minus Anzahl Antispurionen und die **Ladung** $Q = I_3 + \frac{1}{2}*Y$, I_3 Isospin 3.Komponente

----

Also ist die **Eigenwertgleichung** mit ihren Eigenwerten T und u gleich

$[a + b*(J_s - J_a)^2]\,\phi_{iso} = [a - b*(T(T+1) - u^2)]*\phi_{iso}$ Diese Eigenwertformel, dieser Eigenwertfaktor E_{iso} , in die Bosonengleichung eingesetzt, **modifiziert** sie und so ergeben sich dann verschiedene Eigenfunktionen und Energiewerte E für Bosonen, abhängig von T und u .

Betrachten wir nun das Mesonenoktett und das Baryonenoktett:

Regel: Pro Teilchen gilt, die roten Ziffern müssen einander gleich sein wie auch die schwarzen einander gleich sein müssen. Deswegen, weil die Spurionen unter sich gleichgerichtet sein müssen wie auch die Antispurionen unter sich (Bosestatistik) bei gleichem Ort **x**. Wie bei den Oktetts gehören die Zeilen der Diagramme je der Reihe nach zu Gesamtisospin I=1/2, I=0 bzw I=1 und zu I=1/2 und die Diagonalen respektive zur Ladung Q=1, Q=0 und Q= -1 . Es ist $Q = T_3 + Y/2$

Fettdruck: Spurion (Index) steckt im Operator χ bzw Antispurion in χ^*

Ohne Fettdruck: Spurion stammt aus dem Urgrund, dem Grundzustand

Rotgefärbt: Antispurion, also 1 = Isospin = $-1/2$, 2 = Isospin = $+1/2$.

Es sei auf [2, 12.5] verwiesen und von da die beiden Oktettdiagramme übernommen:

Bosonenoktett: Spurionen im Operator je 2   zusätzliche Spurionen

$K^0 = 222$	$K^+ = 111$	$Y= n_s - n_a = 2-1= 1$	1	I=1/2
	$\eta^0 = 22,11$	$Y= n_s - n_a = 1-1= 0$	0	I=0
$\pi^- = 12$ $\pi^0 = 22,11$ $\pi^+ = 21$		$Y= n_s - n_a = 1-1= 0$	0	I=1
$K^- = 111$ $K^{0quer}= 212$		$Y= n_s - n_a = 1-2=-1$	1	I=1/2

Bem.: Sichtlich, die Zahl der Spurionen, der Isospinteilchen ist hier 2 oder 3, beim Quark-Oktett sind es strikt 2 Quarks.

Baryonenoktett: Spurionen im Operator je 1

n = 222	p = 111	$Y= n_s - n_a = 2-1= 1$	2	I=1/2
	$\Lambda = 22,11$	$Y= n_s - n_a = 1-1= 0$	1	I=0
$\Sigma^- = 21$ $\Sigma^0 = 22,11$ $\Sigma^+ = 12$		$Y= n_s - n_a = 1-1= 0$	1	I=1
$\Xi^- = 1$ $\Xi^0 = 2$		$Y= n_s - n_a = 0-1=-1$	0	I=1/2

Bem.: Der Term $\frac{1}{2}*(\frac{3}{4}*\tau_0\tau_0 + \frac{1}{4}*\Sigma_k\tau_k\tau_k)$ in der Bosonengleichung entspricht $a + b*(- 2J_sJ_a)$, welches für u=0 identisch mit der E-Gleichung ist.

Das ist die **Berührstelle** der allgemeinen u-T-Theorie mit unserer Bosonengleichung, die man dann als Erweiterung auffassen kann. Für u#0 wird der

Term ergänzt, so dass er der vollen E-Gleichung entspricht. Der vorhandene
Term ist $\frac{1}{2}*\Sigma_k \tau_k \tau_k = \frac{1}{2}*4\mathbf{J_s J_a} = -(\mathbf{J_s}^2 + \mathbf{J_a}^2) + \mathbf{J}^2 = $ gemäß oben

$= \mathbf{J}^2 - \frac{1}{2}*[\frac{1}{4}*(n_s+n_a)^2+\frac{1}{4}*(n_s-n_a)^2+(n_s+n_a)] => \mathbf{J}^2$

Bei Weglassen von (n_s+n_a) und für den Fall hier, dass $n_s=n_a$, also u,Y=0 ist,
bekommen wir also Übereinstimmung mit der Isospinenergieformel.

Unser Beispiel (Bosonen, Spin 0): T=0 und T=1.

Offenbar ist $n_s= 1$ und $n_a=1$, somit u=0 und T=0 oder 1.
Gemäß Formel ist, die Faktoren übernehmen wir vom Originalausdruck
E_{iso} = 3/4 - 1/4*[0*1 - 0] = **3/4** (betrifft η-Teilchen)   T=0
E_{iso} = 3/4 - 1/4*[1*2 - 0] = **1/4** (betrifft Pionen π)   T=1
Im Einzelnen: $\mathbf{J_s J_a} = \frac{1}{2}*\tau_s*\frac{1}{2}*\tau_a = \frac{1}{4}*(-3)$ oder $\frac{1}{4}*(+1)$
$E_{unbereinigt} = E_{bereinigt} + \frac{1}{4}*(n_s+n_a)^2+(n_s+n_a) = \frac{3}{4}+1+2$ bzw $= \frac{1}{4}+1+2$
Aus dem Beispiel wird generell entnommen **a = 1/4** und **b = 3/4**
Die Gleichungen sind dann , siehe auch Kapitel 6.3
$1+ \frac{3}{4}*(\kappa l/2\pi)^2*q_0(\lambda) = 0$ S=0, T=0 , $1+ \frac{1}{4}*(\kappa l/2\pi)^2*q_0(\lambda) = 0$ S=0, T=1

Gemäß der großen Theorie kommt für **Fermionen** noch ein in u linearer Teil
hinzu, also $\mathbf{E_{iso}} = $ **a − b*(T(T+1) − u²) + c*u**

Die so **erweiterte Eigenwertgleichung** für **Bosonen mit Spin 0** ist dann
1 + [a − b*(T(T+1) − u²)]*(κl/2π)²*q₀(λ) = 0 mit a = ¼ und b = ¾ fix
Im Beispiel : T=1 (Pion) oder T=0 (η-Teilchen), in beiden Fällen u=0

Nun das Beispiel für **Kaonen** K: Spin 0, T=1/2, u $=\frac{1}{2}*(n_s-n_a)=\frac{1}{2}*(2-1)= 1/2$
Somit $[a - b*(T(T+1) - u^2)] = 3/4 - 1/4*[3/4 - 1/4] = $ **5/8**
$1 + $ **5/8**$*(\kappa l/2\pi)^2*q_0(\lambda) = 0$ S=0, T=1/2 , $n_s= 2$ und $n_a=1$

Wenn nun zusätzliche Spurionen, Isospinteilchen vorhanden sind, so müssen
sie auch in $|\psi>$ sein. So muss man sich χ^*, χ ergänzt denken, um solche
Teilchen oder Antiteilchen mitzuerzeugen oder mitzuvernichten, um letztlich
den Zustand $|0>$ zu erreichen **oder** aber man belässt sie dort, also statt $|0>$
dann $|\alpha>$, $|\alpha\beta>$,usw, also man modifiziert den Grundzustand.

Unterstellt, es gibt im **Kosmos** mehr Protonen als Neutronen, so ist die dritte
Komponente $\mathbf{T_3}$ über alle summiert nicht null, sondern positiv, sie hat also
eine vektorielle Ausrichtung. Dieses kann man nun ähnlich, analog einem

magnetischen Feld sehen, hervorgerufen durch viele Einzelspins, in dem ein individueller Spins gleich- oder entgegengerichtet sein mag, was energetisch einen Unterschied macht. Die Richtung eines individuellen Isospins eines Teilchens verglichen zur Gesamtisospinachse hat so, analog, Einfluß auf seine Energie, auf seine Masse. Das erklärt den Massenunterschied z.B. zwischen Proton und Neutron. Das geht über die dargestellte Formel hinaus, die diesbezüglich bei gleichem Gesamtisospin T und gleicher Hyperladung Y keinen Massenunterschied generiert. Allerdings ist dieser T_3-Effekt, so benannt, deutlich geringer als die Y-T-Massenaufspreizung.

6.8 Ein Musterintegral zur H-Zweipunktfunktion

Diese, abgemagert, ist im Prinzip von der Gestalt

$$I = \int_{-\infty}^{\infty} \frac{\exp(-icz)dz}{(z^2-a^2)(z^2-b^2)^2} = \int_{-\infty}^{\infty} \frac{\exp(-icz)dz}{(z-a)(z+a)*(z-b)^2*(z+b)^2} \qquad c>0$$

Also mit Einfachpolen bei a und Doppelpolen bei b

Die **Mehrfachpolformel** ist , siehe auch [2, 4.1] , Mehrfachpol bei z.B. +b

$$\mathbf{Res}_{z=b} = \frac{1}{(m-1)!} * \frac{d^{m-1}}{dz^{m-1}} [(z-b)^m * f(z)]_{z=b} \quad \text{mit } m \geq 1, \; m = \text{Polvielfachheit}$$

Und damit

$$I = \int f(z)dz = +-2\pi i * \mathbf{Res}_{z=b} \quad + \text{ bei math. positivem Umlauf , Linksumlauf}$$

Einfachpol bei z = +-a
Einfachpol z = +a soll interessieren, also (z-a), Umlauf unterer Halbkreis also Rechtsumlauf, also $(-2\pi i)$, wegen $(-icz)$:

$$\text{Ergebnis} \qquad I_E = (-2\pi i)*\exp(-ica)* \frac{1}{[2a*(a^2-b^2)^2]}$$

Doppelpol bei z = +-b , Achsenintegral = Umlaufintegral ,
Umlaufsinn math. negativ , Doppelpol z = +b , also (z-b) soll interessieren:
$Res_b = d/dz \, [(z-b)^2*f(z)]_{z=b} =$ formal, weil Doppelpol, f(z) = Integrand
$= d/dz \, [\exp(-icz) / [(z^2-a^2)(z+b)^2] \,]_{z=b} =$ denn $(z^2-b^2)^2 = (z+b)^2(z-b)^2$

$= [-ic\exp(-icz) / [(z^2-a^2)(z+b)^2] - 2*\exp(-icz) / [(z^2-a^2)(z+b)^3] +$

$+ \exp(-icz) (-1*2z)/ [(z^2-a^2)^2(z+b)^2]]_{z=b}$

Somit $\mathbf{I_D} = (-2\pi i)*\mathrm{Res}_b = (-2\pi i)* \exp(-icb) *$ $(-2\pi i)$ weil Rechtsumlauf

$* [-ic/[(b^2-a^2)(4b^2)] - 2/[(b^2-a^2)*8b^3] - 2/ [(b^2-a^2)^2*4b]]$

$(-2\pi i)$, weil Umlauf im Uhrzeigersinn war, unterer Halbkreis.

Zusammengefasst: $[ic(a^2-b^2)/(4b^2) + (a^2-b^2)/(4b^3) -1/(2b)] * \exp(-icb)$

$$(a^2-b^2)^2*\mathbf{I_E} = (-2\pi i)*\exp(-ica) * \frac{1}{2a}$$

$$(a^2-b^2)^2*\mathbf{I_D} = (-2\pi i)*\exp(-icb)*\left[\frac{ic(a^2-b^2)}{(4b^2)} + \frac{(a^2-b^2)}{(4b^3)} - \frac{1}{(2b)} \right]$$

Beim Vergleich mit dem Zweipunktintegral, siehe [2,9.4], entspricht

$a^2 = \mathbf{p}^2+\kappa^2$, $b^2 = \mathbf{p}^2+\mu^2$, $c = t =(x_0-y_0)$, somit $a^2-b^2 = \kappa^2 - \mu^2$, $z = p_0$

Mit viel Phantasie, siehe im Einzelnen [1,9.2], kommen wir zur Zerlegung

$(a^2-b^2)^2*\mathbf{I_D} = G*D^* + D*G^**D$ mit

$G = (a^2-b^2)^{1/2}*1/2b * \exp(-ix_0 b)$ und

$D = (a^2-b^2)^{1/2} *[+ix_0/2b -1/4b^2+\tfrac{1}{2}/(a^2-b^2)]*\exp(-ix_0 b)$

Denn $G(x_0)*D^*(y_0) =$

$= (a^2-b^2)*[-iy_0)/4b^2 -1/8b^3+ 1/[4b(a^2-b^2)] * \exp(-ix_0 b) * \exp(iy_0 b)$

$D(x_0)*G^*(y_0) =$

$= (a^2-b^2)*[+ix_0/4b^2 -1/8b^3+ 1/[4b(a^2-b^2)] * \exp(-ix_0 b) * \exp(+iy_0 b)$

Somit $(a^2-b^2)^2]*\mathbf{I_D} = G(x_0)*D^*(y_0) + D(x_0)*G^*(y_0) =$

$= (a^2-b^2)*[i(x_0-y_0)/4b^2 -1/4b^3+ 1/2b(a^2-b^2))]* \exp[-ix_0 b] * \exp[iy_0 b]$

Von Interesse ist auch, was die **Integrale allein** erbringen:

$$I = \int_{-\infty}^{\infty} \frac{\exp(-icz)dz}{(z^2-b^2)} = \int_{-\infty}^{\infty} \frac{\exp(-icz)dz}{(z-b)*(z+b)} \qquad c>0$$

Pole bei b und –b , je der Vielfachheit m=1. Gemäß Mehrfachpolformel folgt

$$\text{Res}_b = [(z-b)*f(z)]_{z=+b} = 1/(b+b) \;,\; \text{Res}_{-b} = [(z+b)*f(z)]_{z=-b} = 1/(-b-b)$$

Das Gesamtumlaufsintegral ist dann -2πi mal Residuen**summe**, hier = 0.
Anwendung der Cauchy-Formel führt unmittelbar zum selben Ergebnis.

$$\text{Einzelumlauf um Pol +b: } I = (-2\pi i)*\frac{1}{2b} * \exp(-icb)$$

Sodann

$$I = \int_{-\infty}^{\infty} \frac{\exp(-icz)dz}{(z^2-b^2)^2} = \int_{-\infty}^{\infty} \frac{\exp(-icz)dz}{(z-b)^2*(z+b)^2} \qquad c>0$$

Doppelpol bei z = +-b , Achsenintegral = Umlaufintegral , Umlaufsinn negativ, also (−2πi) , weil Umlauf im Uhrzeigersinn, unterer Halbkreis.
Doppelpol +b soll interessieren:

$$\text{Res}_b = d/dz\,[(z-b)^2*f(z)]_{z=b} = d/dz\,[\exp(-icz)/(z+b)^2\,]_{z=b}$$

$$= [-ic\exp(-icz)/(z+b)^2 - 2*\exp(-icz)/(z+b)^3]_{z=b}$$

$$\text{Somit } I = (-2\pi i)* \exp(-icb) * \left[\frac{-ic}{4b^2} - \frac{1}{4b^3} \right]$$

6.9 Die H-Zweipunktfunktion bei Energieübertrag E=0

Es mag von Interesse sein, das Integral für die **H-Zweipunktfunktion** für den Fall zu rechnen, dass der **Energieübertrag gleich 0** ist, für den Fall der **elastischen Streuung**, also für $p^2 = \mathbf{p}^2 + \kappa^2$ für das Austauschteilchen, ohne E-Anteil, siehe dazu auch [1,26.3.3]

Die Zweipunktfunktion ist allgemein

$$F(x,y) = i/(2\pi)^4 * \int \rho(\kappa^2)\, d\kappa^2 d^4p \left\{ \frac{1}{p^2 - \kappa^2} - \frac{1}{p^2 - \mu^2} - \frac{\kappa^2 - \mu^2}{(p^2-\mu^2)^2} \right\} * p_v \sigma_v * \exp(ip(x-y))$$

Wir betrachten den Klein-Gordon-Fall, d.h. $p_v \sigma_v = 1$, also keine Unterscheidung bezüglich der Helizität, dazu nur **eine** Austauschmasse κ und die eine „Begleitmasse" μ. Es sei ins Integral eingefügt die Deltafunktion $2\pi i * \delta(E-0)$, die den E-Anteil in $\exp(ip(x-y))$ zum Verschwinden bringt, siehe auch [2, 6.3] .

Die ersten beiden Integrale sind bekannt, nämlich

$$I_1(x,y) = (1/2\pi)^3 * \int d^3\mathbf{p} * \frac{\exp(+i\mathbf{p(x-y)}}{(\mathbf{p}^2+\kappa^2)} = \frac{1}{4\pi} * \frac{\exp(-mr)}{r}$$

bzw

$$I_2(x,y) = (1/2\pi)^3 * \int d^3\mathbf{p} * \frac{\exp(+i\mathbf{p(x-y)}}{(\mathbf{p}^2+\mu^2)} = \frac{1}{4\pi} * \frac{\exp(-\mu r)}{r}$$

Wir konzentrieren uns auf das letzte Integral I_3:

$$I_3(x,y) = 1/(2\pi)^3 * \int d^3\mathbf{p} \, \frac{\kappa^2 - \mu^2}{(\mathbf{p}^2+\mu^2)^2} * \exp(i\mathbf{p(x-y)}) = 1/(2\pi)^3 * (\kappa^2-\mu^2) * \mathbf{I}$$

Die Berechnung ist ähnlich wie bei [1,26.3.3]

Substitution $\mathbf{p(x-y)}) = pr\cos\beta$, $r = |\mathbf{x-y}|$, $p = |\mathbf{p}|$ Achse **r** starr
$d^3\mathbf{p} = p * d\beta * dp * \sin\beta * 2\pi = 2p*p^2 dp * \sin\beta\, d\beta$ sowie $f(p) = 1/(p^2+m^2)^2$

So wird das Integral **I** zu

$I = \int dp \int d\beta * \exp(ipr\cos\beta) * f(p) = \ldots$ β geht von 0 bis π

Wir substituierten $\xi = \cos\beta$, somit $d\xi = -\sin\beta d\beta$ mit Grenzen -1 bis 1

$= 2\pi\int dp \, 1/(ir)*p(f(p)[\exp(ipr) - \exp(ipr)] =$ p geht von 0 bis ∞

$= 2\pi/(ir) \int dp*p*f(p)*\exp(ipr)$ mit p nun von $-\infty$ bis ∞

Nun Anwenden des **Residuensatz**es:

$p*f(p)*\exp(ipr) = p/(p^2+\mu^2)^2*\exp(ipr) = p/[(p-i\mu)^2*(p+i\mu)^2]*\exp(ipr)$

Doppelpol bei $p = +i\mu$, auch bei $p = -i\mu$, es entspricht $z = p$

Es entspricht also $f(z) = (p-i\mu)^2*pf(p)*\exp(ipr)]$ für $p = +i\mu$

$\text{Res} = d/dp \, [(p-i\mu)^2* pf(p)*\exp(ipr)]_{p=i\mu} =$

$= d/dp \, \{p/[(p+i\mu)^2]*\exp(ipr)\} =$

$= \exp(ipr)* \{ [ir*p/[(p+i\mu)^2]+ 1/(p+i\mu)^2 -2p/((p+i\mu)^3 \}_{p=i\mu} =$

$= \exp(-\mu r)* \{ [ir*i\mu /[(2i\mu)^2]+ 1/(2i\mu))^2 -2i\mu /(2i\mu))^3\} =$

$= \exp(-\mu r)* \{ r/4\mu\} = \exp(-\mu r)* r/4\mu$ also

$I_3(x,y) = 1/(2\pi)^3*2\pi/(ir)*2\pi i*\exp(-\mu r)*r/4\mu \; = \; 1/(4\pi)*\exp(-\mu r)*1/2\mu$

Einfacher kommt man zum Ziel, wenn man sich der in [1,26.3.3] abgeleiteten **Beziehung für das Yukawa-Potential** bedient, nämlich

$$(1/2\pi)^3*\int d^3p*\frac{\exp(i\mathbf{p}\mathbf{x})}{\mathbf{p}^2+m^2} \; = \; \frac{1}{4\pi} * \frac{\exp(-mr)}{r}$$

Beidseitiges Differenzieren nach m, ergibt links und rechts

$$-1*2m*(1/2\pi)^3*\int d^3p* \frac{\exp(i\mathbf{p}\mathbf{x})}{(\mathbf{p}^2+m^2)^2} \; = \; \frac{1}{4\pi} * \frac{\exp(-mr)}{r} * (-r)$$

Somit

$$I_3(x,y) = (1/2\pi)^3*\int d^3p* \frac{\exp(i\mathbf{p}\mathbf{x})}{(\mathbf{p}^2+m^2)^2} \; = \; \frac{1}{4\pi} * \frac{\exp(-mr)}{2m} \qquad m=\mu$$

Also daselbe Ergebnis wie zuvor bei Setzung $m=\mu$

Insgesamt ist also das Ergebnis für die elastische Streuung $E=0$

$$F(x,y) = \frac{1}{4\pi} * [\frac{\exp(-\kappa r)}{r} - \frac{\exp(-\mu r)}{r} - (\kappa^2-\mu^2)* \frac{\exp(-\mu r)}{2\mu}] \text{ bei } E=0$$

Das also, wenn nur Impuls, keine Energie von x nach y übertragen wird.

Wir haben zweimal das Yukawapotential, einmal zur virtuellen Masse κ , zum anderen, abzüglich, zur virtuellen Masse μ, dazu abzüglich ein exponentiell gemäß μ abfallender Term. Das Yukawapotential ist uns bekannt, wenn das Austauschteilchen bei der Streuung z.B. ein massives Meson ist, nicht ein Photon.

F(x,y) besteht also aus drei Potentialen , nicht nur bei E=0, auch sonst.

Diese Potentiale wirken vor Ort (x´) auf die Funktion ϕ(x´) ein, die Wirkung wird dann verzögert und geschwächt durch die G(x-x´)-Funktion der Funktion ϕ(x) zugeleitet. Das ist analog wie bei sonstigen Streuvorgängen, man denke an die Schrödingergleichung und die Bornsche Streuung.

Betrachten wir den **Fall r => 0** , unterstellt μ >0

Wir haben für die ersten beiden Terme $1/r*[\exp(-\kappa r) - \exp(-\mu r)] =$

$= 1/r*[(1-\kappa r+1/2*\kappa^2 r^2+\dots) - (1-\mu r+1/2*\mu^2 r^2+\dots)] =$

$= 1/r*[(-(\kappa-\mu)r + 1/2*(\kappa^2-\mu^2)r^2 - \dots] = -(\kappa-\mu)$ bei r=>0 also endlich

----

Der dritte Term wird bei r=>0 zu $(\kappa^2-\mu^2)/2\mu$, also eine Konstante.

Insgesamt also bei r=>0 , Term1,Term2 und Term3

F(x,y) => $1/4\pi*[-(\kappa-\mu) - (\kappa^2-\mu^2)/2\mu]$ Das ist also bei μ >0 ein endlicher Wert, keine Singularität., die das Yukawapotential 1/r*exp(-mr) sonst hat.

Im **Fall r** => ∞ gehen die Terme wegen der Expontialfunktionen rasch gegen null.

Bem.: Wenn μ die Leptonen vertritt und die Neutrinos an der WW nicht teilnehmen, ist gesichert, dass die Masse μ positiv ungleich null ist.

Bem betreffend die elektromagnetische WW: Im Rahmen der H-Theorie verstehen sich Photonen als Fermion-Antifermion-Paare. Bei jedem Fermion erfolgt ein virtueller Austausch gemäß κ und μ, also mit einer Masse μ verschieden von null. Eine Masse 0 tritt also nicht direkt als Austausch-teilchen, als virtuelles Teilchen auf

----

6.10 H-Theorie und Q-Theorie im Vergleich

Die H-Theorie gilt als gescheitert, weil sich die **Q-Theorie** durchgesetzt hat, diese also wahr sein muss. Ist das vorschnell? Die Q-Theorie ist eine Fortsetzung der Physik allgemein, indem man zu immer Kleinerem schreitet, Molekül, Atom, Elementarteilchen und eben in Fortsetzung dessen die **Quarks**. So von oben her kommend hat man auch die massiven Z- und W-Bosonen im Rahmen der schwachen WW erkannt. Diesem Zug folgt auch die Higgstheorie. Die Q-Theorie ist eine **Top-down-Theorie**, von oben nach unten. Ihr Preis sind viele vorzugebende Massen und Koppelungskonstanten.

Anders bei der **H-Theorie**. Sie ist sozusagen der immer weiteren Zerlegung satt und postuliert stattdessen einen immateriellen Spinor, abhängig von Ort und Zeit, Spin und Isospin, einem erweiterten Grundzustand (Leerzustand, Vakuum), sonst nichts. Durch Kombination aus ihnen, Erzeugungs- und Vernichtungsoperatoren, werden anhand einer nicht-linearen Gleichung lineare Wellengleichungen für Teilchen, Gleichungen für deren Massen, deren Koppelungskonstanten, usw abgeleitet, sowie auch ein Verständnis dafür, was Ladung, Photonen, Elektronen, Nukleonen usw eigentlich sind, erfolgreich. Sie kennt keine Massen vorab wie auch keine Koppelungskonstanten. Sie beschäftigt sich naturgemäß mit den eher zugänglichen Standardelementarteilchen. Sie ist eine **Bottem-up-Theorie**, von unten nach oben und so ein anderer Zugang. So gesehen müsste man eigentlich eine Koexistenz beider Theoriearten zulassen und nicht vorab eine aus dem Feld der Forschung hinausdrängen, denn die Q-Theorie wird wahrscheinlich nicht bis zum Boden vordringen, auf dem die H-Theorie von vornherein aufbaut und viele Ergebnisse zeitigt, möglicherweise kann die H-Theorie andererseits nicht alle Ergebnisse der Q-Theorie hervorbringen, keinesfalls ist eine Ableitung der Quarks als Teilchen geplant, die es im Sinne der H-Theorie real nicht gibt.

Nun gibt es auch **Ähnlichkeiten**. In der **H-Theorie** werden den verschiedenen Leptonen e, τ, μ die Baryonenzeilen im Sinne des Oktetts (Proton, Neutron), (Sigmateilchen, Lambdateilchen) und (Xsi-Teilchen) zugeordnet. Die F-Funktion wird pro Oktett-Zeile etwas anders angesetzt. Eigene Baryonenmasse κ, aber auch eigene Leptonenmasse μ .Für die Regularisierung bei der F-Funktion (Masse μ) ist je der Reihe nach das zugeordnete Lepton zuständig, von oben nach unten e, τ, μ ,**so,** dass die F-Funktion bei verschiedener Fermionenmasse, κ-Masse, wertmäßig gleichbleibt. In [3, S124] war das Lepton τ noch nicht bekannt, aber gewissermaßen erwünscht, deswegen ein Mittelwert von e, μ für die Regularisiung von Σ und seiner Zeile. Das bringt also die **drei Baryonenoktettzeilen** in Verbindung zu den **drei Leptonenarten**.

Auch entsprechen den verschiedenen **Quarks** in einem Meson oder Baryon die verschiedenen χ oder χ^* , wenn auch deren Zahl nicht so fixiert ist wie in der Q-Theorie, beim Meson 2 oder 4 usw, beim Baryon 1 oder 3, usw. So kann ein Teilchen aus beliebig vielen χ oder χ^* nach dem Muster $\langle 0| ...\chi^*...\chi...|\psi\rangle$ zusammengesetzt sein, und so, spekulativ, auch höhere Massen generieren, trotzdem aber z.B. nur Spin $\frac{1}{2}$, 0 oder 1 haben.

Möglicherweise kann man Quarks von Seiten der H-Theorie statistisch deuten, z.B. die Ladung $Q = T_3 + \frac{1}{2}Y = T_3 + \frac{1}{2}*(n_s-n_a)$. Nach außen gibt es generell nur ganzzahlige Ladungen. Intern könnte bei starker WW gegebenenfalls nur ein χ (wesentlich) wirksam sein, das sich dabei z.B. nur ein Drittel der Spurionen (n_s , n_a) oder in einem von drei Fällen ein Spurion ausleiht und benutzt und so interne Drittelzahligkeit für Y und so indirekt auch für die Ladung vortäuscht.

Betrachtung: Unterstellt es gäbe keine QM. Dann würden wir wohl keine Sterne sehen, denn die von ihnen ausgesandten Lichtwellen werden wie eine Kugelwelle auf ihrem Weg hierher immer schwächer, so schwach, dass sie im Auge keine **Rezeptoren** anregen und so keine Lichtempfindung auslösen können. Anders gemäß QM. Die Lichtphotonen bleiben auf ihrem Weg immer gleich, sie verlieren keine Energie, lediglich ihre Statistik ändert sich, sie werden pro Empfangsflächeneinheit immer weniger. Aber wenn auch nur ein Photon einen Rezeptor trifft, so wird er wegen der passenden Energie zum Sehen angeregt und so sehen wir die Sterne.
Gemäß unserer Abschätzung, siehe [2, 12.6], kommen im Sommer von der Sonne, Entfernung etwa 500 Lichtsekunden, etwa $25*10^{16}$ pro cm² Photonen pro Sekunde bei uns an. Bei einem ähnlichem Stern mit 10Lichtjahre Entfernung, also mit der 630720 fachen Entfernung, ist die Ausbeute nur noch ein Bruchteil, nämlich $1/(6.3*10^5)^2 = 0.025*10^{-10}$. Entsprechend ist die Zahl der von ihm ankommenden Photonen pro Sekunde gleich $0.63*10^6$ pro cm², also noch hoch.Bei 1000Lichtjahren sind es dann nur noch 63 Photonen /cm²sek.

6.11 Die Bosonwellenfunktion

Wir orientieren uns an der Bosonengleichung $\phi = K\phi$, weil sie gewissermaßen die Form der Lösung schon hat. Ähnlich den Bornschen Näherungen
wird damit versucht, von einem erstem Ansatz ϕ_0 ausgehend eine bessere
Näherung ϕ_1 zu finden, also $\phi_1 = K\phi_0$.
Ausgangspunkt sei die Bosonengleichung mit getrennten Koordinaten x, y .
Die Bosonwellenfunktion ist $B_\mu = <0|\chi^*(y)\sigma_\mu\chi(x)|\psi>$
χ vernichtet ein Teilchen an der Ort-Zeit x, χ^* vernichtet ein „Antiteilchen"
an der Ort-Zeit y . x und y müssen nicht notwendig nahe beieinander sein.
$\chi(x)$ wird entfaltet gemäß Integralgrundgleichung.
Wie im Bosonenfall zuvor, nur statt x ist nun y in F, sind die Schritte
$$<0|\chi^*(y)\sigma_\mu\chi(x)|\psi> = l^2\int d^4x'<0|\chi^*(y)\sigma_\mu G(x-x')\sigma^\nu\chi(x')*\chi^*(x')\sigma_\nu\chi(x')|\psi>$$
dann mit Abspaltung der Lösung
$$<0|\chi^*(y)\sigma_\mu\chi(x)|\psi> = l^2\int d^4x'<0|\chi^*(y)\sigma_\mu G(x-x')\sigma^\nu\chi(x')|0><0|\chi^*(x')\sigma_\nu\chi(x')|\psi>$$
sodann
$$<0|\chi^*(y)\sigma_\mu\chi(x)|\psi> = l^2\int d^4x'*SP[\sigma_\mu G(x-x')\sigma_\nu F^\tau(x'-y)] * <0|\chi^*(x')\sigma_\nu\chi(x')|\psi>$$
$$\phi(x,y) \qquad\qquad K(x-x',y) \qquad\qquad \phi(x')$$

Für die Fouriertransformation der ganzen Gleichung halten wir uns an das
Muster von zuvor, Kapitel 5.4: $\phi_\mu(x) = \int d^4x'*\Sigma_\nu K_{\mu\nu}(x-x')\phi_\nu(x')$ Gleichung.
Jeder Teil wird nun umgesetzt. Das führt dann zu

$$\int\phi_\mu(J)exp(iJx)dJ = \int d^4x'*[f*\int dJK_{\mu\nu}(J)exp(+iJ(x-x'))]*\int dJ'\phi_\nu(J')exp(iJ'x')$$
$$\phi(x) \qquad\qquad K(x-x') \qquad\qquad \phi(x')$$
$$= f*\int dJdJ'*K_{\mu\nu}(J)\phi_\nu(J')exp(iJx)*\int dx'exp(i(J'-J)x') = \quad \text{nach Umstellen}$$
$$= f*\int dJdJ'*K_{\mu\nu}(J)\phi_\nu(J')exp(iJx)* (2\pi)^4*\delta(J'-J) = \quad \text{nach Integration über x'}$$
$$= f*(2\pi)^4*\int dJ\, K_{\mu\nu}(J)exp(iJx)* \int dJ'\phi(J')\delta(J'-J) = \quad \text{nach Umstellen}$$
$$= f*(2\pi)^4*\int dJ\, K_{\mu\nu}(J)exp(iJx)*\phi_\nu(J) \qquad \text{nach Integration über J'}$$

Also haben wir $\int\phi_\mu(J)exp(+iJx)dJ = f*(2\pi)^4*\int dJ\, K_{\mu\nu}(J)exp(+iJx)*\phi_\nu(J)$
mit $K(J) = \int d\xi K(x-x')exp(-iJ(x-x')) = \int d\xi K(\xi)exp(-iJ\xi)$ mit $\xi = x-x'$,
$K_{\mu\nu}(J)$ wie auch $\phi_\nu(J)*exp(+iJx)$ können also getrennt ermittelt und behandelt werden

----

Nun schauen wir auf Kapitel 5.4 . Beim Ersetzen von K(x-x'), G und F
durch ihre Fouriertransformierte bekommen wir der Reihe nach

174

exp(−iJ(x-x′)) * exp(ip(x-x′)) * exp(-iq(y-x′)) =

= exp(−iJ(x-x′)) * exp(ip(x-x′)) * exp(-iq(x-x′)) * exp(-iq(x-y)) ,

denn (y-x′) = (x-x′) + (y-x) , also abgesehen von exp(-iq(x-y)) wie zuvor.

Dieser auftretende Faktor exp(-iq(x-y)) ist bei der nun folgenden x′-Integration nicht betroffen. Diese ist also wie in Kapitel 5.4 eingangs, nämlich

$$K_{\mu\nu}(J)=2i(2\pi)^{-4}l^2\int d^4p(\kappa^2-\mu^2)^2\frac{-2g_{\mu\nu}*[p*(J-p)]+p_\mu*(J-p)_\nu+p_\nu*(J-p)_\mu}{(J-p)^2*(p^2+\mu^2)^2*(p^2+\kappa^2)}*exp(ip(y-x)$$

Insgesamt ist $\int\phi_\mu(J)exp(+iJx)dJ = f*(2\pi)^4*\int dJ\, K_{\mu\nu}(J) * \phi_\nu(J)exp(+iJx)$ *

Wir suchen eine **Partikularlösung** zum Außen-Energie-Impuls J.
Wir brauchen also nur die Integranden davon, von dieser letzten Zeile *,
J wird dann gewissermaßen fix.
Für $\phi_\nu(J)exp(+iJx)$ setzen wir in nullter Näherung an $\phi^0_\nu(J)*exp(+iJx)$, wobei $\phi^0_\nu(J)$ konstant ist, konkret:
Im Fall Spin gleich 0, ist die Lösung proportional zu J_ν , also $\phi_\nu(J)= \alpha*J_\nu$
Im Fall Spin gleich 1, ist die Lösung proportional einem Polarisationsvierervektor B_μ und viererorthogonal dem Viererimpuls J_μ , also $J_\mu\sim B_\mu$
und $J_\mu\phi^\mu = 0$, zusammengefasst bestimmt ein konstanter Vektor ϕ^0_ν den Spin, der ϕ bei x=0 und y=0 gleichgesetzt werden kann, also
$\phi^0_\nu = \phi_\nu(x=0,y=0)$, somit konstant, siehe Kapitel 6.2 .
Also insgesamt ist die Partikularlösung eine ebene J-Welle in **x**-Richtung, eine Raumrichtung, wobei J und x Vierervektoren sind.

$\phi(J, x-y) = \Sigma_\nu K_{\mu\nu}(J) * \phi^0_\nu exp(iJx)$ = Amplitude mal fixer Welle

---

$$K_{\mu\nu}(J)=2i(2\pi)^{-4}l^2\int d^4p(\kappa^2-\mu^2)^2\frac{-2g_{\mu\nu}*[p*(J-p)]+p_\mu*(J-p)_\nu+p_\nu*(J-p)_\mu}{(J-p)^2*(p^2+\mu^2)^2*(p^2+\kappa^2)}*exp(ip(y-x)$$

Farbig sind die Zusatzterme. Die Welle bewegt sich räumlich in in **x-Richtung**, dreidimensional.
Der Faktor exp(ip(y-x)) geht wegen p in das Integral ein wie bei einer klassischen Zweipunktfunktion, das Integral hat hier die Rolle der **Wellenamplitude**, die sichtlich von (y-x) abhängig ist, also sich mit x fortlaufend ändert.

Über die verschiedenen J′s integriert, je mit dieser J-abhängigen Amplitude, ergibt sich dann wieder $\phi(x-y)$.

$K(x-x′)$ setzt sich aus Greenfunktion und Potential (hier F-Funktion) zusammen. $K(x-x′)$ "biegt" also das ϕ_0 zu einem besseren ϕ hin.

Das erinnert an **Bornsche Näherungen**. Ist ϕ_0 als nullte Näherung vorgegeben, so soll $\phi_1(x) = \int dx′ * K(x-x′)\phi_0(x′)$ eine bessere Näherung sein. Allerdings ist da ϕ_1 additiv zu ϕ_0 , also $\phi_0+\phi_1$.

Bem.: Abgesehen vom Neutrino sind im Rahmen der H-Theorie die Wellenfunktionen für die anderen **Leptonen** nicht klar. Wir finden die Leptonen als G- und D-Wellenfunktion bei der Zweipunktfunktion, aber mit nicht positiver Metrik. Ein entsprechender Teil der H-Theorie steht noch aus.

6.12 Über die Parität von Bosonen

Es sei verwiesen auf [3, 3-2] und [3,5-5] .Danach ist die PCJ-Transformation elementar gegeben durch $PCJ\chi(x) = \sigma_2\tau_2\ \chi^*(-x,\ t)$. P ist die räumliche Spiegelung $x => -x$, C ist die Ladungskonjugation, deswegen Stern und σ_2 , und J ist eine Drehung um 180 grad im Isoraum, deswegen τ_2, das Ganze sei kurz R benannt. Auch wird benannt $G = CJ$ und so auch $PCJ = PG$.

Also es ist $R = \sigma_2\tau_2$ und somit auch $R^{-1} = \sigma_2\tau_2$.

Es ist dann $R^{-1}\sigma_k R = -\sigma_k^{\tau}$ sowie $R^{-1}\tau_k R = -\tau_k^{\tau}$ $\quad ^{\tau}$ heißt transponiert

Denn es ist $\sigma_1^{\tau} = \sigma_1$, $\sigma_2^{\tau} = -\sigma_2$, $\sigma_3^{\tau} = \sigma_3$, $\sigma_0^{\tau} = \sigma_0$

Ein Boson mit **Spin 0** ist gegeben durch $<0|\chi^*(x)\sigma_0\tau_\nu\chi(x)|\psi>$

Nach Anwendung der Transformation R auf χ bzw χ^*, am einfachsten bei x=0, haben wir

$<0|\chi^*(0)R^{-1}\ {}^*\sigma_0\tau_\nu\ {}^*R\chi(0)|\psi> = <0|\chi(0)\sigma_2\tau_2{}^*\sigma_0\tau_\nu\ {}^*\sigma_2\tau_2\chi^*(0)|\psi>$

Speziell ist dann $\quad <0|\chi(0)\sigma_2\tau_2{}^*\sigma_0\tau_0\ {}^*\sigma_2\tau_2\chi^*(0)|\psi> = \qquad$ betrifft τ_0

$= <0|\chi(0)\sigma_0\tau_0\chi^*(0)|\psi> = - <0|\chi^*(0)\sigma_0\tau_0\chi(0)|\psi>,$

weil $\chi(0)$ und $\chi^*(0)$ beim Vertauschen antikommutieren.

Also **GP = −1**. Betrifft das **η-Boson**.

Speziell ist dann weiterhin $\quad <0|\chi(0)\sigma_2\tau_2{}^*\sigma_0\tau_k\ {}^*\sigma_2\tau_2\chi^*(0)|\psi> = \quad$ betrifft τ_k

$= <0|\chi(0){}^*\sigma_0\ {}^*\tau_2\tau_k\tau_2{}^*\chi^*(0)|\psi> = <0|\chi(0){}^*\sigma_0\ {}^*(-\tau_k^{\tau})\chi^*(0)|\psi> =$

$= - <0|\chi^*(0){}^*(-\tau_k){}^*\sigma_0\chi(0)|\psi> = + <0|\chi^*(0)\ {}^*\sigma_0\tau_k{}^*\chi(0)|\psi>$

Also **GP = +1**. Betrifft die **π-Bosonen**, die Pionen.

Denn, allgemein bei einem einfachen Index ist $\chi^*A\chi^* = \chi_\alpha{}^*A_{\alpha\beta}\chi_\beta{}^* =$

$= A_{\alpha\beta}{}^*\chi_\alpha{}^*\chi_\beta{}^* = - A_{\alpha\beta}{}^*\chi_\beta{}^{**}\chi_\alpha = -\chi_\beta{}^*A_{\alpha\beta}{}^*\chi_\alpha = -\chi^*A^{\tau}{}^*\chi$

Sowie allgemein bei einem Doppelindex ist

$\chi^*AB\chi^* = \chi_{\alpha\gamma}{}^*A_{\alpha\beta}B_{\gamma\delta}\chi_{\beta\delta}{}^* = A_{\alpha\beta}B_{\gamma\delta}{}^*\chi_{\alpha\gamma}{}^*\chi_{\beta\delta}{}^* =$

$= - A_{\alpha\beta}B_{\gamma\delta}{}^*\chi_{\beta\delta}{}^{**}\chi_{\alpha\gamma} = -\chi_{\beta\delta}{}^*A_{\alpha\beta}B_{\gamma\delta}{}^*\chi_{\alpha\gamma} = -\chi^{**}A^{\tau}B^{\tau}{}^*\chi$

Also die Matrizen A und B treten beim Vertauschen transponiert auf, ansonsten minus wegen des Antikommutierens von $\chi_{\alpha\gamma}$ und $\chi_{\beta\delta}{}^*$ bei allseits x=0. In unserem Fall entspricht A der Matrix σ_0 , was es besonders einfach macht, und es entspricht der Matrix B die Matrix τ_0 oder τ_k . Zu beachten, doppelt transponieren $^{\tau\tau}$, hier $(-\tau_k^{\tau})^{\tau} = -\tau_k$, ist wie kein mal transponieren.

Betrifft Weylgleichung und Weyllösungen: Siehe auch [1,16.4]
sowie betreffend die Diracgleichung die Übersicht Kapitel 1.7
Betrachten wir die **Wirkung der Transformation** PCJ

Zunächst an einer einfachen Wellenfunktion. Siehe auch Kapitel 1.7
$\phi = \mathbf{u}_+ (1) * \exp(i(\mathbf{px}-Et)$ Der erste Vertikal-Zweierspinor $\mathbf{u}_+$ ist für den Spin,
    (0)   der zweite für den Isospin.

Raumspiegelung $P => \mathbf{x}'=-\mathbf{x}$, $t'= t$, in der Folge $\mathbf{P}'=>-\mathbf{P}$, $P_0'=>P_0$, $U=\sigma_0$
Sei gegeben $\sigma\mathbf{P}\phi = +\sigma_0 P_0\phi$ mit $\phi = \mathbf{u}_+\exp(i(\mathbf{px}-Et)$ Weylgleichung
Daraus wird $\sigma(-\mathbf{P})\phi' = +\sigma_0 P_0\phi'$ mit $\phi' = \mathbf{u}_+\exp(i((-\mathbf{p})\mathbf{x}-Et)$
Denn $\phi' = P\phi = P[\mathbf{u}_+\exp(i(\mathbf{px}-Et)]= \mathbf{u}_+\exp(i(\mathbf{p}(-\mathbf{x})-Et) = \mathbf{u}_+\exp(i((-\mathbf{p})\mathbf{x}-Et)$
Also aus $\sigma, \mathbf{p}$, E wird $\sigma, -\mathbf{p}$, E
Die zweidimensionale Weylgleichung $\sigma\mathbf{P}\phi = +\sigma_0 P_0\phi$ ändert sich zur
Partnergleichung $\sigma\mathbf{P}\phi = -\sigma_0 P_0\phi$, einerseits mit umgekehrter Helizität h
wegen $-\mathbf{p}$, andererseits mit gleicher Helizität, weil $\mathbf{u}_+$ gleich bleibt, also
undefiniert.

Ladungskonjugation C in der Folge $\sigma=>-\sigma$, $\mathbf{P}'=>-\mathbf{P}$, $P_0=>-P_0$, $U= i\sigma_2$
Sei gegeben $\sigma\mathbf{P}\phi = +\sigma_0 P_0\phi$ mit $\phi = \mathbf{u}_+\exp(i(\mathbf{px}-Et)$ Weylgleichung
Daraus wird $(-\sigma)(-\mathbf{P})\phi' = \sigma_0(-P_0)\phi'$ mit $\phi' = i\sigma_2\mathbf{u}_+\exp(-i(\mathbf{px}-Et)$
Wegen $\phi' = C\phi = i\sigma_2\phi^* = i\sigma_2\mathbf{u}_+^*\exp(-i(\mathbf{px}-Et) = \mathbf{u}_-\exp(-i(\mathbf{px}-Et)$
Also $\mathbf{p}$, E, h => $-\mathbf{p}, -E, -h$ Antiteilchen
Die zweidimensionale Weylgleichung $\sigma\mathbf{P}\phi = +\sigma_0 P_0\phi$ ändert sich zur Part-
nergleichung $\sigma\mathbf{P}\phi = -\sigma_0 P_0\phi$ mit umgekehrter Helizität h, aus $\mathbf{u}_+$ wird $\mathbf{u}_-$.

Somit ergibt die Kombinationswirkung von **CP**
Sei gegeben $\sigma\mathbf{P}\phi = +\sigma_0 P_0\phi$ mit $\phi = \mathbf{u}_+\exp(i(\mathbf{px}-Et)$ Weylgleichung
Daraus wird $\sigma(-\mathbf{P})\phi' = +\sigma_0 P_0\phi'$ mit $\phi' = \mathbf{u}_+\exp(i((-\mathbf{p})\mathbf{x}-Et)$ wegen P
Daraus wird $(-\sigma)(+\mathbf{P})\phi'' = \sigma_0(-P_0)\phi''$ mit $\phi'' = \mathbf{u}_-\exp(i(\mathbf{px}-(-E)t)$ wegen C
Also aus $\sigma\mathbf{P}\phi = +\sigma_0 P_0\phi$ wurde $\sigma\mathbf{P}\phi'' = \sigma_0 P_0\phi''$ mit $\mathbf{p}$, E, h => $\mathbf{p}, -E, -h$
Die Gleichung bleibt insgesamt so invariant, h dreht sich um..
Die Spinlösung und der Spin dreht sich um, aus $+\frac{1}{2}$ wird $-\frac{1}{2}$ und umgekehrt.

Die Transformation $J = - i\tau_2$ wirkt auf den zweiten Vertikalspinor und macht
so, analog zum Spin in z-Richtung, aus (1 0) den Spinor (0 1) . Der Isospin,
dritte Komponente, dreht sich um, aus $+\frac{1}{2}$ wird $-\frac{1}{2}$ und umgekehrt.

7.0 Kleinere Themen

7.1 Bewegung im expandierenden Weltall

Wir vereinfachen zunächst das Problem. Wir befinden uns zur Zeit t=0 auf einem zentrischen **Kreis** mit Radius r_0 an der Winkelposition α=0 oder anders gesagt an x = r, y = 0. Die Frage ist, an welcher Winkelposition α befinden wir uns zur Zeit t, wenn wir uns mit der konstanten Geschwindigkeit v auf dem Kreis bewegen und der Kreis mit Anfangsradius r_0 sich zugleich mit der konstanten Geschwindigkeit u ausdehnt.

Es ist also r = r_0+u*t , v = r*dα/dt oder dα=v/r*dt , stets ist **v** senkrecht zu **r**

Die Eigenbewegung v ist also stets senkrecht zum Radius und weiß gewissermaßen nichts von der Kreisausdehnung.

Hinsichtlich der Eigenbewegung v auf dem Kreis ist also

$$\frac{d\alpha}{dt} = \frac{v}{r} = \frac{v}{r_0+u*t} \quad \text{die Gleichung für } \alpha \text{ (im Bogenmaß)}$$

$$\text{Integration über t ergibt } \alpha(t) = \frac{v}{u} * \ln(u*t + r_0) + \text{konstante}$$

$$\text{Gemäß Formel } \int \frac{dx}{ax+b} = \frac{1}{a} * \ln(ax+b)$$

Zur Bestimmung der Konstanten:Für t=0 soll α=0 sein, also 0 = v/u*ln(r_0)+C
Somit C = −v/u*ln(r_0) Also ist

$$\boldsymbol{\alpha(t)} = \frac{v}{u} *[\ln(u*t+r_0) - \ln(r_0)] = \frac{v}{u} * \ln \frac{u*t + r_0}{r_0}$$

Der Winkel α nimmt also logarithmisch mit der Zeit t zu, zwar immer langsamer, aber unbegrenzt, er kann beliebig groß werden. Je schneller man sich auf dem Kreis bewegt, umso mehr, je schneller sich der Kreis ausdehnt, um so weniger.

Bem.: Würde man den Weg in der Fläche markieren, radial und orbital, so entspräche das einer **logarithmischen Spirale**, der Winkel α wächst logarithmisch mit dem Radius r an, umgekehrt, der Radius r wächst exponentiell mit dem Winkel α an.

179

Fragen wir nach der Zeit T, um einen Winkel α zu erreichen, so brauchen wir die Umkehrfunktion und erhalten durch beidseitiges Exponieren

$$T = \frac{r_0}{u} * [\exp(\alpha * \frac{u}{v}) - 1]$$
Bem.: Bei α, u, v $\geq$ 0 ist exp $\geq$ 1

Aus der Formel für α und T entnehmen wir, dass wie immer auch die Eingangswerte r_0, u, v sind, es stets möglich ist, nach einer Zeit den Kreis zu umrunden, auch wenn u gegenüber v sehr groß ist. Wenn v=0 ist, so bleibt die Position, der Winkel α gleich.

Glücklicherweise ist die Formel für den Umfang U oder für die Bogenlänge B beim Kreis, bei der Kugel und auch bei der vierdimensionale räumlichen Kugel dieselbe, nämlich U = $2\pi r$ bzw B = $r*\alpha$. Wenn man sich immer geradeaus bewegt, so bewegt man sich automatisch auf einem (Großkreis) bogen, der stets in einer Ebene durch den Kugelmittelpunkt liegt. So können wir die abgeleiteten Formeln unverändert für höhere Dimensionen übernehmen.

Das können wir für das **Universum** verwenden. Wir nehmen an, wie heute meistens, das räumliche Universum gleicht einer dreidimensionalen Oberfläche auf einer vierdimensionalen Kugel, die sich zudem ausdehnt, deren Radius also mit der Zeit wächst. Unterstellen wir, der Radius wächst mit annähernder Lichtgeschwindigkeit, also u $< \approx$ c.

Wird **jetzt** (t–0) ein Lichtstrahl (v=c) in eine beliebige Richtung weggeschickt, so durchläuft er das ganze Weltall und kommt nach einer langen Zeit T bei der Startposition wieder an. Wir wollen die Laufzeit T errechnen:
Es ist A = r_0/u = Alter des bisherigen Universums, oder A*u = r_0
r_0 wird in Lichtjahren gemessen, es ist u/v$\approx$1.
Dann ist also T = A*[exp(2π) –1] = A*[535.5 –1] = A*534.5, d.h. weit über das 500-fache des bisherigen Weltraumalters (A $\approx$13.8 Milliarden Jahre) dauert es bis zur Rückkehr des Lichtstrahls.

Um ans andere Ende der Welt zu gelangen, sozusagen von Europa nach Australien, also $\alpha=\pi$,dauert es T = A*[exp(π)–1] = A*[23.1–1] = A*22.1, also ebenfalls eine sehr lange, irreal lange Zeit.

Bei kleinerem u sind die Werte für T entsprechend kleiner. Bei u=0 sind die entsprechenden Laufzeiten T=A*2π bzw T=A*π , aber die Formeln dafür sind nicht unmittelbar verwendbar, erst nach Reihenentwicklung.

Mehr von Interesse ist die Frage nach der **Vergangenheit**. Beim Blick ins Universum blicken wir immer in die Vergangenheit, wir sehen die Objekte so, wie sie vor langer Zeit waren, also sie das jetzt von uns empfangene Licht weggeschickt haben. Spontan meint man, bei extrem großen Entfernungen, man blickt in Richtung Weltmittelpunkt. Da sich der Lichtstrahl aber auf der „Oberfläche" der vierdimensionalen Kugel bewegt, wir können die Oberfläche nicht verlassen, blicken wir in Wirklichkeit gewissermaßen gebogen entlang eines sich verjüngenden Großkreises, entlang einer arithmetischen Spirale, an einen anderen Oberflächenpunkt, dem wir in diesem Sinn ebenfalls einen Winkel α zuordnen können. Für den eigenen Standpunkt gilt α=0 und t=0. Für ein ruhendes Objekt bleibt der Winkel α auch bei der sich ausdehnenden Kugel fix. Das ist analog zu einer sich ausdehnenden Kugel, wo die Position, gegeben durch Längen- und Breitengrad, trotz Ausdehnung gleich bleibt. Was können wir nun sehen? Obige Formeln für α bzw T können wir auch verwenden, wenn u<0 ist, der Radius sich also verringert, wenn wir von jetzt aus gesehen gewissermassen den Vorgang zurückspulen. Sie lauten dann, u => –u,

$\alpha(t) = -v/u * \ln\,[(-u*t+r_0)/r_0]$ (1)   bzw $T = -r_0/u * [\exp(-\alpha*u/v) - 1]$ (2)

Um ans andere Ende des damaligen Universums zu blicken, also $\alpha=\pi$, errechnet sich die Zeit zu
$T = -A*[\exp(-\pi) -1] = -A*[0.0432 -1] = A*0.9567$. Wir blicken dann in eine Zeit, als das Universum 13.8*0.0432 = 0.596, also grob 600 Millionen Jahre alt war. Die Objekte, die wir da sehen, sind damals wie jetzt wegen $\alpha=\pi$ auf der anderen Seite des Universums, also zum jetztigen Zeitpunkt von uns 13,8*π = 43.33 Milliarden Lichtjahre entfernt.

Um an dieselbe Stelle α=0 oder $\alpha=2\pi$, dem jetzigen Standpunkt des damaligen Universums zu blicken, also $\alpha=2\pi$, errechnet sich die Zeit zu
$T = -A*[\exp(-2\pi) -1] = -A*[0.001867 -1] = A*0.9981$. Entsprechend ist das Alter des damaligen Universums gleich 13.8*0.001867 = 0.0257 , also grob 25.7 Millionen Jahre alt. Angenommen damals hätte es bereits unsere Michstraße gegeben, so könnten wir sie prinzipiell in ihrem damaligen Zustand mit dem Fernrohr, mit dem Teleskop sehen.

Nun eine **Probe** der Formeln: Wenn wir zurückspulen in die Vergangenheit, um eine Zeit T, so muss der errechnete Winkel α derselbe sein, wie wenn wir den damaligen Radius als Startradius einsetzen und expandieren lassen.

Der Radius vor der Zeit T ist r = $(r_0 - u*T)$ r_0 = jetziger Radius.

Diesen setzen wir in die Vorwärtsformel ein und lassen vorwärtslaufen

$\alpha(t)$ = v/u * ln $[(u*t + r_0)/r_0]$ = v/u * ln $[(u*T+(r_0-u*T))/ (r_0-u*T)]$ =

= v/u * ln $[r_0/ (r_0-u*T)]$ = v/u *[ln (r_0) − ln (r_0-u*T)] =

= −v/u *[ln (r_0-u*T) − ln (r_0)] Siehe (1) zuvor

Der errechnete Winkel α ist also bei Vor- und Rücklauf derselbe.

Von Interesse mögen auch **Umfang-, Flächen- und Volumenvergleiche** betreffend **Kreis und Kugel** sein:

Zweidimenional: Umfang = $2\pi r$, Fläche = $r^2\pi$

Dreidimensional: Umfang = $2\pi r$, Oberfläche = $4r^2\pi$, Volumen=$4/3*r^3\pi$

Vierdimensional: Umfang = $2\pi r$, Oberfläche = $2r^3\pi^2$, Volumen=$1/2*r^4\pi^2$

Im Sinn des Modells für das Universum ist r der Radius der vierdimensionalen räumlichen Kugel, die Oberfläche ist der dreidimensionale Raum, in dem sich alle Galaxien, alles Materielle befinden. Das vierdimensionale Volumen ist nur ein mathematisches Volumen, dem nichts Materielles entspricht. Die Formel für den Umfang ist immer dieselbe.

Siehe dazu auch [4, 6]. So ist der augenblickliche Umfang des Universums

U = $2\pi r$ = $2\pi*13.8$ = 86.6 Milliarden Lichtjahre. Könnte man also mit „Engelsgeschwindigkeit" dieses durcheilen, auf einem Vollkreis, links und rechts, oben und unten Sterne, so würde man bis zur (augenblicklichen) Rückkehr diese Strecke zurücklegen. Die dreidimensionale Oberfläche, der Raum für die Galaxien, ist dann O = $2r^3\pi^2$=$2*13.8^3*\pi^2$ = 51823 Kubik-Milliarden-Lichtjahre. Unterstellt pro Würfel mit 10 Millionen Lichtjahre Kantenlänge haben wir eine Galaxie, dann kommen wir zu 51.823 Milliarden Galaxien im Weltall.

Dass sich das Universum ausdehnt, wurde schon von Hubble (1929) festgestellt anhand der verschiedenen Licht-Rotverschiebungen ferner Galaxien. Sie bewegen sich von uns und voneinander weg, in alle Richtungen, proportional zur Entfernung voneinander, mit einer Geschwindigkeit von 74 km pro Sekunde und pro Megaparsec Entfernung (neuerer Wert, früher wurde er kleiner angesetzt, nachwievor ein Gegenstand der Forschung) Ein Megaparsec ist gleich $10^6*3.26$ Lichtjahre. Das ergibt bei einem Abstand von 1 Milliarde Lichtjahren zwischen zwei Galaxien ein Auseinanderdriften von $74*10^9 /3.26*10^6 = 22.69*10^3$ km/sek .

Das wird nun nicht auf die Eigenbewegung der Galaxien zurückgeführt, sondern so wird interpretiert, dass sich in dem Maße der Raum ausdehnt. Dieses Auseinanderdriften kann man sich veranschaulichen mit einem Luftballon, auf dem man Stellen markiert hat und den man aufbläst. Die markierten Stellen entfernen sich dabei, ohne Eigenbewegung, und das um so mehr, je weiter sie voneinander weg sind, weil die Oberfläche größer wird.

Bem.: Aus einer Entfernung von einem **Parsec** erscheint der mittlere **Erdbahnradius** unter einem Sehwinkel von einer Bogensekunde. Das entspricht 3.26 Lichtjahren.

Diese Werte kann man nun **hochrechnen**: Bezeichne nun diesen Wert, den **Hubble-Parameter**, ausgelegt für die Entfernung 10^9 Lichtjahre, mit u_h .

Dann ist die Umfangsänderung dU/dt des Weltalls pro Sekunde einerseits gleich dU/dt $= 2\pi r*u_h$, andererseits gleich $2\pi*dr/dt = 2\pi*u$, dabei ist u die Radiusänderung pro Sekunde, also ist $2\pi r*u_h = 2\pi*u$ Lösen wir nach r auf und setzen ein, Einheit ist 1 Milliarde Lichtjahre, und unterstellen wir als Expansionsgeschwindigkeit u = c, so errechnet sich der Weltallradius zu,

$r = u/u_h = c/u_h = 300*10^3/22.69*10^3 = 13.22$ Milliarden Lichtjahre.

Anmerkung: Edwin **Hubble**, amerik.Astronom (1889-1953)

Umgekehrt, sei r = 13.8 angesetzt, wie jetzt angenommen, dann ist die radiale Ausdehnung pro Sekunde gemäß der Beziehung zuvor gleich

u = $r*u_h$ = $13,8*22.69*10^3 = 313.12*10^3$ km/sek, also etwas mehr als die Lichtgeschwindigkeit. Prinzipiell sagt man, dass die Radial- wie auch die Umfangausdehnungs-Geschwindigkeit die Geschwindigkeits-Obergrenze, die Lichtgeschwindigkeit c **nicht** einhalten muss, ohne die Relativitätstheorie zu verletzen, weil die Objekte im Weltall bei seiner Ausdehnung keine Eigenbewegung nötig haben. Der Hubbleparameter gilt als weitgehend zeitlich konstant, wenn auch unsicher. Einerseits argumentiert man, dass er mit der Zeit doch schwächer wird wegen der wechselseitigen Gravitation der Materie, die die erste Wucht der Expansion abbremst, gewissermaßen wie eine Gummihaut, die um eine Kugel herumgespannt ist und der Expansion entgegenwirkt und auch, das ist neu, wegen der anziehenden (unbekannten) **dunklen Materie**. Andererseits soll (unbekannte) **dunkle Energie**, auch ein neuer Begriff, im Weltall expansionsverstärkend wie ein Treibmittel wirken. Dieses wird je nach Literatur, auch ob sie älteren oder neueren Datums ist, verschieden gesehen oder verschieden gewichtet. Wegen der Schwierigkeit des Nachweises steht eine sichere Aussage offenbar noch aus.

7.2 Der schiefe Wurf mit Luftwiderstand

Dazu die **Bewegungsgleichung** in **vektorieller Form**

$$m*\frac{d\mathbf{v}}{dt} = -\,mg - F*c_w*\tfrac{1}{2}*\rho*v^2*\frac{\mathbf{v}}{v}$$

$m*d\mathbf{v}/dt$ Masse mal Beschleunigung

$-\,mg$ Schwerkraft senkrecht nach unten, g Erdbeschleunigung 9.81 m/sec²

$-\,F*c_w*\tfrac{1}{2}*\rho*v^2*\mathbf{v}/v$ Luftwiderstandskraft proportional zur Stirnfläche F, einem Widerstandsfaktor c_w, der Luftdichte ρ und quadratisch proportional zur Geschwindigkeit v entgegen der Flugrichtung $\mathbf{v}/v$

Nun in **Komponentenform** $\mathbf{v} = (v_x , v_y)$, ein zweidim. vertikaler Vektor

Der Schreibvereinfachung halber sei nun bezeichnet $\mathbf{v_x = u}$ und $\mathbf{v_y = v}$

Division durch m und Bezeichung $\mathbf{k = 1/m}$ $\mathbf{*c_w*\tfrac{1}{2}\rho F}$ ergibt die Gleichungen

$\overset{\circ}{u} = \qquad -k*(u^2 + v^2)^{1/2} * u \quad (1) \qquad$ Es ist $^{\circ}$ gleich d/dt

$\overset{\circ}{v} = -\,g \;-\; k*(u^2 + v^2)^{1/2} * v \quad (2)$

Bem.: Der gemeinsame Wurzelterm verhindert eine einfache Separierung.

Wir wollen nun von der Paramterdarstellung der Funktionen u(t) und v(t) übergehen zu einer impliziten Darstellung v als Funktion von u, also v(u). Dazu dividieren wir die Gleichung2 durch die Gleichung1 und erhalten, es ist $\overset{\circ}{v}/\overset{\circ}{u} = dv/du,\ dv/du = \ g/[\,k*(u^2 + v^2)^{1/2} * u] + v/u$

oder $\mathbf{dv/du = \ g/[k*(1 + v^2/u^2)^{1/2} * u^2] + v/u}$

Sei die Funktion z(u) = v/u eingeführt und sei bezeichnet dv/du = v′

Es ist dann $z′ = dz/du = d(v/u)/du = v′/u - v/u^2$, also ist $v′ = z′u + z$

Also können wir v′ und v/u in der Gleichung ersetzen

$z′u + z = \ g/[k*(1 + z^2)^{1/2} * u^2] + z$ oder $z′u = g/[k*(1+z^2)^{1/2} * u^2]$

Trennung der Variablen z und u ergibt die DGL $\ \mathbf{z′*(1+z^2)^{1/2} = g/k*\dfrac{1}{u^3}}$

Integrationsformel $\int X^{1/2}dx = \tfrac{1}{2}*[x*X^{1/2} + a^2*\ln(x+X^{1/2})] + C$ für $X = a^2 + x^2$

Beidseitige **Integration** nach u ergibt dann

$\tfrac{1}{2}*[z*(1+z^2)^{1/2} + \ln(z + (1+z^2)^{1/2})] = -\,\tfrac{1}{2}*g/k*1/u^2 + C/2$

Die Konstante C ergibt sich durch Einsetzen der Startwerte u_0 und v_0

Die Funktion u(z) bzw $u^2(z)$ ist sichtlich leicht hinzuschreiben, umgekehrt also z als Funktion von u^2 dagegen nicht. Also

$$u^2(z) = \frac{g/k}{[z_0(1+z_0^2)^{1/2}+\ln[z_0+(1+z_0^2)^{1/2}]+g/k*1/u_0^2]-[z(1+z^2)^{1/2}+\ln(z+(1+z^2)^{1/2})]}$$

Das ist also die Horizontalgeschwindigkeit u in Abhängigkeit von der aktuellen Steigung z.

Es ist **z = v/u** gleich der je **aktuelle**n **Steigung** der Flugbahn. Diese mag anfangs durch Startgeschwindigkeit u_0 und v_0 , somit $z_0 = v_0/u_0$ gegeben sein. Am **Scheitel** der Flugbahn ist $v_0=0$, somit z=0, die Steigung ist gleich null. Die Gleichung bringt also einen Zusammenhang von Steigung z und Waagrechtgeschwindigkeit u.

Weitere Folgerungen: Aus $v = u*z$ folgt $\overset{\circ}{v} = \overset{\circ}{u}*z + u*\overset{\circ}{z}$

Dabei entspricht $^\circ$ gleich d/dt

Einsetzen in (2) unter Verwendung von (1) folgt

$\overset{\circ}{u}*z + u*\overset{\circ}{z} = -g -k*(u^2+v^2)^{1/2} * v = -g+ \overset{\circ}{u}/u *v = -g+ \overset{\circ}{u}z$

So verbleibt $u*\overset{\circ}{z} = -g$

Die zeitliche **Änderung der Bahnsteigung** z ist also **dz/dt = –g/u** (3)

Bem.: Man kann u als Funktion von z wie auch z als (Umkehr)funktion von u auffassen.

Somit $dt = -1/g*u(z)dz$ und nach Integration $t(z) = -1/g*\int_{z_1}^{z}u(z)dz$

Aus der Lösunng der DGL ist uns u als Funktion von z bekannt oder umgekehrt. So können wir damit die **Flugzeit** z.B. zwischen zwei Steigungen z_1 und z per Integral errechnen. Beim Start ist $z_1=z_0= v_0/u_0$ und bei der Höchstposition, dem Scheitel ist z= 0 .

Es ist $\overset{\circ}{x} = u$ und $\overset{\circ}{y} = v$

x,y sind ebenfalls wie auch u implizit Funktionen von z

Also ist $dx/dz = dx/dt / dz/dt = u / [-g/u] = -1/g*u^2$ gemäß (3)

Oder $dx = -1/g*u^2dz$ somit $x(z) = x_0 -1/g*\int_{z_1}^{z}u^2(z)dz$

Das ist die **Horizontalkomponente** x in Abhängigkeit von der Horizontalgeschwindigkeit u .

$dy/dz = dy/dt \,/\, dz/dt = v \,/\, [-g/u\,] = uz \,/\, [-g/u\,] = -1/g*zu^2$ gemäß (3)

Oder $dy = -1/g*zu^2 dz$ somit $y(z) = y_0 - 1/g* \int_{z_1}^{z} zu^2(z)dz$

Das ist die **Vertikalkomponente y** in Abhängigkeit von der Horizontalgeschwindigkeit u und der Steigung z.

Die Integration selber wird wahrscheinlich nur mittels numerischer Verfahren gelingen. Bem.: Wir sind hier im Wesentlichen dem Internetbeitrag von <u>franz.spirig@ksh-edu</u> gefolgt.

Es mag von Interesse sein, den schiefen **Wurf ohne Luftwiderstand** zu betrachten, im Vergleich dazu. Die Gleichungen und Lösungen sind da

$\overset{\circ}{u} = 0$ Lösung $u = u_0$ Integration $x(t) = x_0 + u_0*t$

$\overset{\circ}{v} = -g$ Lösung $v = v_0 - g*t$ Integration $y(t) = y_0 + v_0*t - ½*g*t$

Die Bahnsteigung ist da $z = v/u = [v_0 - g*t\,] \,/\, u_0$

Ihre zeitliche Änderung ist $\overset{\circ}{z} = dz/dt = -g/u_0$

Das ist dieselbe Formel wie zuvor mit dem Unterschied, dass hier u nicht zeitabhängig, sondern konstant ist. Die reale Formel $dz/dt = -g/u$, siehe (3), besagt, dass bei kleiner werdendem u , u>0 unterstellt, der Steigflug sich mehr und mehr Richtung Erdboden neigt, desgleichen beim Niedergang, und so eine geringere Höhe wie auch Wurfweite bewirkt wie es sonst wäre.

Nur-horizontale Bewegung mit Luftwiderstand, also v=0

Wir bewegen uns gewissermaßen auf einer Ebene.

Die Gleichung ist gemäß (1) $\overset{\circ}{\mathbf{u}} = \mathbf{-k*u^2}$

Trennung der Variablen $1/u^2*du = -k*dt$ nur der Luftwiderstand bremst

Integration $-1/u = -k*t + C$

Zur Zeit t=0 sei $u=u_0$, also ist $-1/u_0 = C$ Integrationskonstante

Somit ist $\mathbf{u(t)} = \dfrac{1}{k*t + 1/u_0} = \dfrac{\mathbf{u_0}}{\mathbf{u_0 k*t + 1}}$ **Geschwindigkeit**

Für große t ist also u im wesentlichen umgekehrt proportional zu t .

Weitere **Integration** ergibt $x(t) = 1/k*\ln[k*t + 1/u_0] + c$

Bei t=0 soll x=0 sein, also $c = -1/k*\ln[1/u_0] = +1/k*\ln[u_0]$

Somit $\mathbf{x(t)} = 1/k*\ln[k*t + 1/u_0] + 1/k*\ln[u_0] = \mathbf{1/k*\ \ln[u_0 k*t + 1]}$ **Weg-Zeit**

---

x nimmt also nur logarithmisch mit der Zeit t zu, im widerstandsfreien
Fall dagegen stets proportinal zu t . Für kleine t ist wie zu erwarten
$x(t) = 1/k*(u_0 k*t) = u_0*t$ Siehe Reihenentwicklung für $\ln(1+x)$ nachfolgend

---

Nur-vertikale Bewegung mit Luftwiderstand, also u=0
Da gibt es Nur-Aufwärtsbewegungung und Nur-Abwärtsbewegung.

Bei der Abwärtsbewegung gibt es eine **maximale Fallgeschwindigkeit** v_w,
wo der Luftwiderstand gleich der Schwerkraft ist, also wo ist $\frac{1}{2}\rho F*v_w^2 = mg$
oder mit unseren abkürzenden Bezeichnungen , wo ist $\mathbf{v_w = (g/k)^{1/2}}$
mit $k = 1/m *c_w*\frac{1}{2}\rho F$. Dieses zur Vereinfachung folgender Formeln.

Aufwärtsbewegung: Die Gleichung ist gemäß (2) $\mathbf{v^\circ = - g - k*v^2}$ Minus!
Schwerkraft und Luftwiderstand wirken gleichgerichtet ins Negative
Trennung der Variablen $1/[g +k*v^2]*dv = -dt$ oder $1/[g/k +v^2]*dv = -kdt$

Integrationsformel $\int 1/(a^2+x^2)*dx = 1/a*\arctan(x/a) + C$

Integration ergibt $1/v_w*\arctan[v/v_w] = -k*t+C$ oder
$\arctan[v/v_w] = - v_w k*t+C$ Bem.: $v_w = (g/k)^{1/2}$
Offenbar ist $[v_0/v_w]$ positiv, somit ist $\arctan[v_0/v_w]$ positiv und kleiner als $\pi/2$
Anwendung von tan auf beiden Seiten ergibt $v/v_w = \tan(-v_w k*t + C)$
oder $v(t) = v_w*\tan(-v_w k*t + \mathbf{C})$
Zur Umkehrzeit T ist v(T) = 0, also ist da $0 = v_w*\tan(-v_w k*T + \mathbf{C})$, somit
$-v_w k*T+C=0$, also ist $C= v_w k*T$ Somit $\mathbf{v(t) = v_w*\tan[v_w k*(T-t)]}$
Zur Zeit t=0 soll $v(t=0) = v_0$, also ist $v_0 = v_w*\tan[v_w k*T]$
Also $\arctan(v_0/v_w) = v_w k*T$, somit
$\mathbf{T = 1/(v_w k)*\arctan[v_0/v_w]}$ **Umkehrzeit**, Zeit bis zum Erreichen des Gipfels

---

Integration von $v(t) = v_w*\tan[v_w k*(T-t)]$ für t=0 bis t=T

Integrationsformel $\int \tan(ax)*dx = -1/a*\ln\cos ax +C$

Also Substitution $\tau = (T-t)$, $d\tau = -dt$, $dt=-d\tau$
Also $\int v(t)dt = y(t) = v_w*1/(v_w k)*\ln\cos(v_w k*\tau) +c = 1/k*\ln\cos[(v_w k*(T-t)]+ c$
Bei t=0 soll y=0 sein, also $0 = 1/k*\ln\cos[v_w k*T] + c$,

somit c = $-1/k$*lncos$[\mathbf{v_w}k$*T$]$, insgesamt also
y(t) = $1/k$*lncos$[\mathbf{v_w}k$*(T$-$t)$]$ $-$ $1/k$*lncos$[\mathbf{v_w}k$*T$]$

Es ist $0 \leq t \leq T$, somit $[k$*(T$-$t)$]$ $\leq$ $[k$*T$]$, also ist cos$[k$*(T$-$t)$]$ $\geq$ cos$[k$*T$]$
,also ist folgender Bruch nach ln ≥ 1. So können wir schreiben

$$\mathbf{cos[v_w k*(T-t)]} \quad \text{größer}$$

$$\mathbf{y(t) = 1/k*ln} \; \frac{\mathbf{cos[v_w k*(T-t)]}}{\mathbf{cos[v_w k*T]}} \qquad \mathbf{\text{Weg-Zeit beim Steigen,}} \quad 0 \leq t \leq T$$

$$\mathbf{cos[v_w k*T]} \quad \text{kleiner}$$

Es ist dann y(0) = 0 denn ln1=0

und $\mathbf{y(T) = 1/k*|lncos[v_w k*T]|}$ **maximale Steighöhe**

Dabei ist, siehe zuvor, T = $1/(v_w k)$*arctan$[v_0/v_w]$ die Umkehrzeit
und $v_w = (g/k)^{1/2}$ die maximale Fallgeschwindigkeit. Bem.: lncos0 = ln1 = 0
Es ist gemäß Formelsammlung arctan(x) = arccos$(1/(1+x^2)^{1/2})$

Die maximale **Steighöhe** anders ausgedrückt, in Abhängigkeit von $\mathbf{v_0}$:
Also ist y(T) = $1/k$*lncos$[v_w k$*T$]$ =$1/k$*lncos$[v_w k$*$1/(v_w k)$*arctan$[v_0/v_w]$ =
= $1/k$*lncos$[$arctan$(v_0/v_w)]$ = $1/k$*lncos$[$arccos$(1/(1+(v_0/v_w)^2)^{1/2}]$ =
= $1/k$*ln$\{1/(1+(v_0/v_w)^2)^{1/2}]$ = $|-1/k$*ln$(1+(v_0/v_w)^2)^{1/2}]|$, also
$\mathbf{y(T) = 1/(2k)*ln[1+(v_0/v_w)^2]}$ $\approx$ ½*v_w^2/g*$(v_0/v_w)^2)$ = ½*v_0^2/g , wenn $v_0 \ll v_w$

Siehe Reihenentwicklung von ln(1+x) nachfolgend.
Das ist die klassische Steighöhe, s = ½*v_0^2/g , ohne Luftwiderstand.
Je dünner die Luft, deste größer ist die Grenzgeschwindigkeit v_w, desto eher
liegt die Startgeschwindigkeit v_0 deutlich darunter und um so mehr nähert
sich dann die maximale Steighöhe dem klassischen Fall an.

Wegen $v_w = (g/k)^{1/2}$ haben wir also auch y(T) = ½*v_w^2/g*ln$[1+(v_0/v_w)^2]$
Sei das Verhältnis $v_0 = \alpha$*v_w, dann ist das Verhältnis der Steighöhen mit und
ohne Luftwiderstand V = ½*v_w^2/g*ln$[1+\alpha^2]$ / $[$½*$\alpha^2 v_w^2/g]$ = $1/\alpha^2$ * ln$[1+\alpha^2]$
Beispiel: Bei α=1/2 ist V= 4*ln1.25 = 4*0.223 = 0.89,d.h. nur 89% der Höhe
Bei α=1 ist V=1*ln2 = 0.69. Bei α=2 ist V=1/4*ln5 =1.61/4=0.4, also 40%
Je größer also v_0 gegenüber v_w ist,um so deutlicher ist der Steighöhenverlust.

Abwärtsbewegung: Die Gleichung ist gemäß (2) $\mathbf{v° = -\, g + k*v^2}$ Plus!
Schwerkraft und Luftwiderstand wirken entgegengerichtet.
Trennung der Variablen $1/[g - k$*$v^2]$*dv = $-$dt oder $1/[g/k-v^2]$*dv = $-$kdt
Nun mit Verwendung der maximalen Fallgeschwindigkeit $v_w = (g/k)^{1/2}$

1

$$\frac{*\mathbf{dv} = -\mathbf{kdt}}{v_w{}^2-v^2}$$

----------- ***dv = –kdt**   stets mit $v_w > |v|$, also $v^2 < v_w{}^2$ Gleichung

Offenbar ist der Geschwindigkeitszuwachs dv bzw die Beschleunigung dv/dt eingangs z.Z. t=0 gleich –g wie im widerstandsfreien Fall und nimmt fortan ab. Zur Integration:

Integrationsformel $\int 1/X*dx = 1/a*\text{artanh}(x/a)$ mit $X = a^2-x^2$ und $x^2 < a^2$

Also $1/v_w*\text{artanh}(v/v_w) = -k*t + c$ Bei t=0 ist v=0 , also c=0 .Somit
v(t) = v_w*tanh(-v_wk*t)   Fallgeschwindigkeit
Dieses nach Anwendung von tanh auf beiden Seiten, $k = g/v_w{}^2$, also auch
$v_w k = g/v_w$

Der tanh hat das Maximum bei eins, er sorgt also dafür, dass $|v| < |v_w|$ bleibt.
Es ist **tanh(x) =** $x -x^3/3 + \dots$ $|x| < \pi/2$ Für ein kleines t haben wir daher
$v(t) = v_w*(-v_w k*t) = -g*t$, also das Fallgesetz für den widerstandsfreien Fall.

Nun weitere **Integration** von v(t) nach t .   Fallbewegung
Integrationsformel $\int \tanh(ax) = 1/a * \ln(\cosh(ax))$

Anwendung der Integrationsformel auf $v(t) = v_w*\tanh(-v_w k*t)$
ergibt $y(t) = v_w *1/(-v_w k)*\ln(\cosh(-v_w k*t))$ mit $a = (-v_w k)$
Bei t=0 soll y(0)=0 sein, also $0 = 1/k*\ln 1 +c$, also c=0 , also
y(t) = $-1/k*$ ln[cosh(v_wk*t)]   Weg-Zeit beim Fallen
auch ist $1/k = v_w{}^2/g$, Bem.: $\cosh(-x) = \cosh(x)$

Es ist **ln(1+x) =** $x/1 - x^2/2+\dots$ für $|x| \leq 1$ und $\cosh x = 1 + x^2/2! +\dots$ für $|x| < \infty$
So ist dann **für kleine t**   mit $k = g/v_w{}^2$
$y(t) = -1/k*\ln(1+(v_w k*t)^2/2!) = -1/k*(v_w k*t)^2/2 = -\tfrac{1}{2}*k v_w{}^2*t^2 = -\tfrac{1}{2}*g*t^2$
Das ist die Fallstrecke y beim Fall ohne Luftwiderstand.

Bem.: Fürs erste möchte man meinen, der **schräge Wurf** ist nichts anderes als die Überlagerung der Nur-Waagrechtbewegung und der Nur-Senkrechtbewegung wie im widerstandsfreien Fall. Dem ist aber nicht so. Die Widerstandskraft horizontal beim schrägen Wurf ist nicht u*u , sondern $(u^2 + v^2)^{1/2}*u$ wie man aus der Gleichung ersieht,d.h. sie ist wegen v größer. Analoges gilt für den Senkrechtteil. So ist die Wurfhöhe geringer als es sonst

189

wäre. Bei der Abwärtsbewegung (v) ist allerdings die Bremsung bahnverlängernd, andererseits ist das schwächere Horizontal-u bahnverkürzend, also qualitativ haben wir hier keine Entscheidung.

Beispiel Kugel Abwärtsbewegung: Luftwiderstandsfaktor $c_w = 0.45$, Luftdichte grob $\rho_{Luft} = 1.0$ kg/m³, somit $c_w * \frac{1}{2} * \rho = 0.225$

Sei $r = 10^{-2}$ m = 1cm, also $F = r^2\pi = 10^{-4}*\pi$, $\rho_{Wasser} = 10^3$ kg/m³ wie Wasser,

also $m_{Wasser} = 4/3*r^3\pi*\rho_m = 4/3*10^{-6}\pi*\rho_W = 4/3*10^{-6}\pi*10^3 = 4/3*10^{-3}\pi$ kg

$k = \frac{1}{2}c_w*\rho_{Luft}*F/m_{Wasser} = \frac{1}{2}*0.45*1*10^{-4}*\pi / (4/3*10^{-3}\pi) = 0.1687*10^{-1}$

Dann ist $v_w^2 = g/k = 9.81 / 0.16875 * 10^{+1} = 581.333$ m²/sec²

Also ist die **maximale Fallgeschwindigkeit $v_w = 24.1$ m/sec** ≈ 86kmh

----

Wie man sieht, ist $k \sim 1/r$, also ist v_w^2 ist proportional r ,also bei kleineren Kugeln, sonstige Parameter seien gleich, geringer als bei größeren. Unterstellt **Wassertropfen** wären Kugeln, so ist dann die Fallgeschwindigkeit bei Starkregen größer als etwa bei Nieselregen. Bei einem Radius r = 2mm, also bei einem Funftel verglichen zum Beispiel, ist dann $v_w^2 = 581.333/5 = 116.26$ und so die (maximale) Fallgeschwindigkeit $v_w = 10.7$ m/sec. Da sich die Tropfen beim Fallen mehr der Tropfenform, der Stromlinienform annähern, ist der Widerstandsfaktor c_w geringer und die Stirnfläche F kleiner (bei gleicher Masse) und so ist v_w in Realität größer.

Würde statt einer Wasserkugel ($\rho = 10^3$ kg/m³) eine Eisenkugel mit Radius 1cm fallen ($\rho = 7800$ kg/m³), dann wäre die maximale Fallgeschwindigkeit gemäß Formeln $v_w = 24.1*7.8^{1/2} = 24.1*2.79 = 67.3$ m/sec ≈ 242 kmh .

Einige Luftwiderstandsfaktoren c_w :

Zylinder mit Länge L und Radius R	BeiL/R $\approx$ 0, dünne Platte c_w =	1.11
die Kreisscheibe steht zum Wind	bei L/R = 4	0.85
	bei L/R = 14	0.99
Halbrohr lang, konkave Seite, lang um Randeffekte gering zu halten		2.3
Halbrohr lang, konvexe Seite		1.2
Halbkugelschale, konvex, die Wölbung steht zum Wind		0.34
Halbkugelschale, konkav, die Schale steht zum Wind		1.33
Kugel		**0.45**
Stromlinienform		0.06
Mensch stehend		0.8
Kraftfahrzeuge	PKW	0.25-0.9
	LKW	0.70-0.9

Beispiel PKW: Sei Fläche $F = 1.8m^2$, $c_w = 0.5$, $v = 50$ km/h $= 13.88$ m/s ,
Luftdichte $\rho = 1.0$ kg/m^3, dann ist die Luftwiderstandskraft K
$K = F*c_w*½*\rho*v^2 = 1.8* 0.5*0.5*(13.88)^2 = 0.45*192.65 = 86.7$ kgm/sec^2
Leistung L = Kraft mal Geschwindigkeit, also
$L = K*v = 1203.4$ kgm^2/sec$^3 = 1203.4 * 0.00136 = 1.6$ PS
Das ist die Leistung L in PS, die der Luftwiderstand abfordert.
Bei 100 km/h z.B. ist dann L das Vierfache.

7.3 Was ist ein Druck p

Der Druck ist die Kraft z.B. eines Gases auf eine Flächeneinheit, seine Dimension ist also kg*m/sec²*1/m² = kg/sec²*1/m . Er entsteht, indem die Moleküle auf die Fläche, gegen die Wand prallen und reflektiert werden. Wir wollen das an einem Modell demonstrieren .

Wir vereinfachen nun, indem wir nur **ein** Teilchen der Masse m senkrecht gegen eine Kleinfläche prallen lassen, auf einen Stempel, der mit einer Feder ausgestattet ist und so wie ein Oszillator wirkt, also beim Aufprall nachgibt, maximale Stauchung erfährt und dann zur Ausgangsposition zurückkehrt und so das Teilchen zurückschleudert.

Die Bewegung des Teilchens ist dann **x(t) = a*sinωt** , bei t=0 Eintritt, bei t=T/4 Umkehr , a ist der Weg von Eintritt bis Umkehr, die Elongation, die Amplitude. Es ist: Kreisfrequenz ω = 2πν , Frequenz ν=1/T ,Schwingungsdauer T = 1/ν, m Masse des Teilchens, α Federkonstante und gemäß Theorie gilt dann für die Schwingungsdauer T² = (2π)²*(m/α) , somit auch ω² = α/m

----

Das Teilchen unterliegt also beim Reflexionsvorgang der Gleichung eines harmonischen Oszillators m*d²x/dt² = −α*x ,

mit der genannten Lösung x(t) = a*sinωt .

Die Kraft auf das Teilchen zur Zeit t ist somit

K(t) = m*d²x/dt² = -amω²*sinωt = −aα*sinωt

$$T/4$$
Ihr zeitlicher Mittelwert ist K_m = 1/(T/4)*∫K(t)dt   von Eintritt bis Umkehr
$$0$$

Substitution ωt = φ , ωdt = dφ , dt = dφ/ω, ω*(T/4) = 2πν * 1/ν *1/4 = π/2
und so nach Einsetzen

$$π/2$$
K_m=1/(T/4)*aα/ω*∫sinφ*dφ = 4/T*aα/ω = 4/T*ν/ω*α/ω = 4/T*ν*m
$$0 \qquad\qquad\qquad\qquad\qquad \text{siehe Nachfolgendes}$$
K_m ist also proportional zu v , der Geschwindigkeit des freien Teilchens

----

Die Gesamtenergie ist

einerseits die maximale potentielle Energie der Schwingung 1/2*m*a²*ω² , andererseits die anfängliche kinetische Energie des Teilchen 1/2*m*v²,

also   1/2*m*a²*ω² = 1/2*m*v² . Daraus folgt für die Amplitude a, der maximalen Stauchung der Feder a² = v²/ω² oder a² = v²/(α/m) = mv²/α

Man kann es auch anders sehen. Beim Schwingungsantritt (t=0) ist die Teilchengeschwindkeit gleich v , was gleich sein muss mit der Schwingungsgeschwindigkeit dx/dt bei t=0, also
v = dx/dt für t=0 oder $v = a*\omega*\cos(\omega t)_{t=0} = a*\omega$, also $\mathbf{a = v/\omega}$.

Die Zeitdauer der Krafteinwirkung, für $\mathbf{K_m}$, für die Hin- und Rückbewegung ist 2*T/4 . Seien in einer Volumeneinheit n Teilchen vorhanden, es sollen viele sein, die sich mit v auf die Wand zubewegen, so sind es n*v*T/2 Teilchen, die in dieser Zeit in den Reflexionsbereich eindringen und je einzeln, je mit eigenem Oszillator, nach der Zeit T/2 rückgefedert werden. Die Gesamtkraft auf die Wand, der **Druck**, die Summe der Rückfederungs-kräfte, ist also $\mathbf{p}$ = [n*v*T/2] * K_m = [n*v*T/2] * [4/T*v*m] = $\mathbf{2*n*v^2*m}$

Bemerkenswert, er ist unabhängig von der Federkonstante α , gleich, ob die Federung weich oder hart ist. Bei v^2 ist ein v der Teilchenzahl geschuldet, das andere v der mittleren Rückstellkraft im Reflexionsbereich.
2*n*m kann als Dichte ρ (Einheit kg/m^3) interpretieren werden. Faktor 2, weil sich auch n Teilchen von der Wand wegbewegen, die auch zur Dichte beitragen, also 2n Teilchen im Einheitsvolumen sind. Damit ist $p = \rho*v^2$

Der Faktor v^2 erleichtert Einiges. Bewegen sich die Teilchen wirr vor der Wand, also isotrop in alle Richtungen, aber alle mit der Geschwindigkeit v, so ist $v^2 = v_x{}^2 + v_y{}^2 + v_z{}^2$. $\mathbf{v_x}$ sei in Richtung Wand.
Dann ist da der Druck auf die Wand $p = 2nm*v_x{}^2$.
Da alle Richtungen gleichgewichtet sind , ist im Mittel $v_x{}^2 = 1/3*v^2$,
somit ist der Druck auf die Wand $p = 1/3*2nm*v^2 = 1/3*\rho*v^2$

Seien nun die Geschwindigkeiten der Teilchen in Richtumg Wand nicht gleich, sondern sagen wir, n_1 Teilchen haben die Geschwindigkeit v_1,
n_2 Teilchen die Geschwindigkeit v_2, usw ,
dabei sei N= $n_1 + n_2 + \dots$ die Gesamtzahl der Teilchen,
dann ist der Druck $p = 1/3*2m*n_1v_1{}^2 + 1/3*2m*n_2v_2{}^2 + \dots$
Nun definieren wir ein mittleres v-Quadrat $n_1v_1{}^2+n_2v_2{}^2+ \dots = N*v^2{}_m$
und erhalten so als Endformel $\mathbf{p} = 1/3*2mN*v^2{}_m = \mathbf{1/3*\rho*v^2{}_m}$
Bem.: Gemäß dieser Darstellung ist die gesamte Teilchenzahl 2N

Dem kann sich nun in der Theorie eine Geschwindigkeitsverteilung anschlie-ßen, so die **Maxwellverteilung** bei idealen Gasen, die Formel selber ist aber diesbezüglich neutral. Der Vollständigkeits halber sei sie angeführt

$$n(v)dv = \frac{4N}{\pi^{1/2}} * \left(\frac{m}{2kT}\right)^{3/2} * v^2 * \exp\left(-\frac{mv^2}{2kT}\right) * dv$$

$n(v)*dv$ ist die Anzahl der Teilchen im Geschwindigkeitsbereich v ,v+dv
dem Betrage nach, betrifft alle Flugrichtungen

N ist die Gesamtzahl der Teilchen, also $\int n(v)dv = N$, alle Flugrichtungen
k ist die Boltzmannkonstante , T ist die absolute Temperatur
Bei idealen Gasen ist die mittlere Energie eines Teilchens $\frac{1}{2}*mv^2_m = 3/2*kT$,
was so auch die Boltzmannkonstante erklärt. Siehe auch Kapitel 7.4
Anmerkung: Ludwig Eduard **Boltzmann**, österr. Physiker (1844-1906)

Andere Herleitung: Die Erklärung des Drucks, wie er allgemein dargestellt
wird, zielt auf die Formel $K = dI/dt$, Kraft ist gleich Impulsänderung in der
Zeit, ab. Bei der Reflexion an der Wand **eines** Teilchens der Masse m und
der Geschwindigkeit v ist die Impulsänderung $\Delta I = 2*mv$. Es sollen wie
zuvor n Teilchen in einem Einheitsvolumen sein, die sich auf die Wand zu
bewegen.
In der Zeit dt erreichen $n*v*dt$ Teilchen die Wand und werden reflektiert.
Die gesamte Impulsänderung ist also $dI = n*v*dt * 2mv$ und somit ist die
Kraft auf die Einheitsfläche, der Druck $p=K = dI/dt = nv*2mv = 2nmv^2$,
wie zuvor ermittelt. Da es sehr viele Teilchen sind oder sein sollen , haben
wir quasi einen kontinuierlichen Vorgang, was den Differentialquotienten
rechtfertigt. Wir haben v^2 statt nur v, weil auch die Anzahl der Stöße auf die
Wand in der Zeiteinheit proportional v ist. Alles weitere ist wie zuvor.

7.4 Die Maxwellgeschwindigkeitsverteilung bei einem einatomigen Gas
mit vielen Teilchen. Deren Anzahl sei N. Die Teilchen schwirren dreidimensional wild durcheinander, stoßen aneinander und übertragen dabei wechsel-
seitig Impuls und Energie. Wir stellen uns nun vor, die Teilchen seien
durchnummeriert.
Nun machen wir eine **Momentaufnahme**: Das individuelle Teilchen i möge
die Geschwindigkeit, Energie $E_i= \frac{1}{2}*mv_i^2$ haben. Die Gesamtsumme der E_i
sei E. Da Energie insgesamt weder zu noch abnimmt, ist mit N auch E fix.
Es sei eine Energieskala vorhanden, gerastert in Schritten gleichen Abstands
von Null bis ins Unendliche, also Energiezellen gleicher Größe, gestaffelt.
Wir stellen bei der Momentaufnahme fest, N_j Teilchen sind in der Zelle j,
haben also eine individuelle Energie E_i mit $E_j \leq E_i < E_{j+1}$. Die Rasterung
soll nicht zu grob und nicht zu fein sein, so, dass bei großem N auch die N_j

hinreichend groß sind. Welche Teilchen in einer Zelle sind, welche i, ist rein zufällig. So könnte man Vertauschungen unter den Teilchen i vornehmen, so, dass man dieselbe Konstellation, dieselben N_j erhält. Diese mögen als Fälle gezählt werden. Teilchen-Vertauschungen, Permutationen innerhalb einer Zelle sollen keinen neuen Fall ergeben, Vertauschungen zwischen verschiedenen Zellen schon. Die Zahl aller möglichen Vertauschungen ist $N!$, die Zahl aller möglichen Fälle zu einer Konstellation, die sich bei den Permutationen ergeben, ist gemäß der Formel für Permutationen mit Wiederholungen wie folgt, siehe auch [2, 10.2]

Die Zahl aller möglichen Fälle ist $W(N, N_j) = \dfrac{N!}{N_1!\, N_2! \,\ldots}$

Dazu gehört noch bezüglich der Anzahl $\Sigma_j N_j = N$ und der Energie $\Sigma_j N_j E_j = E$

Je größer nun die Zahl der Fälle zu einer Konstellation sind, desto öfter würde man sie bei Momentaufnahmen antreffen, desto wahrscheinlicher ist sie. So kann man fragen, welche Konstellation ist am wahrscheinlichsten, zu welcher gehören die meisten Fälle bei zufälligen Vertauschungen.

Beispiel: Sei die Gesamtzahl N=5: Die Energien E_j seien gerastert in Schritten von 1 beginnend mit 0. Die Einzelbesetzungen seien: Zelle E_1 mit $N_1 = 1$ Teilchen, Zelle E_2 mit $N_2 = 2$ Teilchen, Zelle E_3 mit $N_3 = 2$ Teilchen, alle weiteren Energiezellen E_j seien unbesetzt, kurz $(N_i) = (1,2,2,0,0)$ .Dann ist die Gesamtenergie E=1*0+2*1+2*2=6. Die Zahl der Fälle zu dieser Konstellation ist W =5!/(1!2!2!) = 30 . Wegen der Energiefixierung, E ist nun fixiert, sind viele andere Konstellationen nicht erlaubt, z.B.
$(N_i) = (1,0,2,2,0)$, weil dann E = 1*0+2*2+2*3 = 8 wäre ungleich E=6.
oder $(N_i) = (1,5,0,0,0)$, weil dann E= 1*0+5*1= 5 wäre ungleich E=6.
Erlaubt dagegen ist z.B. $(N_i) = (2,0,3,0,0)$, weil E= 2*0+3*2= 6 ist.
Zu ihr gehört W =5!/(2!0!3!) = 10 .
Bem.: Ein Ensemble umherfliegender Teilchen kann ihre Gesamtenergie, einmal fixiert, weder steigern noch verringern, die Teilchen können nur untereinander Energien übertragen.

Die **Bestimmung der wahrscheinlichsten Verteilung**

Die Wahrscheinlichkeit einer Konstellation, einer Verteilung der Teilchen auf Energieniveaus E_j, ist proportional der Zahl der Fälle W, der möglichen Vertauschungen, die zu den Besetzungszahlen N_j gehören und so die

Konstellation nicht ändern. Sie ist maximal, wo W maximal ist, abhängig von den N_j, die nun als Variable betrachtet werden, bei Einhaltung der Nebenbedingungen für N und E. Statt für W suchen wir, weil es einfacher ist, nun für **lnW** das Maximum mit denselben Nebenbedingungen. Das geht, weil mit W auch lnW monoton anwächst.

Also   f: $\ln W = \ln(N!) - \ln(N_1!) - \ln(N_2!) - \ldots$ Funktion f
sowie g_1: $\Sigma_j N_j - N = 0$ und g_2: $\Sigma_j N_j E_j - E = 0$ zwei Nebenbedingungen g_1, g_2

Wir benutzen nun die **Stirlingformel: ln**n! = n**ln**n $-$ n + 1/2*$\mathbf{ln}$(2πn) $-+\ldots$
Ist n>1000, genügen die ersten beiden Glieder, um den Fehler unter 1% zu halten.Gemäß Stirlingformel ist also lnN! = NlnN-N sowie $\ln N_j! = N_j \ln N_j - N_j$
Somit ist f: $\ln W = (N\ln N - N) - \Sigma_i (N_j \ln N_j - N_j) = N\ln N - \Sigma_i N_j \ln N_j$ wegen g_1
N und die N_j werden als groß unterstellt, d.h. größer 1000 .

Zur **Bestimmung des Extremums** nutzen wir die **Lagrangemethode**, siehe auch [2, 1.4] und [5,33] . Sie ermittelt gewissermaßen das Extremum der Funktion f und der Nebenbedingungen g gemeinsam:
$\partial f/\partial x_j + \alpha * \partial g_1/\partial x_j + \beta * \partial g_2/\partial x_j = 0$ $x_j = N_j$, j=1,2,… fix, N_j sind nun Variable
Dazu brauchen wir g in der Form g=0: hier $g_1 = 0$ und $g_2 = 0$

Konkret hier:
$\partial f/\partial x_j = -\partial(N_j \ln N_j) / \partial N_j = -\ln N_j - N_j * 1/N_j = = -\ln N_j - 1$
$\partial g_1/\partial x_j = \partial g_1/\partial N_j = 1$, $\partial g_2/\partial x_j = \partial g_2/\partial N_j = E_j$

Also pro j haben wir eine Gleichung und erhalten
$\partial f/\partial x_j + \alpha * \partial g_1/\partial x_j + \beta * \partial g_2/\partial x_j = 0$ => $\mathbf{-\ln N_j - 1 + \alpha + \beta * E_j = 0}$
Exponieren ergibt: $N_j = \exp(\alpha - 1 + \beta E_j)$
Benenne A=exp(α-1) und lasse nur negatives β zu oder setze β=>-β
Somit ist das **Ergebnis**: $\mathbf{N_j = A * exp(-\beta E_j)}$ j benennt die Energiezelle
Wir sehen bei $E_j = 0$, gemäß der Staffelung bei j=0, ist N_j maximal, sonst fällt es rasch ab. α und β sind hier zunächst noch unbekannt, aber konstant.

Nun der **Übergang zum Kontinuierlichen**
Dieses muss man als Rechenvereinfachung auffassen, weil es nun mal mit diskreten Zahlen viel schwieriger oder gar unmöglich ist.
E-Zelle: $E_j = \frac{1}{2} * m v_j^2$ => $E_v = \frac{1}{2} * m v^2$,
Zähler: j => v , dj=1 => dv , j+1 => v+dv
Somit $N_j * (dj=1)$ => $N_v * dv = A * \exp(-\frac{1}{2} * \beta m v^2) * dv$

Nachwievor wird N_v als hinreichend groß unterstellt.
Der Schreibvereinfachung halber sei umbenannt $\frac{1}{2}*\beta m \Rightarrow \beta$

Wir stellen um auf die **Wahrscheinlichkeit** $w(v)*dv = N_v/N*dv$
Die Wahrscheinlichkeit ist auf 1 normiert,

$$\text{also muss sein } \int_{-\infty}^{\infty} w(v)*dv = 1 \ , \ \text{d.h.} \ \int_{-\infty}^{\infty} B*\exp(-\beta v^2)*dv = 1 \ \text{ mit } B = A/N$$

Formel: $\int_{0}^{\infty} \exp(-a^2x^2)dx = \pi^{1/2}/2a$, also $2*B*\pi^{1/2}/2\beta^{1/2} = 1$, somit $B = \beta^{1/2}/\pi^{1/2}$

$$\boxed{\text{Also } w(v)*dv = \frac{\beta^{1/2}}{\pi^{1/2}}*\exp(-\beta v^2)*dv \qquad \textbf{w im Eindimensionalen}}$$

Das ist die auf 1 normierte Wahrscheinlichkeit im Eindimensionalen, ein
Teilchen im Geschwindigkeitbereich v, v+dv bzw im entsprechenden
Energiebereich vorzufinden.
Diese Formel gilt auch für das Dreidimensionale, wenn, man sich nur auf
eine Dimension konzentriert, z.B. auf v_x und den zugehörigen Energieteil.

Im **Dreidimensionalen** ist die Wahrscheinlichkeit für das Vorfinden eines
Teilchens im v-Kubus $[v_x, v_x+dv_x, v_y, v_y+dv_y, v_z, v_z+dv_z]$ das Produkt der
Wahrscheinlichkeiten im Eindimensionalen, inklusive der Normierung,
deswegen weil die Dimensionen völlig unabhängig voneinander sind.
Also ist $w(v_x,v_y,v_z)*dv_xdv_ydv_z = w(v_x)dv_x * w(v_y)dv_y * w(v_z)dv_z$

Wegen $\mathbf{v}^2 = v_x^2+v_y^2+v_z^2$ kann man dann im gemeinsamen Integral
zusammenfassen $\exp(-\beta v_x^2)*\exp(-\beta v_y^2)*\exp(-\beta v_z^2) = \exp(-\beta \mathbf{v}^2)$,
und haben so eigentlich nur noch eine Variable, nämlich v.
Unterstellt, wir wollen für ein v-Kugelgebiet, also von 0 bis v, die
Aufenthalts-Wahrscheinlichkleit für ein Teilchen darin ausrechnen. Dann
nehmen wir dieses dreifache Integral und setzen die v_x-v_y-v_z-Grenzen ein.
Das ist kompliziert, einfacher ist es , wenn wir auf Kugelkoordinaten gehen.
Weil alles v^2-abhängig ist, wird dabei $dv_xdv_ydv_z$ durch $4v^2\pi*dv$ ersetzt. Das
ist das Volumen einer Kugelschale mit Radius v und Dicke dv. Im
Zweidimensionalen wäre es $2v\pi*dv$. Anschaulich: Alle (v_x,v_y,v_z) mit
$\mathbf{v}^2 = v_x^2+v_y^2+v_z^2$ liegen genau auf der Kugeloberfläche mit Radius v, und das
sind viele, weil es eben viele Kombinationsmöglichkeiten hierfür gibt, z.B.

v_x kein, v_z groß. Analoges bei einer gewissen Schalendicke dv. Sei ein passendes Teilchen als Punkt dargestellt, dann sind das alle Punkte mit Abstand v vom Zentrum (v=0) zwischen v und v+dv. Der nun so gewonnene Integrand ist für unsere Ziele bereits ausreichend, er ist gewissermaßen das Dreifach-v_x-v_y-v_z-Integral reduziert auf das v-Volumen der Kugelschale. Zu beachten hier, v ist nur positiv, also $0 \leq v < \infty$. Es ist also das spezielle Inegrationsgebiet, das den Faktor v^2 im Integranden bewirkt.

So erhalten wir für die dreidimensionale Geschwindigkeitsverteilung pro Teilchen die Wahrscheinlichkeit gemäß dem dreifachen Produkt

$$w(v)*dv = \frac{\beta^{3/2}}{\pi^{3/2}}*\exp(-\beta v^2)*4v^2\pi*dv = 4*\frac{\beta^{3/2}}{\pi^{1/2}}*\exp(-\beta v^2)*v^2*dv$$

Bei Teilchenzahl N sind dann N*w(v)*dv Teilchen im Geschwindigkeitsbereich v, v+dv mit v=|**v**|, **v** dreidimensional. Das ist die **Maxwellverteilung**.

Bem.: Obwohl die Einzelintegranden bei v=0 je maximal sind, ist hier der gemeinsame Integrand wegen v^2 im Volumenelement $4\pi v^2 dv$ gleich null.

Betrachten wir die Funktion w(v). Berechnen wir die Steigung des Graphen, so erhalten wir: $dw/dv \sim v*(1-\beta v^2)*\exp(-\beta v^2)$, also dw/dv=0 , Steigung =0 bei v=0 , dem Minimum, und bei $v = 1/\beta^{1/2}$, dem Maximum.
Mit $v => \infty$ geht w(v) asymptotisch gegen 0 .

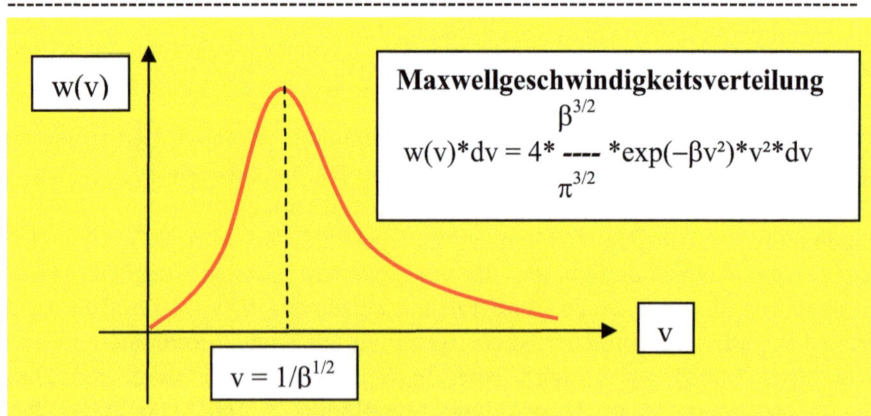

Nun kann man auch β anders darstellen: Der Mittelwert von v^2 errechnet sich zu $v^2{}_m = \int v^2*w(v)*dv = 3/(2\beta)$, das ergibt $\beta = \mathbf{3/(2v^2{}_m)}$.

Der Zusammenhang zwischen Temperatur T und v^2_m ist gemäß kinetischer Gastheorie bei einatomigen Gasen $\frac{1}{2}*m*v^2_m = 3/2*k*T$

k Boltzmannkonstante , m Teilchenmasse , T absolute Temperatur

und so wird $\beta = 3/2*1/v^2_m = \mathbf{m/(2kT)}$

Die Stelle v mit dem **w-Maximum** ist dann $v = 1/\beta^{1/2} = (2kT/m)^{1/2}$

Sie ist also $\sim T^{1/2}$ und so bei geringeren Temperaturen mehr links, mit hohem Gipfel, bei höheren Temperaturen mehr rechts, die Kurve ist da mehr abgeflacht, weil ja die gesamte Binnenfläche stets gleich ist, $\int w(v)*dv = 1$.

Die **Formel** $\int_0^\infty x^2\exp(-a^2x^2)dx = \dfrac{\pi^{1/2}}{4a^3}$, ergibt $= \pi^{1/2}*\dfrac{1}{4\beta^{3/2}}$ bei $a^2 = \beta$

Sie bestätigt die richtige Normierung der Maxwellverteilung auf 1.

7.5 Der Weg auf einer rotierenden Scheibe

Unterstellt man steht in der Mitte einer rotierenden Scheibe und möchte möglichst schnell ins Freie, an den Scheibenrand. Man bewegt sich dann je radial, stets in Richtung Rand.

Sei R der Scheibenradius, r die momentante Position radial,

α der Winkel der Position gegenüber zur Zeit t=0

v die konstante Radialgeschwindigkeit, ω die Kreisfrequenz der Scheibe

----

Dann ist bei der Bewegung der Wegzuwachs radial dr = v*dt ,

der Wegzuwachs in Winkelrichtung wegen der Rotation $db = r*d\alpha = r*\omega*dt$

Für den gesamten Wegzuwachs gilt dann $ds^2 = dr^2+db^2 = v^2*dt^2 + r^2\omega^2*dt^2 =$

$= (v^2+ r^2\omega^2)*dt^2 = \omega^2/v^2 * (v^2/\omega^2+ r^2)*dr^2$, denn es ist dt = dr/v

----

Formel: $\int X^{1/2}dx = \frac{1}{2}*[x*X^{1/2} + a^2*\ln(x+X^{1/2})] + C$ mit $X = a^2+x^2$

Die Weglänge bis zum Rand ist dann , mit der Bez. $X = (v^2/\omega^2+r^2)$, $\omega\#0$

$$s = \omega/v*\int_0^R (v^2/\omega^2+ r^2)^{1/2}*dr = \omega/v*1/2*[r*X^{1/2} + v^2/\omega^2*\ln(r + X^{1/2})] \Big|_0^R =$$

$= 1/2*\{\omega/v*R*(v^2/\omega^2+R^2)^{1/2} + v/\omega*[\ln(R+(v^2/\omega^2+R^2)^{1/2}) - \ln(v^2/\omega^2)^{1/2}]\}$

Oder , es ist $\ln a - \ln b = \ln(a/b)$

$$s = \tfrac{1}{2}*R*(1+R^2*\omega^2/v^2)^{1/2} + \tfrac{1}{2}*v/\omega*\ln[R*\omega/v +(1+R^2*\omega^2/v^2)^{1/2}]$$

Das ist die Länge der Spirale, des Weges von r=0 bis r=R.

Bem.: Wegen der Formel $\ln(1+x) = x/1 - x^2/2+\dots$ für $|x|\le 1$ haben wir im Fall $\omega=0$ $s = \tfrac{1}{2}*R + \tfrac{1}{2}*v/\omega*[R\omega/v -(R\omega/v)^2/2 +\dots] = \tfrac{1}{2}*R+\tfrac{1}{2}*R = R$ wie zu erwarten.

Wir schreiben das Ergebnis um: $R = v*t$, $\omega*t = \alpha$ (Winkel)
somit $v*t/(\omega*t)=v/\omega=R/\alpha$, also $\omega/v*R = \alpha$ oder **$R = v/\omega*\alpha$ archim. Spirale**
Also $s = \tfrac{1}{2}*v/\omega*\{ \alpha*(1+\alpha^2)^{1/2} + \ln[\alpha + (1+\alpha^2)^{1/2}] \}$ **Länge der Spirale**
Bem.: Es war $\tfrac{1}{2}*R = \tfrac{1}{2}*R*v/\omega*\omega/v*R = \tfrac{1}{2}*v/\omega*\alpha$

Würde man den Weg auf der Scheibe markieren, so entspricht er relativ zur ruhenden Scheibe einer **archimedische Spirale**, denn zwischen Radius r und Winkel α besteht ein linearer Zusammenhang. Gemäß Formel $R = v/\omega*\alpha$ ist die Spirale um so enger gewickelt, hat einen umso kleineren Radialzuwachs, je kleiner das Verhältnis Radialgeschwindigkeit v verglichen zur Umdrehungsgewindigkeit ω ist.

Beispiel: Sei v = 1 m/sec, $\omega = 2\pi$, also eine Umdrehung pro Sekunde, R=100m , dann ist $\omega/v = 2\pi$, $v/\omega=0.159$, $(1+R^2*\omega^2/v^2)^{1/2} \approx R*\omega/v = 100*2\pi$
$s \approx 1/2*R*2\pi*R + \tfrac{1}{2}*0.159\,[\ln[2\pi R+2\pi*R] \approx \pi*R^2 \approx 31400$ m
Das ist sehr viel gegenüber dem Radius R=100 m .
Die Zahl der Spiralringe, der Umdrehungen ist $\alpha/2\pi = \omega/v*R\,/2\pi = 100$,
der Abstand zwischen den Spiralringen ist konstant 1 m .

Vielleicht spielt das in der **Astronomie** eine Rolle. Unterstellt im Mittelpunkt einer rotierenden Kugel (Stern) befindet es sich ein Gas oder eine intensive Materiestrahlung, die ins Freie möchte, so ist der bremsende Weg in Richtung der Pole (Weglänge R) deutlich kürzer als etwa radial in der Äquatorebene und so wird die Strahlung deutlich stärker an den Polen austreten als anderswo. Bei mehr scheibenförmigen Objekten ist der Effekt noch deutlicher als bei einer Kugel.

7.6 Barometrische Höhenformeln
7.61 Die barometrische Höhenformel bei einer ebenen Oberfläche

Das entspricht den Verhältnissen betreffend den **Luftdruck** auf der Erde für
nicht zu große Höhen. Die Gravitation sei überall gleich. In SI-Einheiten ist
Masse m in kg , Gewicht(skraft) in Newton = m*g , Newton = kgm/s²
g = Erdbeschleunigung 9.81 m/s² , h Höhe in m
Dichte ρ in kg/m³ = Masse pro m³ , Druck p in Newton/m² = Kraft/m²
Wir wählen die Integraldarstellung, siehe Formeln unten
Dann ist der Druck in der Höhe H gleich dem darüberlastenden Gasgewicht

$$\text{Druck } p(H) = \int_{H}^{\infty} \rho(h)*g*dh \qquad \text{Es ist } \int_{a}^{b} = -\int_{b}^{a}$$

Wir haben links gewissermaßen den Gegendruck
Gemäß Formel unten bringen wir die Integralform in eine Differentialform.
Sei der Zusammenhang zwischen Dichte und Druck gegeben durch $\rho = \alpha*p$
mit fixem α , gleiche Temperatur überall unterstellt, dann ist
 dp/dh = $-$ g*ρ oder 1/α*dρ/dh = $-$ g*ρ oder **dρ/ρ = $-\alpha$*g*dh**
Integration: lnρ = $-\alpha$*g*h + c
Exponieren: ρ = exp[$-\alpha$*g*h + c]
Justieren: Bei h=0, am Boden, sei $\rho = \rho_0$, also ρ_0 = exp[0+c] ,

----

Somit erhalten wir die Endformel für die Dichte **$\rho(h)$ = ρ_0*exp[$-\alpha$*g*h]**
Die Dichte ist bei h=0 maximal und nimmt exponentiell mit der Höhe h ab.

Die Beziehung $\rho = \alpha*p$ gilt überall, auch am Boden, also ist da $\rho_0 = \alpha*p_0$,
somit **$\alpha = \rho_0/p_0$** , nun ausgedrückt durch die Verhältnisse am Boden.
Die Dichte von Luft bei 0Celsius und 760Torr Druck beträgt 1.26 kg/m³
Es entspricht dem Druck 760Torr = 1atm = 101330 Newton/m² =1.01330bar
Somit ist
α = 1.26/101330 = 0.00001243, α*g = 0.000122 , α*g*1km = 0.122 .
In einer Höhe mit α*g*h = 1, also h = 1/αg = 1/0.122 = 8.2km ist die Dichte
bzw der Druck nur noch 1/e = 1/2.718… = 0.368, also 36,8% wie am Boden.

Bem.: Die alte Gewichtseinheit = 1kp (Kilopond) = 9.81Newton
Betreffend α: Gemäß **Gasgesetz** ist p*V = const, V*ρ = m ,
somit p*m/ρ = const. Sei die Gasmasse m fix, so fogt
p/ρ = const/m = konstant = 1/α so benannt, bei gleicher Temperatur T.

7.62 Die barometrische Höhenformel bei einer kugeligen Oberfläche
Wir nennen künftig derartige Höhenformeln mit K-Höhenformeln.
Das ist wie zuvor, betreffend den **Luftdruck**, lediglich der Boden (R) ist
nicht eben, sondern hat Kugelform wie es bei der Erde eigentlich ist.
Dabei tritt ein **besondererEffekt** auf:

Die Kugelschalen wirken nicht nur auf Grund ihres eigenen Gewichts in
Radiusgegenrichtung, also zum Zentrum hin, sondern auch auf Grund des
Binnendrucks in ihnen in Radiusrichtung, also nach außen, dagegen, die
Gravitationswirkung mindernd. Das ist wie bei einem Fahrradschlauch , der
Binnendruck, je stärker um so mehr, wirkt schlauch-vergrößernd, also nach
außen. Das ist, wenn auch da in umgekehrter Richtung, wie bei einem
Gummiband, das man um ein Rohr legt, es drückt auf das Rohr.

Den Effekt läßt sich mit dem Energiesatz E=Kraft mal Weg ermitteln.
Im Zweidimensionalen: Die Umfangspannung sei p , r der Radius bis zum
Band. Wächst der Radius um dr, so ist die Bandverlängerung $2\pi dr$, der
Energieaufwand ist dE = $p*2\pi dr$, sei der Radialdruck q,so ist da der Energie-
aufwand dE = $q*2\pi rdr$. Beides muß gleich sein, also $p*2\pi dr = q*2\pi rdr$,
also ist die Beziehung p = q*r oder p*dU = q*U , U =Umfang

Im Dreidimensionalen: Der Binnendruck in der Kugelschale sei p , r der
Radius bis zur Kugelschale. Wächst der Radius um dr, so ist die
Flächenvergrößerung $8r\pi dr$, der Energieaufwand ist dE = $p*8r\pi dr$, sei der
Radialdruck q, so ist da der Energieaufwand dE = $q*4r^2\pi dr$. Beides muß
gleich sein, also $p*8r\pi dr = q*4r^2\pi dr$, also ist die Beziehung 2p = q*r oder
p*dO = q*O , O = ist die Oberfläche der Kugelschale $O = 4r^2\pi$

Wir betrachten die Gewichtslast G auf eine Oberfläche O bei r:
Sie ist G = p*O . Gewicht = Druck mal Oberfläche. Ihr Zuwachs ist
einerseits dG =d(p*O) = dp*O + p*dO , Änderung von p und O bei r=>r+dr
andererseits dG = –g*ρ*O*dr + q*O*dr = –g*ρ*O*dr + p*dO/dr*dr
also Gravitation auf die Kugelschale plus Radialdruckanteil, somit
dG/dr = O*dp/dr + p*dO/dr = –g*ρ*O + p*dO/dr oder **dp/dr** = **–g*ρ**
Der beidseitige Radialdruckanteil q*O = p*dO/dr fällt weg.

Also haben wir $\dfrac{\mathbf{dp}(r)}{\mathbf{dr}}$ = –g(r)*ρ(r) **hydrostatische Grundgleichung**

Das ist die hydrostatische Grundgleichung, die also auch bei kugelsym-
metrischer Gravitation gilt, nicht nur bei der Schwerkraft in der Ebene.
Der Druck in der Kugelschale p erzeugt also einen gravitationsmindernden
Radialdruck q , was eben zu der einfachen Grundgleichung zurückführt.
dp ist die Drückänderung beim Fortschreiten um dr und offenbar gleich dem
Gewichtszuwachs g*ρ*dr bezogen auf eine Einheitsfläche.

Wenn Newton, dann ist die Gravitationskraft K von M auf m gleich

K(r) = γ*$\dfrac{M(r)}{r^2}$*m = g(r)*m , M(r) ist die Masse von r=0 bis r

g(r) = γ*1/r²*M(r) ist die Gravitationsbeschleunigung, wie eine Feldstärke

----

Also ist gemäß hydrostatischer Gleichung dp/dr = –g*ρ = –γ*1/r²*M(r)*ρ(r)
oder nach Umstellung r²/ρ*dp/dr = –γ*M(r)
Nach Differenzieren ist d/dr[r²/ρ*dp/dr] = –γ*dM/dr
Es ist dM/dr = 4πr²*ρ Das ist Massenänderung beim Fortschreiten um dr
und gleich dem Gewicht einer Kugelschale. Einsetzen und Umstellen ergibt

----

schließlich $\dfrac{1}{r^2}*\dfrac{d}{dr}\left[\dfrac{r^2}{\rho}*\dfrac{dp}{dr}\right]$ = –πγρ   **Druckänderung**
bei Newtongravitation
Die ρ-p-Beziehung sei noch offen

7.63 Die K-Höhenformel bei statischer Gravitation und variabler Dichte
Sei die Gravitationkraft g überall gleich, ρ variabel, also mit r abnehmend, dann haben wir beim Kugelboden R dieselben Verhältnisse wie bei der barometrischen Höhenformel für den Luftdruck/dichte bei ebenem Boden.Die Formel ist für die Dichte ρ ist also $\rho(r-R) = \rho_0 * \exp[-\alpha * g * (r-R)]$
h = r-R istdie Höhe über den Boden R. ρ_0 ist die Dichte bei r=R, bei h=0
Die Dichte ist bei h=0 maximal und nimmt exponentiell mit der Höhe h ab.

7.64 Die K-Höhenformel bei statischer Gravitation und statischer Dichte
Sei die Gravitationkraft g und ρ überall gleich, wie etwa bei einer **Wasserkugel** , dann haben wir gemäß hydrostatischer Grundgleichung
dp/dr = $-g*\rho$ nach Integration unmittelbar das Ergebnis p = $-g*\rho*r$ +c .
Bei R ist p=0 . Einsetzen ergibt c = $g*\rho*R$, also **p(r) = g*ρ*(R−r)**
Der Druck p ist also bei r=0 maximal und nimmt linear mit dem Radius r ab.

Speziell im Kugelmittelpunkt bei r=0 ist p(0) = $g*\rho*R$.
Das Gewicht auf den „Boden" ist dann G(r)= $4\pi r^2 * g\rho * (R-r) = 4\pi g\rho * (Rr^2 - r^3)$
Unterstellt es gäbe keinen expandierenden Radialdruck, so **wäre** das Gewicht bei r allein durch das Gewicht der darüberleigenden Massen gegeben, also $G_m(r) = \rho g * 4\pi/3 * (R^3 - r^3) = 4\pi g\rho * (R^3/3 - r^3/3)$
In Wirklichkeit ist es geringer, die Last auf den Boden ist geringer wegen des expandierenden Radialdrucks. Dieser ist summiert von r bis R

$$G_p = \int q*O*dr = \int p*dO = \int g\rho(R-r)*8\pi r\,dr = 8\pi g\rho * (Rr^2/2 - r^3/3)\Big|_r^R =$$

$$= 8\pi g\rho * (R^3/2 - R^3/3 - Rr^2/2 + r^3/3) = 4\pi g\rho * (R^3/3 - Rr^2 + 2r^3/3)$$

Bilden wir $G_m(r) - G_p(r) = 4\pi g\rho * (R^3/3 - r^3/3 - R^3/3 + Rr^2 - 2r^3/3) =$
= $4\pi g\rho * (Rr^2 - r^3) = G$. Also, das tatsächliche Gewicht auf den Boden G bei r ist also in der Tat gleich dem Gewicht nur auf Grund der Massen G_m minus dem Gegengewicht auf Grund des Drucks G_p .

7.65 Die K-Höhenformel bei Newton-Gravitation und konstanter Dichte
Sei die Gravitationkraft g variabel, ρ konstant, das ist etwa wie ein
Wasserplanet, dann haben wir einen **Newtonfall**, also verwenden wir die
obige Gleichung für den Druck $1/r^2 * d/dr[r^2/\rho * dp/dr] = -\pi\gamma\rho$
Es folgt dann $d/dr[r^2/\rho * dp/dr] = -\pi\gamma\rho * r^2$
Erste Integration $r^2/\rho * dp/dr = -\pi\gamma\rho * r^3/3$ oder auch $dp/dr = -\pi\gamma\rho^2 * r/3$
Erneute Integration $p = -\pi\gamma\rho^2 * r^2/6 + c$
Bei r=R ist p=0 . Einsetzen ergibt $c = \pi\gamma\rho^2 * R^2/6$ R ist der Planetenradius
Also **$p(r) = 1/6 * \pi\gamma\rho^2 * (R^2 - r^2)$** , speziell $p(0) = 1/6 * \pi\gamma\rho^2 * R^2$
Der Druck p also bei r=0 maximal und nimmt quadratisch mit dem Radius r
ab, umgekehrt, mit der Tiefe nimmt er quadratisch zu. Im Fall g und
ρ überall gleich hatten wir eine lineare Zunahme bzw Abnahme.

7.66 Beschleunigung g auf der Oberfläche einer Kugel
Bem.: In diesem Zusammenhang mag es von Interesse sein, die
Beschleunigung g auf der Oberfläche einer Kugel konstanter oder mittlerer
Dichte ρ mit dem Radius R , auf einem Planeten, zu berechnen. Gemäß
Eingangsbemerkung ist die Kraft auf eine Masse m, einerseits und
andererseits $\gamma * 1/R^2 * m * M = mg$, die Kugelmasse sei $M = \rho * 4\pi/3 * R^3$
Durch Einsetzen folgt unmittelbar **$g = 4\pi/3 * \gamma * \rho * R$** , also proportional ρ
und proportional dem Radius R . Auf der **Erde** ist $g = 9.81$ m/s^2

Der Vergleich zum **Mond** ergibt

$$\frac{g_{Mond}}{g_{Erde}} = \frac{\rho_{Mond} * R_{Mond}}{\rho_{Erde} * R_{Erde}} = \frac{3.34 * 1738}{5.51 * 6370} = \frac{5805}{35099} = 0.1653 \approx 1/6$$

Die Fallbeschleunigung auf der Mondoberfläche ist also $g_{Mond} = 1.62$m/sec^2,
auch das Gewicht ist da nur ein Sechstel. Bem.: Die Masse in kg ist dieselbe!

Sei die Gesamtmasse **M** der Kugel, des Planeten **fix**. Da mag es auch von
Interesse sein, die Beschleunigung g in Abhängigkeit vom Radius R zu
berechnen, der je nach Zusammenpressung (Dichte) kleiner oder größer sein
kann. Wir schreiben die Formel um

$$\mathbf{g} = 4\pi/3 * \gamma * \rho * R = \gamma * \rho * 4\pi/3 * R^3 * 1/R^2 = \gamma * \frac{M}{R^2}$$

Die Beschleunigung g auf der Oberfläche , und damit auch das Gewicht, ist also quadratisch umgekehrt proportional zum Radius R, bei gleicher Masse M. Ist dieser z.B. nur die Häfte als vorher, also der Planet oder der Stern entsprechend zusammengedrückt, so ist g das Vierfache.

7.67 Gravitation bei einer zweischichtigen Kugel.

Betrachten wir nun eine zweischichtige Kugel. Innen ein Kern hoher Dichte ρ_1 mit Radius R_1 , im Fall der **Erde** der Eisenkern, dann darüber Materie (im Fall der Erde flüssiges oder festes Gestein) geringerer Dichte ρ_2, also ab R_1 . Dann ist am Aufpunkt R mit $R_1 < R < R_{max}$ die Erdbeschleunigung g bzw das Gewicht mg einer Masse m gleich

$$g(R) = \gamma^* \frac{M_1 + M_2}{R^2} = \frac{\gamma}{R^2} * \frac{4\pi}{3} * \left[R_1{}^3{}^*\rho_1 + (R^3 - R_1{}^3)^*\rho_2\right] =$$

$$= \frac{\gamma}{R^2} * \frac{4\pi}{3} * \left[R_1{}^3{}^*(\rho_1 - \rho_2) + R^3{}^*\rho_2\right] = \frac{4\pi\gamma}{3} * \left[\frac{R_1{}^3{}^*(\rho_1 - \rho_2)}{R^2} + R^*\rho_2\right]$$

Bem.:Kugelschalen jenseits von R tragen zur Gravitation vor Ort nichts bei.

Das ist von der Form $A/R^2 + B^*R$, A>0,B>0 fix. Dann ist $dg/dR = -2A/R^3 + B$
$dg/dR = 0$ bei $-2A/R^3 + B = 0$ oder $R_m{}^3 = 2A/B = 2R_1{}^3{}^*(\rho_1 - \rho_2) / \rho_2$
oder $R_m = R_1{}^*[2^*(\rho_1/\rho_2 - 1)]^{1/3}$ Stelle mit $dg/dR = 0$

Es folgt $R_m > R_1$, wenn $[2(\rho_1/\rho_2 - 1)]>1$ oder $\rho_1/\rho_2>3/2$ oder $2\rho_1>3\rho_2$
Dann ist:
Bei $R > R_m$ ist $dg/dR > 0$, also g nimmt mit dem Radius R zu, beim Absteigen um dR nimmt das Gewicht ab. Asymptotisch ist $g \sim \rho_2{}^*R$
Bei $R < R_m$ ist $dg/dR < 0$, also g nimmt mit dem Radius R ab, beim Absteigen um dR nimmt das Gewicht zu.
Die Steigung bei R_1 ist $\sim (-2\rho_1 + 3\rho_2)$. Ist also $2\rho_1<3\rho_2$, so ist sie positiv, d.h. g(R) steigt dann weiter an und fällt nicht ab.

Für die Erde mit Radius 6371km sind die Verhältnisse grob:
Dichten $\rho_1 = \rho_{Eisen/Nickel} = 8$, $\rho_2 = \rho_{Gestein} = 2$, Eisenkern $R_1 = 3550$km
Es folgt: $R_m = R_1{}^*[2(\rho_1/\rho_2 - 1)]^{1/3} = R_1{}^*[6]^{1/3} = R_1{}^*1.82 = 6461$km

----

Gerade noch ist man auch bei geringen Erdtiefen (R<≈6371, Erdoberfläche) im Bereich vor R_m , wo das Gewicht beim Tiefersteigen zunimmt. Dass dem tatsächlich so ist, wurde mittels einer Präzisionswaage durch Messung des

Gewichts eines schweren Hammers einmal auf der Erdoberfläche, zum anderen in einem Bergwerk festgestellt (Fernsehen). Bei einem Erdradius größer als R_m, würde beim Absteigen an der Oberfläche g abnehmen. Innerhalb des Kerns R_1 oder wenn $\rho_1=\rho_2$ ist, nimmt g(R) gemäß Formel linear mit R zu bzw beim Absteigen nimmt das Gewicht (mg) linear ab.

Es errechnet sich bezüglich der g-Werte bei R_1 und R_m

$g(R_1) = 4\pi\gamma /3 * R_1 * \rho_1$ sowie

$g(R_m) = 4\pi\gamma/3 * \{R_1^3*(\rho_1-\rho_2)/[R_1^2[2(\rho_1/\rho_2-1)]^{2/3}] + R_1*[2(\rho_1/\rho_2-1)]^{1/3}*\rho_2\}=$

$= 4\pi\gamma/3 * R_1/[2(\rho_1/\rho_2-1)]^{2/3} *\{(\rho_1-\rho_2) +[2(\rho_1/\rho_2-1)]^{3/3}*\rho_2\}=$

$= 4\pi\gamma/3 * R_1/[2(\rho_1/\rho_2-1)]^{2/3} *\{(\rho_1-\rho_2) +[2(\rho_1-\rho_2)]\} =$

$= 4\pi\gamma/3 * R_1/[2(\rho_1/\rho_2-1)]^{2/3} *\{3\rho_1-3\rho_2\}$

Somit ist das **Verhältnis** $\dfrac{g(R_m)}{g(R_1)} = \dfrac{3-3\rho_2/\rho_1}{[2(\rho_1/\rho_2-1)]^{2/3}}$

Bezüglich unseres einfachen Modells für die Erde haben wir dann

$g(R_m)/g(R_1) = [3-3\rho_2/\rho_1]/[2(\rho_1/\rho_2-1)]^{2/3} = 2.25/1.82^2 = 2.25/3.31 = 0.68$

Umgekehrt, unterstellt $g(R_m) \approx 9.0$ m/sec², weil R_m erdoberflächennahe ist, etwas kleiner als 9.81, haben wir $g(R_1) =1.47*g(R_m)=1.47*9.0=13.2$ m/sec²
Die Erdbeschleunigung g bei R_1 ist dann auch das Maximum, vorher und nachher ist sie kleiner, sofern wir nicht R_m überschreiten, wo sie mit R bis ins Unendliche anwächst, allerdings dann faktisch begrenzt durch den endlichen Planetenradius. Nun ein qualitatives Bild für den Verlauf von g(R)

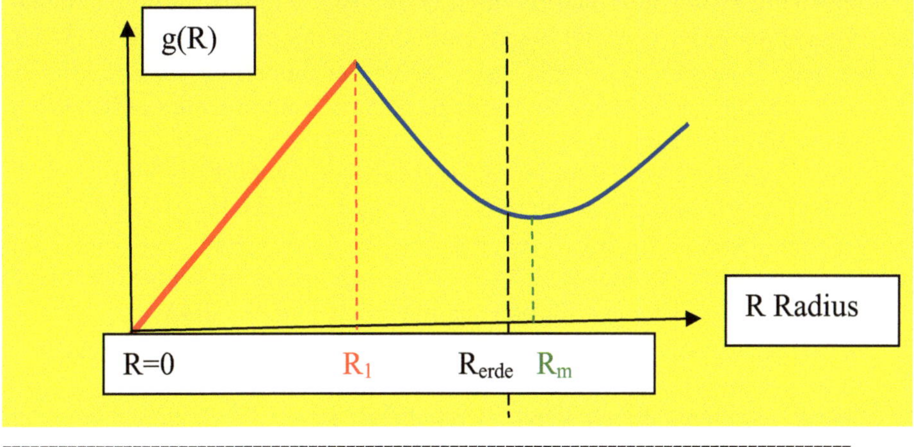

7.68 Die K-Höhenformel bei einer gravitierenden Gaskugel

Die Dichte ρ auch des gravitierenden Teils wird nun nicht mehr als konstant angenommen wie bisher, sondern variabel, abhängig vom Radius. Also ρ und g sind variabel, abhängig von r. Die Verhältnisse sind also, idealisiert, wie bei einem **Gasplanet**en. Der Zusammenhang zwischen Dichte ρ und Druck p sei zunächt offen, am einfachsten $\rho = \alpha*p$. Wir verwenden obige Gleichung für den **Newtonfall**, also $1/r^2*d/dr[r^2/\rho * dp/dr] = -\pi\gamma\rho$ (1)

Es bringt Rechenvorteile, wenn man von der Kraft K auf das Potential Φ umstellt. Es ist

$$K(r) = -\frac{d\Phi}{dr} = \gamma*\frac{M(r)}{r^2}*m = g(r)*m \quad \text{mit } m=1, \text{ also } \frac{d\Phi}{dr} = -g(r)$$

Aus der hydrostatische Grundgleichung wird dann $dp/dr = -g*\rho = \rho*\Phi/dr$ oder $1/\rho*dp/dr = -d\Phi/dr$ Dieses kann man nun in (1) einsetzen und hat so statt ihrer die einfachere Gleichung $\mathbf{1/r^2*d/dr[r^2*d\Phi/dr] = -\pi\gamma\rho}$

Nun begibt man sich in die Fachwelt der Astronomen und Astrophysiker. Der Zusammenhang zwischen Druck und Dichte im Sterninneren ist nicht linear, sondern polytrop und zwar $\mathbf{p = K*\rho^{\beta}}$, K konstante , β ist der Polytropenindex. Das rührt daher, dass da nicht mehr gilt $p*V = $ const, sondern $p*V^n = $ constant. Es ist dann auch gemäß Differentiation $dp/dr = K*\beta*\rho^{\beta-1}*d\rho/dr = -\rho*d\Phi/dr$ oder $d\Phi/dr = -K*\beta*\rho^{\beta-2}*d\rho/dr$

Im weiteren wird dieses integriert, was unmittelbar machbar ist und was eine Beziehung zwischen Φ und ρ ergibt. Diese nach ρ aufgelöst, in die Gleichung (1) eingesetzt, ergibt dann eine Gleichung nur noch für $\Phi(r)$. Für spezielle β ist sie sogar exakt lösbar, sonst nur numerisch. Diese Differentialgleichung ist bekannt unter dem Namen **Lande-Emden-Gleichung**. Darauf sei verwiesen.

Anm.: Jonathan Homer **Lande** , amerik. Astrophysiker (1819-1880)

Anm.: Roberd **Emden** , schweiz. (Astro)physiker (1862-1940)

Würde man dem einfachen Pfad $\rho = \alpha*p$ folgen, also im Sinne zuvor $\beta=1$, hätte man eine Gleichung für $\rho(r)$, nämlich

$$1/r^2*d/dr[r^2/\rho * d\rho/dr] = -\alpha\pi\gamma\rho \quad \text{oder} \quad \frac{1}{r^2}*\frac{d}{dr}[r^2*\frac{d\ln\rho}{dr}] = -\alpha\pi\gamma\rho$$

welche wohl nur numerisch, nicht exakt lösbar ist.

7.7 Gravitationsberechnungen
7.71 Die Binnen- und Außengravitation einer Kugel

Vielfach schon benutzt ist, dass man bei einem kugelsymmetrischen Körper hinsichtlich seiner Gravitation so tun kann, als läge seine gesamte Masse im Kugelmittelpunkt, weiterhin, dass Kugelschalen über dem Standpunkt, dem Aufpunkt, zur Gravitation vor Ort nichts beitragen. Hier nun der **Beweis**.
Wir verbleiben auf der Ebene der Kräfte, obwohl es hier einfacher ist, mit dem Potential zu arbeiten. Wir betrachten eine **Kugelschale**, davon zunächst einen **Ring** in der y-z-Ebene und die von ihr verursachten Gravitation. Im Bild also eine Senkrechte. Es ist dann

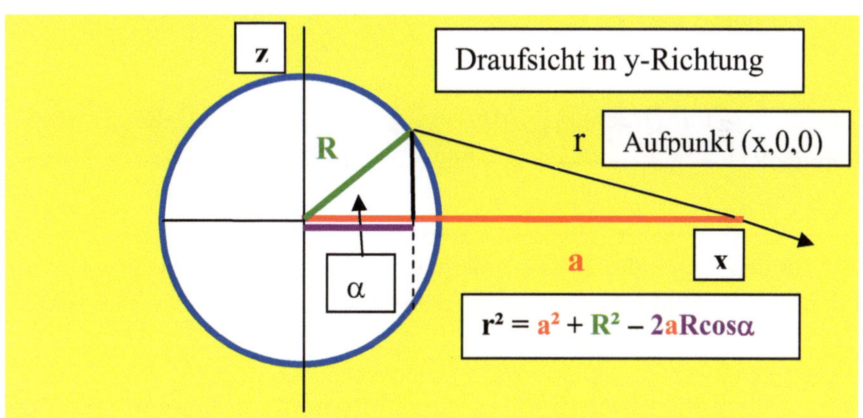

a Abstand Aufpunkt zum Kugelmittelpunkt
R Kugelradius , r Abstand Ringelement in der y-z-Ebene zum Aufpunkt
Der Abstand des Ringmittelpunkt zum Aufpunkt ist $(a-R\cos\alpha)$
Ringumfang $2\pi*R\sin\alpha$, α je fix, ein x-z-Winkel
Masse eines Rings $\rho*2\pi*R\sin\alpha*Rd\alpha*dR = \rho*2\pi*R^2\sin\alpha*d\alpha*dR$
Das Abstandsquadrat Ringelement $d\alpha$ zum Aufpunkt ist gleich
$r^2 = (a-R\cos\alpha)^2 + R^2\sin^2\alpha = a^2 + R^2 - 2aR\cos\alpha$
Bem.: Vektoriell haben wir **R+r = a** , somit **r = a–R** und $r^2= a^2 + R^2 -2aR$
Die vom Ring verursachte Gravitation K auf eine Masse m=1 im Aufpunkt, die Feldstärke ist dann

$$K(r) = \gamma*\rho* \frac{2\pi*R^2\sin\alpha*d\alpha*dR * 1}{r^2} * \frac{a-R\cos\alpha}{r} , \quad G(R) = \int K(r)dr$$

Newtongesetz für Element $d\alpha$ mal Projektion $\cos(a,r)$, also von **r** auf **a**

Wegen der Rotationssymmetrie heben sich die Kraftanteile senkrecht zum Radiusstrahl **a** gegenseitig auf, sodass nur deren Projektion auf den Radiusstrahl **a** interessiert.

Die **Gravitation einer Kugelschale** G(R) ist das Integral über alle Ringe, in der y-z-Ebene, über alle α **bzw** über alle r , weil zwischen beiden ein Zusammenhang besteht. Sei es über r ausgedrückt, dann ist

$d(r^2) = 2rdr = 2aR\sin\alpha * d\alpha$, $R\cos\alpha = 1/2a * [a^2+R^2-r^2]$. Einsetzen ergibt

$$G(r) = \gamma * \rho * 2\pi * R * dR * \int \frac{r/a *dr}{r^2} * \frac{a - 1/2a*[a^2+R^2-r^2]}{r} =$$

$$= 2\gamma\rho\pi RdR * \int \frac{r/a}{r^2} * \frac{1/2a*[a^2-R^2+r^2]}{r} *dr = 2\gamma\rho\pi RdR * \int_{r_0}^{r_\pi} \frac{1}{2a^2} * [\frac{a^2-R^2}{r^2} + 1]*dr =$$

Fall1 für den Aufpunkt: a>R, a außerhalb , jenseits von R, a positiv, wie im Bild, $r_0 = a-R$, gehört zu $\alpha=0$ und $r_\pi = a+R$, gehört zu $\alpha = \pi$ wie im Bild

$$= 2\gamma\rho\pi RdR * \frac{1}{2a^2} * [\frac{-(a^2-R^2)}{r} + r]_{a-R}^{a+R} =$$

$$= 2\gamma\rho\pi RdR/2a^2 * [2R + 2R] = \gamma * \rho * 4\pi R^2 dR * \frac{1}{a^2}$$

$$= \gamma * Kugelschalenmasse * Masse\ 1 / (Quadrat\ Abstand\ zum\ Mittelpunkt\ a^2)$$

....

Das ist so, wegen $1/a^2$, als wäre die gesamte Masse der Kugelschale mittig.
Jede Kugelschale darf eine eigene Dichte ρ haben, also $\rho(r)$, auch Null.
Die Gesamtgravitation ist dann die Summe über alle Kugelschalen darunter.

Fall2 für den Aufpunkt: 0<a<R, $r_0 = R-a$ und $r_\pi = a+R$, a innerhalb der Kugelschale, im Rechtsbereich, a positiv

$$= 2\gamma\rho\pi RdR * \frac{1}{2a^2} * [\frac{-(a^2-R^2)}{r} + r]_{R-a}^{a+R} = 2\gamma\rho\pi RdR/2a^2 * [-2a + 2a] = 0$$

Keine Gravitationswirkung am Aufpunkt **a**.

Fall3 für den Aufpunkt: $-R<a<0$, a innerhalb der Kugelschale, im Linkssbereich , a negativ zunächst, damit die Formeln unverändert gelten , beim Grenzeneinsetzen wieder positiv

$r_0 = a+R$ entspricht $\alpha=0$, $r_\pi = R-a$ entspricht $\alpha=\pi$ und hier a positiv

$$= 2\gamma\rho\pi RdR * \frac{1}{2a^2} * \left[\frac{-(a^2-R^2)}{r} + r\right]_{a+R}^{R-a} = 2\gamma\rho\pi RdR/2a^2 * [2a -2a] = 0$$

Keine Gravitationswirkung am Aufpunkt **a**.

Kugelschalen, die über dem Aufpunkt liegen, $R>a$, über der Probemasse m , tragen also nichts zur Gravitation bei, nur die darunterliegenden Kugel-schalen $R<a$ tragen bei. Insbesondere ist dann die Gravitation in einer **Hohlkugel** , also in einer Kugel, die mittig ausgehöhlt ist, mit Binnenradius R überall gleich null.

Bem.: Eigentlich eigenartig, dass gravitierende Kräfte durch andere Massen hindurchgehen, so als wären sie nicht da, was sie absolut additiv machen.

7.72 Die Binnen- und Außengravitation einer Scheibe

Wir betrachten eine **Kreisring** in der x-y-Ebene und die von ihm verursachte Gravitation **in dieser Ebene**. Es ist

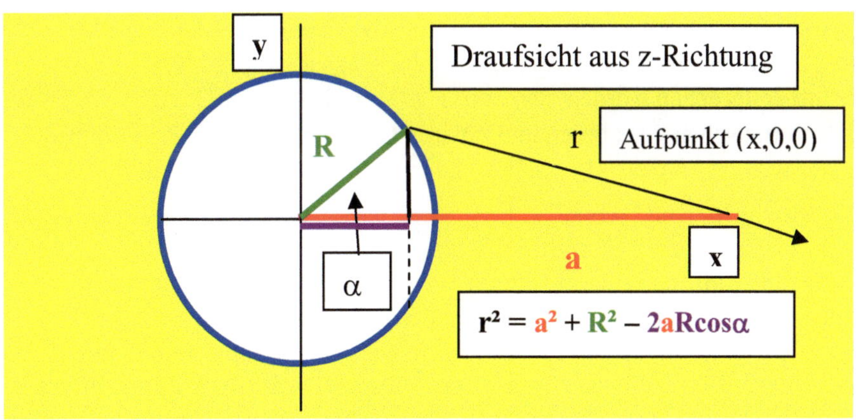

Es ist hier einfacher mit dem Potential ϕ zu arbeiten. Eine Punktmasse m erzeugt im Abstand r von ihr ein Gravitationspotential $\phi = \gamma*m/r$. Es sei

a Abstand Aufpunkt zum Kreismittelpunkt auf der x-Achse

R Kreisradius , dR Ringdicke, r Abstand Bogenelement $d\alpha$ zum Aufpunkt

Masse eines Bogenelements $\rho*Rd\alpha*dR*dz$,

Der Ring sei beliebig schmal, dz , faktisch ist er also **nur zweidimensional**

Das Abstandsquadrat Bogenelement $d\alpha$ zum Aufpunkt ist gleich

$r^2 = (a-R\cos\alpha)^2 + R^2\sin^2\alpha = a^2 + R^2 - 2aR\cos\alpha$

Der vom Bogenelement verursachte Gravitationspotentialbeitrag ist

$$d\phi(r) = \gamma*\rho* \frac{Rd\alpha dR}{r} = \gamma*\rho* RdR* \frac{d\alpha}{[a^2 + R^2 - 2aR\cos\alpha]^{1/2}}$$

Das Potential des Kreisrings in der x-y-Ebene, über alle α integriert, ist also

$$\phi(r) = \mathbf{2*\gamma*\rho*} RdR* \int_0^\pi \frac{d\alpha}{[a^2 + R^2 - 2aR\cos\alpha]^{1/2}} \qquad \text{zweimal von 0 bis } \pi$$

Nun zum Integral. Dieses hat keine elementare Stammfunktion. Wir wollen es so umformen, dass es ein **elliptisches Integral** wird:

$a^2+R^2-2aR\cos\alpha = (a+R)^2-2aR\cos\alpha \; -2aR = (a+R)^2 - 2aR(1+\cos\alpha) =$

$= (a+R)^2 - 4aR\cos^2\beta = (a+R)^2 - 4aR\sin^2\chi = (a+R)^2 *[1- 4aR/(a+R)^2*\sin^2\chi]$

$= (a+R)^2 *[1- k^2*\sin^2\chi] \;$ mit $k^2 = 4aR/(a+R)^2$

NR: $(1+\cos\alpha) = (1+\cos 2\beta) = (\cos^2\beta+\sin^2\beta) + (\cos^2\beta-\sin^2\beta) = 2\cos^2\beta$

dabei $\alpha = \mathbf{2\beta}$ und $\cos\beta = \cos(\chi+\pi/2) = -\sin\chi$

Substitution insgesamt: $\alpha = \mathbf{2\beta} = 2(\chi+\pi/2) = \mathbf{2\chi+\pi}$, $d\alpha = 2d\chi$

Die Integralgrenzen werden zu $\chi = \alpha/2-\pi/2$: $\alpha=0 =>\chi= -\pi/2$, $\alpha=\pi => \chi= 0$

Nach Vertauschen der oberen und unteren Grenzen und $\chi => -\chi$ wird also

$$\phi(r) = +2*\gamma*\rho*RdR*\frac{1}{(a+R)}*\int_0^{\pi/2} \frac{2*d\chi}{[1- k^2*\sin^2\chi]^{1/2}} \quad \text{mit } k^2 = \frac{4aR}{(a+R)^2}$$

Das ist ein elliptische Integral, deren Werte bezüglich k^2 tabelliert sind.

Es muss sein $k^2<1$, also $4aR < (a+R)^2$ oder $2aR < a^2+R^2$ oder $2 < a/R + R/a$

Sei $x = a/R$ dann ist das die Funktion $y = x+1/x$ mit dem Extremum bei $y'=1-1/x^2=0$, Minimum also bei $x=1=a/R$, also bei $a=R$, sonst ist sie größer als 2. Das verbietet $a=R$, ansonsten a, R positiv beliebig.

Betrachten wir den Fall $a>>R$, also der Aufpunkt sehr weit weg vom Ring. Es ist $k^2 = 4aR/(a+R)^2 = 4x/(x+1)^2$ mit $x=a/R$. Das ist ein Funktion, die bei $x=0$ gleich 0 ist , bei $x=1$ ihr Maximum $k^2=1$ hat und dann gegen null asymptotisch abflacht. Bei großen x wird also $k^2 => 4/x => 0$, Und so wird

$$\phi(r) = 2*\gamma*\rho*RdR*1/(a+R)*\pi = -\gamma*\rho*2\pi RdR*1/(a+R) => -\gamma*M*1/a$$

Das ist das bekannte Gravitationspotential. M ist die Masse des Rings.

Spezielle Lösungen können schon jetzt angegeben werden:

Sei a=0, dann ist $\phi(r) = 2\gamma\rho RdR*\int 1/R*d\alpha = 2\gamma\rho dR*\pi$, ϕ=konstant, Kraft=0

Sei a=>∞, dann ist der Integrand und so das Integral gleich 0,also $\phi(r) = 0$

Wenn man den Integranden des elliptischen Integrals bezüglich k² Tayler-
reihenentwickelt, die entstandenen Glieder einzeln integriert und die Grenzen einsetzt, ergibt sich folgende **Reihenentwicklung für das Integral**

$$\int_0^{\pi/2} \frac{d\chi}{[1-k^2*\sin^2\chi]^{1/2}} = \frac{\pi}{2} * [1 + (\frac{1}{2})^2*k^2 + (\frac{1*3}{2*4})^2*k^4 + (\frac{1*3*5}{2*4*6})^2*k^6 + \ldots]$$

Dieses in $\phi(r)$ eingesetzt ergibt, analog zu zuvor, das Potential, a#R.

$$\phi(r) = \gamma*\rho*2\pi RdR* \frac{M}{a+R} *[\ldots] = \gamma* \frac{M}{a+R} * [1+1/4*k^2+9/64*k^4+ \ldots]$$

Man möchte meinen, im **Innern eines Kreisrings** ist die Gravitation gleich
null analog zum Innern einer Kugelschale. Dem ist aber nicht so: Betrachten
wir einen Aufpunkt im Kreisinnern auf der x-Achse, also mit Koordinaten
(a,0) und a < R. Dazu ein Strahl zum Kreisring auf der x-Achse mit Länge
R-a, dazu ein unmittelbar benachbarter Strahl ebenfalls durch (a,0).

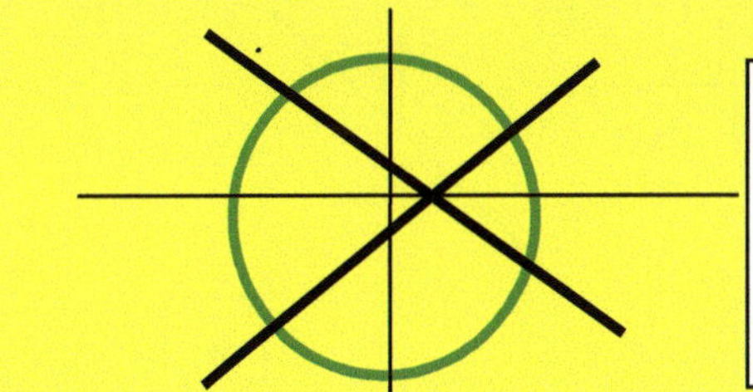

Der Ausschnitt durch die
beiden Geraden am Kreis
links und rechts sind
verschieden groß entsprechend
sind die Massen verschieden.

Sie schneiden vom Kreisring eine Masse dm aus. Die ihnen rückwärts
gerichteten Strahlen mit Länge R+a schneiden auf der anderen Seite eine
Masse dm*(R+a)/(R-a) gemäß Strahlensatz aus. Die von den dm´s ausgeh-
enden entgegen gerichteten Gravitationskräfte am Aufpunkt (a,0) sind
einerseits $\gamma*dm*1/(R-a)^2$ und andererseits $\gamma*dm*(R+a)/(R-a) *1/(R+a)^2$

Wenn sie sich gegenseitig aufheben sollten, müssten sie gleich sein, also
$\gamma*dm*1/(R-a)^2 = \gamma*dm*(R+a)/(R-a)*1/(R+a)^2$. Das ist aber nur bei a=0 der
Fall. Im Allgemeinen ist also im hohlen Scheibeninnern die Gravitation # 0.
Wäre der Rand flächig wie bei einer Kugel, sind die Massenverhältnisse bzw
die Gravitationsverhältnisse am Aufpunkt nicht mehr linear, sondern quadra-
tisch gemäß Strahlensatz $\gamma*dm*1/(R-a)^2 = \gamma*dm*[(R+a)/(R-a)]^2*1/(R+a)^2$,
was für beliebige Aufpunkte a<R zur Gleichheit führt und so zur
Gravitationsfreiheit.

7.8 Die Reflexion an einer Geraden vektoriell , Scheinwerfer

Nun eine einfachere Sache. Dabei stützen wir uns auf die Vektorrechnung,
hier im Klassischen, die auf höherem Level die QM beherrscht, gewissermaßen deren Rückgrat bildet.

Gerade Einheitsvektor $\mathbf{a} = (a_1 , a_2)$, (Licht)Strahl Einheitsvektor $\mathbf{s} = (s_1 , s_2)$
Orthogonale zu $\mathbf{a}$ in der $\mathbf{a}$-$\mathbf{s}$-Ebene ist $\mathbf{b} = (-a_2 , a_1)$, Rechtssystem
An $\mathbf{a}$ reflektierter Strahl $\mathbf{f} = \cos(\mathbf{a,s})*\mathbf{a} - \sin(\mathbf{a,s})*\mathbf{b} = (\mathbf{as})*\mathbf{a} - (\mathbf{bs})*\mathbf{b} =$
Bem.: Der sin auf $\mathbf{a}$ ist gleich dem cos auf $\mathbf{b}$, minus wegen Reflexion.
$= (a_1s_1 + a_2s_2)*(a_1 , a_2) - (-a_2s_1 + a_1s_2)*(-a_2 , a_1) =$
$= [a_1s_1a_1 + a_2s_2a_1 - a_2s_1a_2 + a_1s_2a_2) , a_1s_1a_2 + a_2s_2a_2 + a_2s_1a_1 - a_1s_2a_1)]$
Also $\mathbf{f} = [a_1^2*s_1 + 2a_1a_2*s_2 - a_2^2*s_1 , a_2^2*s_2 + 2a_1a_2*s_1 - a_1^2*s_2]$
Wie man sieht, sind die beiden Komponenten von $\mathbf{f}$ analog aufgebaut.

Als Matrix geschrieben ist $\mathbf{f} = (a_1^2-a_2^2 , 2a_1a_2)*(s_1)$ kurz $\mathbf{f} = A\mathbf{s}$
$(2a_1a_2 , -(a_1^2-a_2^2)) (s_2)$
Diese Matrix A ist sichtbar symmetrisch, also $A^\tau = A$, wie auch orthogonal,
also $A^\tau*A = 1$, wie man durch Nachrechnen von A*A bestätigt, dabei ist zu

beachten , dass $a_1{}^2+a_2{}^2 = 1$ ist, weil **a** auf 1 normiert ist. Damit folgt auch mit $A^{-1} = A^\tau = A$ die Umkehrung **s** = A***f** mittels derselben Matrix.

Anwendung: Eine verspiegelte **Parabel** $y = ax^2$, dann ist $y' = 2ax$
Vom Brennpunkt B = (0,b) soll der Strahl **s** ausgehen, der an der Parabel an der Stelle (x,y) reflektiert wird und als Reflexionsstrahl **f** wegfliegt.
a*dx = (dx,dy) = $[dx, dx{*}y']/(1+y'^2)^{1/2}$ = $dx{*}[1 , y']/(1+y'^2)^{1/2}$
also **a** = $[1 , 2ax] / (1+4a^2x^2)^{1/2}$ = $[1 , 2ax] {*}N_\mathbf{a}$ **Tangentenvektor** bei (x,y)

Dann ist die Matrix mit $N_\mathbf{a}{}^2 = 1/(1+y'^2)$
$A = (a_1{}^2{-}a_2{}^2 ,\quad 2a_1a_2\quad) = N_\mathbf{a}{}^2{*} (1{-}y'^2 ,\quad 2y') = N_\mathbf{a}{}^2{*}(1{-}4a^2x^2,\qquad 4ax)$
$\quad\quad (2a_1a_2\quad , {-}(a_1{}^2{-}a_2{}^2))\qquad\quad (2y' ,\ {-}(1{-}y'^2)\ )\qquad\quad (4ax\ , {-}(\ 1{-}4a^2x^2))$
Bem.: Bei Kenntnis von y(x) und damit auch von y'(x) kann sichtlich diese **Formel auch für andere Funktionen** verwendet werden.

Sei **s** = $(\xi,\eta) / (\xi^2+\eta^2)^{1/2}$ = $(\xi,\eta){*}N_\mathbf{s}$ **Strahlvektor**
Dann ist **f** = A***s** = $N_\mathbf{a}{}^2{*}N_\mathbf{s}{*}[\xi - 4a^2x^2\xi + 4ax\eta,\ 4ax\xi + 4a^2x^2\eta - \eta]$

Brennpunkt B = (0,b) , ergibt **s** = $(\xi = x , \eta = y{-}b = ax^2{-}b)$, somit ist
f = $N_\mathbf{a}{}^2{*}N_\mathbf{s}{*}[x - 4a^2x^3 + 4a^2x^3 - 4abx,\ 4ax^2 + 4a^3x^2x^2 - 4a^2bx^2 - ax^2 + b]$ =
$\quad = N_\mathbf{a}{}^2{*}N_\mathbf{s}{*}[x - 4abx\ ,\ 3ax^2 + 4a^3x^4 - 4a^2bx^2 + b]$ normiert auf 1

Man kann erreichen, das die x-Komponente des reflektierten Strahls **f** gleich 0 ist, dass also **f** parallel zur y-Achse ist, dieses durch die Forderung
x - 4abx = 0 für beliebige x, also x(1-4ab) = 0 , dann muss sein **b=1/4a** .
Befindet sich also die Lichtquelle im **Brennpunkt** B = (0, 1/4a) , haben wir Parallelabstrahlung in y-Richtung, sonst nicht. Die Wirkung ist also wie bei einem Scheinwerfer. Umgekehrt, parallel zur y-Achse einfallendes Licht sammelt sich im Brennpunkt B . Es wird dann **f** zu
f = $N_\mathbf{a}{}^2{*}N_\mathbf{s}{*}[0 , 2ax^2 + 4a^3x^4 + 1/4a] = N_\mathbf{a}{}^2{*}N_\mathbf{s}{*}[0 , 2y + 4ay^2 + 1/4a]$

Probe, waagrechter Strahl **s** : $b = y = ax^2$
$N_\mathbf{a}{}^2 = 1/(1+4a^2x^2) = 1/(1+4ab) = 1/2$,
$N_\mathbf{s} = 1/(\xi^2+\eta^2)^{1/2} = 1/(x^2+0^2)^{1/2} = 1/(b/a)^{1/2} = 1/(1/4a^2)^{1/2} = 2a$, also
f = $\tfrac{1}{2}{*}2a{*}(0, 2b+4ab^2+1/4a) = a{*}(0, 2/4a+4a/(4a)^2+1/4a) = (0 , 1)$ richtig

----

Bem.: Je kleiner a ist, je flacher die Parabel ist, desto weiter weg liegt der Brennpunkt $(0,b) = (0,1/4a)$ vom Scheitel, vom Ursprung $(0,0)$.

Allgemein haben wir für den **Abstrahlwinkel** α zur y-Achse (Parabel)

$$\tan\alpha = \frac{\sin\alpha}{\cos\alpha} = \frac{N_a^2 * N_s * x(1-4ab)}{N_a^2 * N_s * [3ax^2 + 4a^3x^4 - 4a^2bx^2 + b]}$$

Der Zähler ist gleich dem sin, der Nenner gleich dem cos. Der Nenner ist immer positiv.

Wir sehen, ist $b<1/4a$, also die Strahlquelle vom Scheitel weniger weg als der Brennpunkt, somit auch $(1-4ab)>0$, so hat im Rechtsbereich der Reflexionsstrahl eine Rechtsneigung, also $\alpha>0$, im Linksbereich haben wir eine gleich große Linksneigung, der Gesamtstrahl geht auseinander.

Ist $b>1/4a$, also die Strahlquelle weiter vom Scheitel als der Brennpunkt, somit auch $(1-4ab)<0$, so ist es umgekehrt. der Gesamtstrahl geht zusammen.

Bem.: Besondere Verhältnisse hinsichtlich der Binnenspiegelung findet man auch bei einer **Ellipse**. Strahlen, die von einem Ellipsenbrennpunkt ausgehen, treffen sich im anderen Elipsenbrennpunkt und umgekehrt. Das ist gewissermaßen eine Verallgemeinerung der bekannten Verhältnisse beim Kreis. Vom Mittelpunkt, dem Brennpunkt, ausgehende Strahlen, werden wieder dorthin reflektiert.

7.9 Verdeck-, Kollisions-Wahrscheinlichkeit, Eindringtiefe:

Unterstellt wir haben Glasscheiben,Fenster, der Fläche F_0 mit sagen wir kreisartigen Aufklebern. Je Fenster sei die gesamte Aufkleberfläche gleich , aber die Aufkleber seien rein zufällig verteilt. Nun legen wir mehrere solche Glasscheiben je der Dicke D übereinander und fragen, wieviel Durchsichtfläche bleibt dann übrig. Anfangs sei die Durchsichtfläche F_0, ohne Aufkleber. Nach einer Scheibe ist die Durchsichtfläche $F_1 = F_0 - F_0 * w$.
Dabei ist w der Anteil der Aufkleberfläche zur Scheibenfläche, also die Wahrscheinlichkeit der Verdeckung, die Verdeckwahrscheinlichkeit. Nach der nächsten Scheibe ist die verbleibende Sichfläche $F_2 = F_1 - F_1 * w$, das nächstemal $F_3 = F_2 - F_2 * w$, usw , also jeweils die bislang verbliebene Sichfläche minus der wahrscheinlichen Verdeckung dieser Sichfläche im nächsten Schritt, einfache Verdeckung unterstellt. Dieses nun kontinuierlich gemacht, die Scheiben werden dünner gemacht, ihre Zahl erhöht , die Wahrscheinlichkeit der Verdeckung pro Scheibe wird entsprechend verringert:

Verdeckwahrscheinlichkeit w => λ, Dicke D =>dx , Anzahl beliebig hoch
Pro dx soll nur eine Einfachverdeckung sein, „eine Scheibe".
Der Sichtverlust pro dx ist dF = $-F*\lambda*dx$, F ist je die bisherige Sichtfläche.
Die bekannten Lösung dieser DGL ist **$F(x) = F_0*exp(-\lambda*x)$** Das ist die
verbliebene Sichtfläche bei einer Gesamtdicke x, mit $F(0)= F_0$

Nun die Nachahmung des Eingangsbeispiels im Kontinuierlichen, so, dass
nach einer Scheibe derselbe Sichtverlust ist:
Bestimmung von λ : Es soll sein $F(D) = F_0*exp(-\lambda*D) = F_0-F_0*w$
Also $exp(-\lambda*D) = 1-w$, somit $(-\lambda*D) = ln(1-w)$, also **$\lambda = -1/D * ln(1-w)$**

Beispiel: w = 0.1 , D = 0.002m, dann λ = -1/0.002 * -0.1054 = 52.68
Besipiel: $F(2D) = F_0*exp(-\lambda*2D) = F_0*[exp(-\lambda*D)]^2 = F_0*[1-w]^2$
Das Diskrete lässt sich also vom Kontinuierlichen einfangen, derart dass
wir bei x=n*D im Kontinuierlichen dieselben Ergebnisse bekommen wie im
Diskreten, n = 0,1,2,…

Dieses Gesetz lässt sich nun vielfach anwenden:
Statistisch räumlich gleichverteilte Partikel, je mit der Rundum-Auffang-
fläche, dem **Wirkungsquerschnitt** σ . Die Durchdringwahrscheinlichkeit,
z.B. eines Lichtphoton ohne Partikelberührung, geht nach dieser Formel.
Sei z.B. nach 1 m Durchdringtiefe nur noch ein Drittel der Photonen
vorhanden, d.h. die Verdeckwahrscheinlichkeit ist da w=2/3 , dann ist
$\lambda = -1/1 * ln(1-2/3) = 1.0986$. Nach 2m kommen nur noch Neuntel an.

Seien in einem $1m^3$ n **ruhende** Partikel, die Fläche sei F, dann sind es in einer Schicht F*n*dx Partikel und die Verdeckfläche pro Schicht ist $\sigma*F*n*dx$
, der „Sichtverlust" ist dF = $-\sigma*F*n*dx = -F*\lambda*dx$, somit $\lambda = n*\sigma$
Also $F(x) = F_0*exp(-n*\sigma*x)$ Das ist die verbliebene Sichtfläche.
$F(x)/F_0$ ist die Wahrscheinlichkeit die gesamte Schicht 0 bis x zu durchdrin-
gen. Haben wir, analog, N_0 auftreffende Teilchen, so am Ende, so verbleiben
nach Durchgang nur noch **$N(x) = N_0*exp(-n*\sigma*x)$** Teilchen übrig.

Seien nun die Partikel **nicht ruhend**. Zunächst anschaulich: Seien Autos der
Länge a und der Breite b, **Rechteck**e, die sich in einer Richtung je mit gleicher Geschwindigkeit u bewegen. Bei senkrechter Bewegung v auf sie zu,
kann man nun auf die Längsseite a stoßen, aber auch von der Autofront b
beim Vorbeigehen erfasst werden. Beim Vorbeigehen braucht man die Zeit

b/v , das auf einen zukommende Auto wird so in seiner (schädlichen) Wirkung gewissermaßen um u*b/v länger.Sein Wirkungsquerschnitt für eine Touchierung ist also,wenn ruchend σ_0 = a und bei Bewegung σ = a + u*b/v . Betrachten wir nun einen **Quader** mit den Seiten a,b,c. Dann haben wir für querende Partikel zunächst die Auftrefffläche σ_0 = ac und bei Bewegung die verlängerte Auftrefffläche σ = ac +u*b/v*c = ac + bc*u/v. Sei vereinfachend a=b=c, also ein **Kubus**, so wird σ_0=a² und σ = a²+ u*a/v*a = a²*(1 + u/v) Bezüglich der σ-Vergrößerung kommt es also auf das Verhältnis u zu v an. Ist v=c, die Lichtgeschwindigkeit, ist die σ-Vergrößerung unbedeutend. Bei Partikel mag diese Vereinfachung auf Kuben genügen und wir können vorherige Formel N(x) = N_0*exp(−n*σ*x) für den Durchgang verwenden, wenn wir nur darin σ so ersetzen.

Wie so oft, kompliziert wird es, wenn man es etwas genauer nimmt. Sei die Front irgend eine Kurve f(x), die zur Zei t=0 einen Kurvenverlauf f(x,0) haben möge, und zur Zeit t den parallelen Kurvenverlauf **f(x,t) = f(x,0) + u*t** .

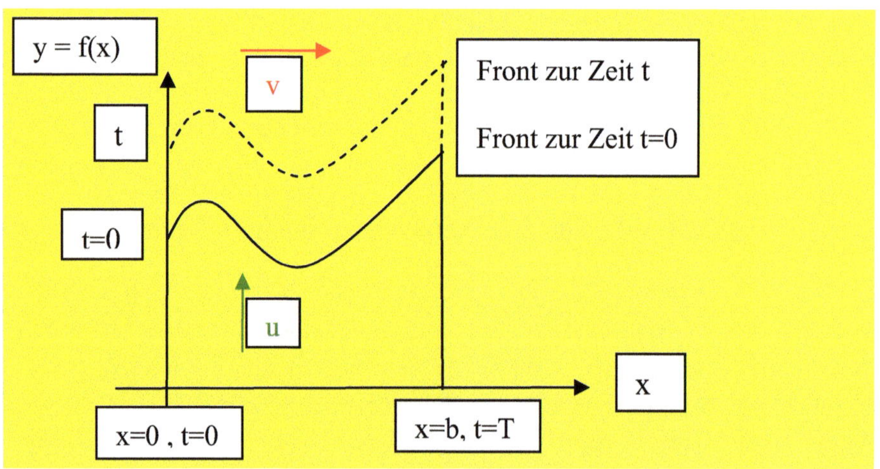

„Man kommt über die Straße", von x=0 bis zu x=b, bei Gehgeschwindigkeit v, wenn man an einem y startet, das größer als das jeweilige zur Zeit t lokal gültige f(x,t) ist, innerhalb einer Gesamtüberquerungszeit T, also $0 \leq t \leq T$. Es ist T = b/v und es ist x = v*t und so t = x/v . Das setzen wir oben in die Maximumformel ein. So suchen wir also für unser Start-y das **Maximum für f(x,t) = f(x,0) + u/v*x mit $0 \leq x \leq b$** Anschaulich: Wir gehen an der Front eines vorwärts fahrenden Autos vorbei,

startend bei einem y, so, dass beim Gehen der jeweilge Abstand zur Front
je hinreichend ist.

Beispiel gerade Kante, Rechteck: $f(x,0) = a$, dann ist $f(x) = a + u/v*x$ mit
dem Maximum bei $x=b$, nämlich $y = a + u/v*b$ wie zuvor

Beispiel schiefe Kante: $f(x,0) = a - \alpha*x$, $\alpha > 0$, dann ist
$f(x) = a - \alpha*x + u/v*x = a + (u/v - \alpha)*x$, $df/dx = (u/v - \alpha)$
Wenn $(u/v - \alpha) \le 0$ oder $u \le \alpha*v$, dann ist das Maximum bei $x=0$, nämlich $y=a$,
also am Anfang, wenn also u hinreichend klein ist.
Ansonsten ist das Maximum am Ende bei $x=b$ mit Wert $y = a + (u/v - \alpha)*b$

Beispiel Halbkreis: Mit Kreismittelpunkt auf der x-Achse bei $x = r$
Dann ist $f(x,0) = [r^2 - (x-r)^2]^{1/2}$, also $f(x,t) = [r^2 - (x-r)^2]^{1/2} + u/v*x$
Zur Maximumbestimmumg brauchen wir hier die Ableitung df/dx
mit df/dx=0, also

$$df/dx = \tfrac{1}{2}*[r^2 - (x-r)^2]^{-1/2} *2(x-r) + u/v = \frac{-(x-r)}{[r^2 - (x-r)^2]^{1/2}} + u/v$$

----

df/dx=0 ergibt das Maximum bei $-(x-r) + u/v*[r^2 - (x-r)^2]^{1/2} = 0$
Sei $\xi = x - r$, also dann $-\xi + u/v*[r^2 - \xi^2]^{1/2} = 0$ sowie $\xi^2 = u^2/v^2*(r^2 - \xi^2)$
oder $\xi^2 = r^2(u^2/v^2) / [1 + u^2/v^2]$, also $\xi = + r*(u/v) / [1 + u^2/v^2]^{1/2}$
Bezeichne $A = +(u/v)/[1 + u^2/v^2]^{1/2}$ Stets ist A positiv und kleiner 1.
Damit ist $x - r = \xi = + r*A$ und $x_m = r*(1+A)$, also $x > r$ Maximum
Es ist $[r^2 - (x-r)^2]^{1/2} = [r^2 - r^2*A^2]^{1/2} = r*(1 - A^2)^{1/2} = r*v/u*A$ siehe NR
sowie $u/v*x = r*u/v*(1+A)$ Somit $f(x_m) = r*(v/u)*A + r*u/v*(1+A)$

NR: $(1 - A^2) = 1 - (u^2/v^2)/[1 + u^2/v^2] = (1 + u^2/v^2 - u^2/v^2)/[1 + u^2/v^2] = v^2/u^2*A^2$
$v/u*A + u/v*A = 1/[1 + u^2/v^2]^{1/2} + u^2/v^2/[1 + u^2/v^2]^{1/2} = (1 + u^2/v^2)/[1 + u^2/v^2]^{1/2}$
$= (1 + u^2/v^2)^{1/2}$

Also ist das **Maximum** bei $x_m = r + r* \dfrac{(u/v)}{[1 + u^2/v^2]^{1/2}}$, also $x > r$

mit dem **Maximumwert** $f(x_m) = r*u/v + r*[1 + u^2/v^2]^{1/2}$

Das Maximum ist also nach der Kreiskappe $x = r$. Je größer v verglichen zu u ist, um so näher an der Kreiskappe, andernfalls weiter weg.

Anschaulich: Der zweite Viertelkreisbogen gefährdet den Übergang um so mehr, je langsamer man ist.

Sei z.B. u=v dann ist das Maximum bei $x_m = r*(1+2^{1/2}/2)$ mit $f(x_m)=r*(1+2^{1/2})$

Bem.:Bei x=2r ist $f(2r)=[r^2-(x-r)^2]^{1/2}+u/v*x = u/v*2r$,

Die Überquerungszeit ist $T=2r/v$ somit $f(2r) = u*T$

Wenn nun **u rückwärts** gerichtet ist, also –u, dann ist die Formel generell dieselbe, wenn man nur u gegen –u tauscht, also $f(x,t) = f(x,0) - u/v*x$

Die Berechnung für das da gültige Maximum ist dieselbe, wenn man nur in der Herleitung u gegen –u tauscht.

Damit wird in unserem Beispiel Halbktreis A negativ. So sind die Ergebnisse $x = r - r*(u/v)/[1+u^2/v^2]^{1/2}$ sowie $f(x) = - r*u/v + r*[1+u^2/v^2]^{1/2}$

Sei z.B. u=v dann ist $x = r*(1- 2^{1/2}/2)$ positiv, also vor der Kappe

und $f(x) = r*(-1+2^{1/2})$, also noch positiv.

Anschaulich:Wir gehen an der Front eines rückwärtsfahrenden Autos vorbei.

Sei nun die **Figur ins Negative** gekippt, also $f(x,0) => -f(x,o)$, u und v positiv. Dann ist das **Minimum** zu suchen für

$f(x,t) = - f(x,0) + u/v*x = -[f(x,0) - u/v*x]$, nur da kann man anstoßen

Die Rechnungen sind analog von zuvor, also sind die Ergebnisse

$x_m = r - r*(u/v)/[1+u^2/v^2]^{1/2}$, dasselbe x_m, sowie

$f(x_m) = -[- r*u/v + r*[1+u^2/v^2]^{1/2}] = + r*u/v - r*[1+u^2/v^2]^{1/2}$

Anschaulich: Wir gehen am Heck eines vorwärtsfahrenden Autos vorbei

---

Beispiel Halbkreis nach unten, ins Negative gekippt:

Sei z.B. u=v dann ist die Minimumsstelle $x_m = r*(1- 2^{1/2}/2)$ positiv , vor der Kappe , der Wert des Minimums ist $f(x_m) = -r*(-1+2^{1/2}) = r*(1-2^{1/2})$ negativ .

Beispiel Vollkreis, also positiver und negativer Halbkreise:

Es gehen gewissermaßen zwei Personen gleichzeitig und gleichschnell am Rand bei x=0 beginnend am Objekt vorbei.

Es interessiert die Differenz Front-y minus Heck-y , also

$y_1 - y_2 = (r*u/v + r*[1+u^2/v^2]^{1/2}) - (r*u/v - r*[1+u^2/v^2]^{1/2}) = 2r*[1+u^2/v^2]^{1/2}$

Das ist der „Wirkungsquerschnitt" des Kreises bei Objektgeschwindigkeit u und Überquergeschwindigkeit v jeweils. Er ist größer als $\sigma_0 = 2r$.

Beispiel Vollkugel: Wir bringen die zweite Draufsicht-Dimension z hinzu. Wir fassen die Kugel auf aus x-y-Kreisschichten je mit Höhe dz zusammengesetzt. Der Schichtradius ist jeweils $\rho = r*\cos\alpha$, und wegen $z = r*\sin\alpha$ ist $dz = r*\cos\alpha*d\alpha$. Pro Schicht gilt vorherige Formel hinsichtlich des Wirkungsquerschnitt. Die gesamte zweidimensionale x-z-Auftrefffläche, der Wirkungsquerschnitt ist dann deren Summe, also

$$\sigma = 2*\int_0^{\pi/2} [1+u^2/v^2]^{1/2} *2r\cos\alpha *r\cos\alpha\,d\alpha = r^2\pi*[1+u^2/v^2]^{1/2}$$

Formel: $\int \cos^2 a\alpha\,d\alpha = \frac{1}{2}*\alpha +1/4a* \sin2\alpha$

Ist der **Wirkungsquerschnitt** für eine ruhende Kugel $\sigma_0 = r^2\pi$, so ist er für eine bewegte Kugel $\sigma = r^2\pi*[1+u^2/v^2]^{1/2}$

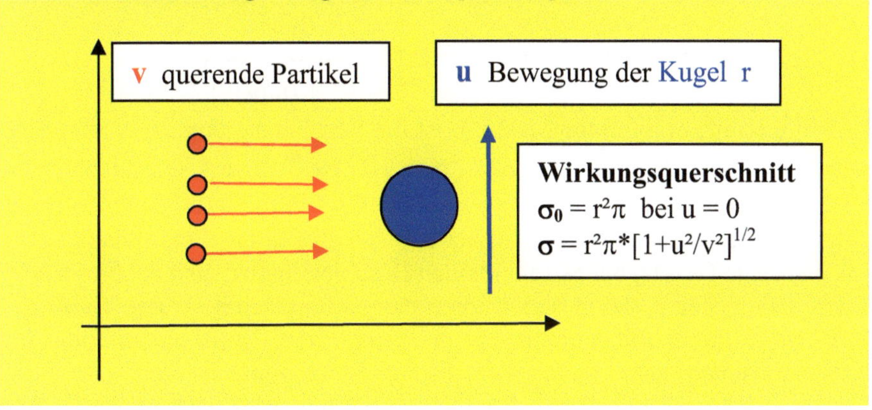

Bem.: Die entsprechenden Werte für einen Kubus der Kantenlänge a sind, siehe oben, $\sigma_0 = a^2$ und $\sigma = a^2*(1 + u/v)$.

7.10 Dunkle Materie , MOND-Theorie

Anlass und auffällig war, dass bei Galaxien in ihrem Außenbereich, z.B. der Milchstraße, die Objekte, die Sonnen sich schneller bewegen, als es auf Grund von Anziehung und Fliehkraft gemäß Newton sein dürfte. Dieses wurde bereits in den dreissiger Jahren, Jan Hendrick Oor (1932), Fritz Zwicky (1933) , erkannt und mehr und mehr anerkannt. Das führte zur Vorstellung, dass neben der Materie noch unsichtbare Materie, dunkle Materie da ist, passend verteilt, also mehr in den Außenzonen, die da die Anziehung verstärkt, und so die größeren Bahngeschwindigkeiten bewirkt.
Alternativ dazu entwickelte der rumänich-israelische Astronom Mordehai **Milgrom** (1983) eine Hypothese, die MOND-Theorie, **Mo**difizierte **N**ewton-**D**ynamik, die den Effekt durch Abänderung des grundlegenden Newton-schen Kraft-Beschleunigungs-Gesetzes K=m*b erklären will. Diese hat mittlererweile eine Entsprechung im Rahmen der allgemeinen Relativitäts-theorie gefunden. Da die klassische Variante besonders einfach und durchsichtig ist, sei sie hier vorgestellt.

$$\text{An die Stelle}\quad K = m*b \quad\text{tritt}\quad K = m*b * \frac{(b/b_0)}{[1 + (b/b_0)^2]^{1/2}}$$

K ist die Kraft, m die träge Masse, b ist die Beschleunigung, b_0 ist eine fixe sehr kleine Beschleunigung, konkret $b_0 = 1.2*10^{-10}$ **m/sec²**. Die anhängende Funktion, allgemein benannt $\mu(x) = x / [1+x^2]^{1/2}$ mit $x = (b/b_0)$, tendiert bei gewöhnlichen Beschleunigungen, bei $b \gg b_0$, gegen eins, reproduziert also das bisherige Gesetz, bei extrem kleinen Beschleunigung, also bei $b \ll b_0$, tendiert sie gegen x, das Gesetz tendiert dann also gegen $K = m*b *(b/b_0)$.
Nun sind die Beschleunigungen auf Grund der Massengravitation im Astronomischen sehr klein. Die Erdbeschleunigung ist auf der Erde 9.81m/sec. Im Bereich des Mondes, Abstand etwa das 60-fache des Erdradius, ist sie entsprechend 9.81 / (60*60) = 0.003 m/sec² , d.h. die Fallgeschwindigkeit ein Steins Richtung Erde, frei von anderer Anziehung und Bewegung, nimmt da etwa um 3 mm/sec pro Sekunde zu. Die Fall-beschleunigung Richtung Sonne im Erdbereich, wiederum frei von anderer Anziehung und Bewegung, ist $b = 5.92*10^{-5}$ m/sec², also einige Hundert-tausendstel m/sec². Beim **Pluto** mit der 40-fachen Sonnenentfernung im Mittel, dem bisher äußersten Planeten im Sonnensystem, nun zum Zwergplaneten degradiert, ist dann analog die Fallbeschleunigung nur noch 1/1600, also $3.7**10^{-8}$ m/sec². Etwa bei 10-fachen Entfernung Sonne-Pluto ist b $\sim$ **b$_0$** , so dass ab da die modifizierte Formel greifen sollte. Noch viel kleiner ist sie bei Galaxien in größeren Abständen vom Zentrum, da ist sogar

b$\ll$ b$_0$ und so können wir obige einfache Näherung verwenden. So können wir ansetzen: Einerseits K $= \gamma$*M*m/r² die Gravitationskraft, M fasst die Masse im zentralem Bereich zusammen,
andererseits K $= $ m*b²/b$_0$ K verursacht die Fallbeschleunigung b
Gleichsetzen von Beidem ergibt b $= [b_0$*K$]^{1/2} = [b_0$*γ*M$]^{1/2}$*1/r
Die Fallbeschleunigung b ist bei einer Kreisbahn der Fliehbeschleunigung v²/r gleich, die Fliehkraft ist F $= $ mv²/r, also b $= $ v²/r, somit
$[b_0$*γ*M$]^{1/2}$*1/r $= $ v²/r. Daraus folgt **v² $= [b_0$*γ*M$]**^{1/2}$
Das bedeutet bei hinreichendem Abstand r vom Zentrum der Galaxie wird die Umlaufgeschwindigkeit v unabhängig von r, sogar konstant, so wie man es bei Messungen an Galaxien erkannt hat, was ja Anlaß zu diesen Überlegungen gab. Im Nahbereich gemäß Messungen nimmt v zu, was wohl mit der zunehmenden Masse bis dahin zu tun hat.
Im Vergleich, beim unmodifizierten Gesetz haben wir v² $= \gamma$*M*1/r .
Sogar die Abhängigkeit von M ist also eine andere, v² fällt da mit 1/r ab, auch in entfernten Bereichen.

Die meisten Astronomen glauben an die reale Existenz **dunkler Materie**, die wenigeren glauben stattdessen an eine modifizierte Theorie. Die Suche nach dunkler Materie(teilchen) ist voll im Gang, bislang ohne Erfolg.
Hinsichtlich der **dunklen Energie** gibt es eine ähnliche Situation. Statt Realem, neue Teilchen und Ähnlichem, glauben viele, dass die nun erkannte zusätzliche Weltall-Expansionskraft mittels des konstanten Terms in den Einstein-Feldgleichungen, geeignet angesetzt und interpretiert, erklärt werden kann, also theoretisch, ohne zusätzliche Materie. Andere glauben an Realem als Erklärung.

8.0 Die vier Schichten der Realität

Nun zum Abschluss. Vielleicht ist der Titel etwas hochgegriffen, aber man kann es so sehen:

Die vier Schichten der Realität

Die Überwelt: Gott, Engel, Jenseits,…
Natürlich eine Sache des Glaubens

Das unmittelbare **Erleben**: Gefühle , Farben, Töne, Wärme, Kälte, Tastsinn, die dreidimensionale Seh-Welt, Länge, Gewicht, Zeit, …, mathematisch nicht zugänglich

Die klassische Physik: Gewisse Analoga zur Erlebniswelt: Längenmessung, Gewichtsmessung, Zeitmessung, Lichtwellenlänge,…, sinnlich zugänglich sowie mathematisch zugänglich

Die Quantenmechanik als theoretischer Hintergrund zur klassischen Physik, sinnlich nicht zugänglich, Übergang zum Klassischen über den „Schnitt", mathematisch zugänglich

Erlebensformen, z.B. Farben, kann man mathematisch nicht beschreiben, man muss sie erleben, sie sind eine andere Welt. Mathematisch zugänglich sind Analoga, etwa die Wellenlänge elektromagnetischer Wellen, bei Tönen sind es die Schwingungsfrequenzen. Selbst eine Länge ist zunächst eine Erlebnisform. Erst ein Vergleich mit einem Massstab gibt ihr eine Zahl und macht sie so mathematisierbar.

Literaturverzeichnis ....….……000
[1] K. Fischer, Quantenmechanik aus elementarer Sicht, Buch1
BOD-Verlag (2013)
[2] K. Fischer, Quantenmechanik aus elementarer Sicht, Buch2
BOD-Verlag (2013)
[3] W. Heisenberg, Einführung in die einheitliche Feldtheorie der
Elementarteilchen, S. Hirzel Verlag Stuttgart (1967)
[4] W. Weizel Physikalische Formelsammlung 2, Bibliographisches
Institut Mannheim(1964)
[5] F.Hund, Theoretische Physik Band3, Teubner Verlagsgesellschaft (1956)

Über den Autor: Geboren 1942 im Kr. Dingolfing.

Gymnasium, Studium Mathematik/Physik,

Spezialgebiet Quantenmechanik, Lehramtstätigkeit,

EDV-Entwickler, nach Pensionierung verstärkt

Zuwendung zur Quantenmechanik und ähnlichen

Themen.
